本书由2021年水利部流域重大关键技术研究项目“珠江河口水沙变异及治理保护关键技术”资助

珠江河口近期演变及治理策略研究

黄春华　王世俊　刘　霞／著

河海大学出版社
HOHAI UNIVERSITY PRESS
·南京·

图书在版编目(CIP)数据

珠江河口近期演变及治理策略研究 / 黄春华，王世俊，刘霞著. -- 南京 ：河海大学出版社，2023.10

ISBN 978-7-5630-8392-3

Ⅰ. ①珠… Ⅱ. ①黄… ②王… ③刘… Ⅲ. ①珠江－河口－河道整治－研究 Ⅳ. ①TV882.4

中国国家版本馆 CIP 数据核字(2023)第 195330 号

书　　名 珠江河口近期演变及治理策略研究

书　　号 ISBN 978-7-5630-8392-3

责任编辑 金　怡

特约校对 张美勤

装帧设计 张育智　吴晨迪

出版发行 河海大学出版社

地　　址 南京市西康路 1 号(邮编:210098)

电　　话 (025)83737852(总编室)　(025)83787103(编辑室)

(025)83722833(营销部)

经　　销 江苏省新华发行集团有限公司

排　　版 南京布克文化发展有限公司

印　　刷 广东虎彩云印刷有限公司

开　　本 718 毫米×1000 毫米　1/16

印　　张 13.75

字　　数 231 千字

版　　次 2023 年 10 月第 1 版

印　　次 2023 年 10 月第 1 次印刷

定　　价 89.00 元

前言 PREFACE

珠江河口是世界上水系结构最复杂的河口之一，具有“五江入汇、八口入海、河网交错，网湾联动，整体互动”的自然特征。近十年来流域来沙锐减、人类活动影响、海平面上升等强扰动增加了珠江河口演变的复杂性。河口水安全面临新挑战：河网洪水位普遍降低，但中腹部地区频繁出现洪水位异常壅高，腹部近 600 km 的堤防防洪风险突出；三角洲河网河床持续下切和拦门沙萎缩，咸潮严重威胁澳门、中山、珠海等地近 1 500 万人供水安全；岸线和浅滩侵蚀现象日趋严重，直接导致珠江河口 6 000 多公顷红树林修复计划难以实现，生态隐患突出。

珠江河口地区城镇化程度高、人口密集、经济发达，是粤港澳大湾区的核心区域，是我国开放程度最高、经济活力最强的区域之一，在国家发展大局中占据重要战略地位。新时期珠江河口演变与治理研究具有紧迫性、艰巨性和长期性等特点。大范围、高强度的河床下切影响河口河势稳定和动力格局，是引发珠江河口一系列水安全问题的重要原因。

珠江河口受自然及人为活动二元驱动，在新的水沙条件及边界约束条件下，近期演变出现新的变化，其演变趋势尚不明确。新的水安全治理背景下，河口治理需要从多层次复杂系统角度，统筹河口功能开发、生态保护与修复需求，开展综合治理研究，寻求现阶段治理策略，为切实治理和保护珠江河口、促进粤港澳大湾区协调发展提供科学依据。

本书在分析珠江河口历史演变规律的基础上，梳理珠江河口涉河建设管理情况及主要工程建设情况，预测珠江河口发育演变趋势及新形势下珠江河口水安全情势，评估了河口演变对防洪、防咸、防风暴潮、生境演替等方面的影响，针对重大战略问题提出了治理目标和总体布局，并提出河口保护与修复的策略与关键技术。

全书共分为7章，第1章介绍珠江河口范围及地貌格局，由黄春华、王世俊、刘霞撰写；第2章梳理珠江河口治理现状、主要工程建设及治理思想沿革，由黄春华、刘霞、王世俊撰写；第3章介绍珠江河口治理的研究技术方法，多手段融合技术为珠江河口治理提供了科技支撑，由刘霞、黄春华撰写；第4章介绍珠江河口演变规律与过程，尤其是改革开放以来强人类活动干扰下整治演变规律与过程，以及重点河口（河口湾）演变及治理情况，由黄春华、刘霞、王世俊撰写；第5章结合新形势下水沙变异情况，预测珠江河口发育演变趋势，由刘霞、黄春华撰写；第6章分析珠江河口情势，研判新形势下珠江河口水安全风险，由王世俊、刘霞、黄春华撰写；第7章研判珠江河口重大问题，并提出治理策略与关键技术，由王世俊、黄春华撰写，全书由王世俊统稿。

珠江水利科学研究院是珠江河口治理的直接参与者，本书的成果是多年集体智慧的结晶。在书籍素材收集与整理过程中，珠江水利科学研究院给予了大力支持，何用、胡晓张、余顺超、刘诚等教授级高级工程师在本书写作过程中给予了具体的指导，吴小明、陈荣力、喻丰华等同事审阅部分初稿并提出详细的修改完善意见，侯堋、卢陈、吕文斌、刘培、杨留柱、袁菲、戈军、王其松等同事在具体的资料收集整理、技术分析等方面给予诸多协助，以及其他同仁在研究过程中参与学术讨论并发表见地，亦是对本书的智力支持，在此一并致谢。

本书可为珠江水利规划、咨询、管理者提供研究参考，亦可供有关高等院校师生研究、学习参考。

珠江河口结构复杂，人类活动影响剧烈，治理与保护任重而道远，本书主要是从水利的角度对珠江河口近期演变进行初步探讨，研判新形势下河口发育演变趋势，提出安全风险治理策略。限于作者水平，书中谬误在所难免，恳请读者批评指正！

目录 CONTENTS

1

概述

1.1 珠江河口范围

河流通常可分为河源、上游、中游、下游、河口等五个分段，河口是河流流入海洋、湖泊或其他河流的入口，根据受水水体不同，可分为入海河口、入湖河口、入库河口和支流河口等。入海河口是河流向海洋的过渡延伸，在结构上是河流的尾闾；在河流与海洋动力共同作用下，形成河流物质和能量向海洋输运的通道，河流携带的泥沙一般在口门附近沉积，形成拦门沙。因此，无论是河口的动力特征，还是其物质来源，河口更多地表现出河流属性，是河流不可分割的部分。

根据河口动力、沉积及地貌的纵向变化，萨莫伊诺夫将河口分为三段（图1.1-1）：近口段、河口段和口外海滨段[1]。近口段是指潮区界至潮流界，此段以河流动力为主。河口段与近口段的分界断面是：上断面在干流开始分汊处，下界是三角洲海边，即三角洲岛屿的水边线，此线以外水流的流速急速下

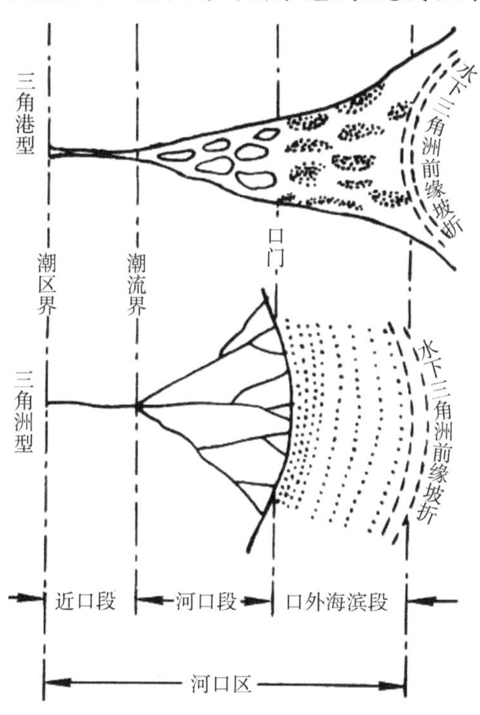

图 1.1-1 河口分段示意图（萨莫伊诺夫，1952）

降，此段受海洋动力与河流动力相互作用。口外海滨段是从河口段的海边到由河流泥沙形成的沿岸浅滩的外边界，即三角洲前缘急坡为止。此段以海洋动力为主。

Dalrymple 从沉积动力学的角度提出河口的分段方法（图 1.1-2），上界是河流沉积物和潮汐沉积物的边界，下界是河口沙体和海洋沉积相的边界[2]。

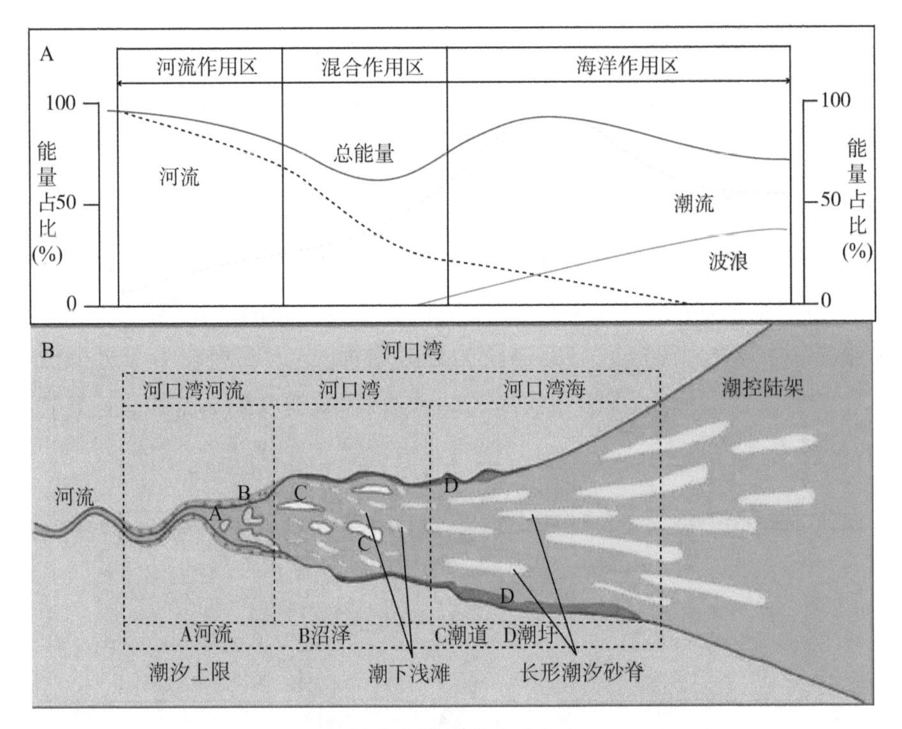

图 1.1-2　河口的沉积学划分方法(Dalrymple,1992)

关于珠江河口的研究，已有大量成果[3-8]。对于珠江河口范围，不同学派之间存在一定的差异[9]。较为通常的理解，往往将河口理解为三角洲河网和河口湾并存的部分，珠江河口地理范围包括西江、北江思贤滘以下的西北江三角洲、东江石龙以下的东江三角洲，东起香港九龙尖沙咀，西至广东省江门台山鹅头颈，形成“滘-网-门-湾”的水系结构体系（图 1.1-3）。

在行政管理方面，珠江河口范围远小于一般意义上的珠江河口三角洲地区。根据 1999 年 9 月 24 日水利部令第 10 号发布的《珠江河口管理办法》，确定了珠江河口管理范围，为水事法律法规的适用范围划定了空间效力范围。

《珠江河口管理办法》划定的河口管理范围着重考虑了珠江河口的经济社

会可持续发展的实际情况，充分体现了对珠江河口尾闾畅通、泄洪纳潮、潮汐吞吐、航运便利、水产保护、生态环境改善等方面的统一规划和协调管理，符合珠江河口行洪纳潮的要求及泥沙运动规律。《珠江河口管理办法》第二条对珠江八大口门区的范围作了大致的规定：珠江河口管理范围分为八大口门区及河口延伸区。八大口门区：自虎门黄埔（东江北干流大盛、南支流泗盛、北江干流沙湾水道三沙口水位站）、蕉门南沙、洪奇门万顷沙西、横门水位站、磨刀门灯笼山、鸡啼门黄金、虎跳门西炮台、崖门黄冲水位站以下至伶仃洋赤湾半岛、内伶仃、横琴、三灶、高栏、荷包、大襟岛、赤溪半岛间的连线之间的河道、水域及岸线。

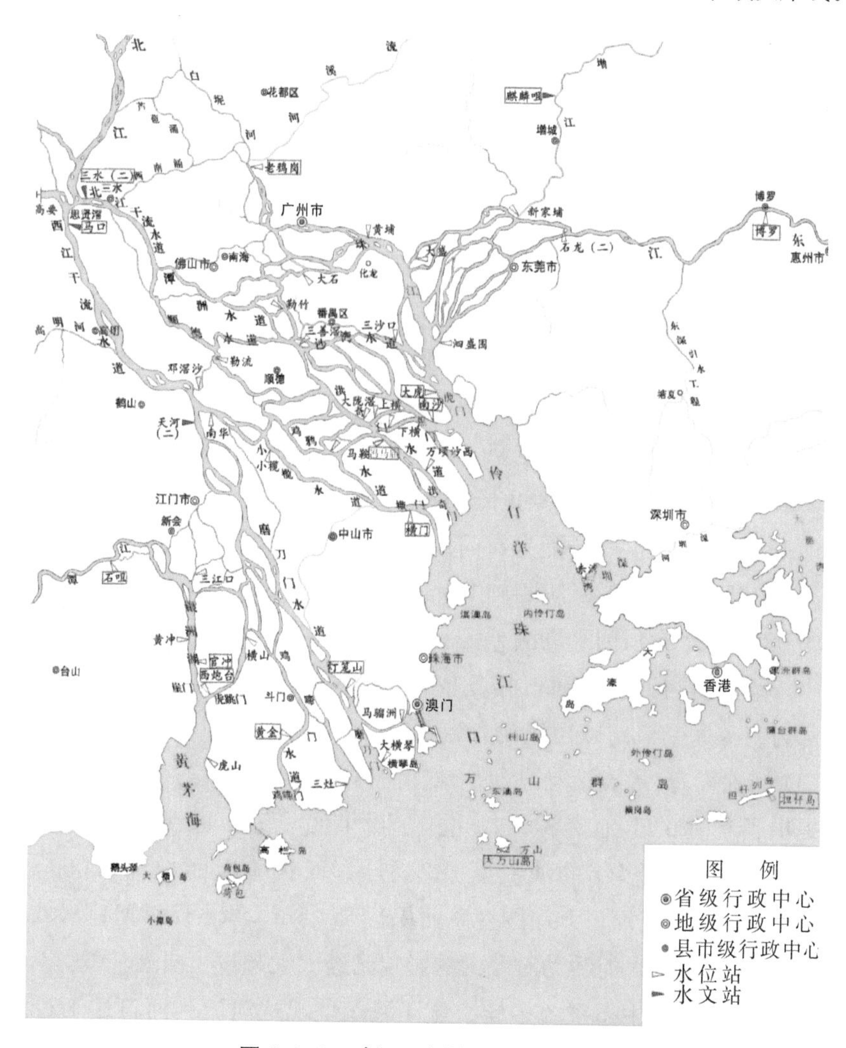

图 1.1-3　珠江三角洲及河口范围图

河口延伸区：自上述赤湾、赤溪半岛连线以下，与从深圳河口起沿广东省与香港特别行政区水域分界线至南面海域段 18 号点（北纬 22°08′54.5″，东经 114°14′09.6″）和由 18 号点与外伶仃岛、横岗岛、万山岛、小襟岛南面外沿、赤溪半岛鹅头颈的连线之间的水域及岸线。

本书研究的珠江河口，是广义上的珠江现代三角洲范围，包括河网区、河口区及口外近岸海域。

1.2 珠江河口三角洲基本特征

珠江河口是世界上水系结构、动力特性最复杂，人类活动最显著的河口之一。主要特点如下。

(1) 河网交错，水系结构复杂。珠江水系西江、北江、东江汇流进入三角洲河网区，由八大口门出海。其中东四口门（虎门、蕉门、横门和洪奇门）水沙注入伶仃洋河口湾，西四口门（磨刀门、鸡啼门、虎跳门和崖门）注入南海与黄茅海河口湾。河口水系发达，水网密布，河道纵横交错，各类干支流河道、河涌 1.2 万多条，总长 3 万多 km，河网密度高达 0.72 km/km^2，为全国平均水平的近 5 倍，是世界上最复杂的河口之一。

(2) 多级分流，径潮动力复杂。据 1959—2018 年实测资料统计，流入珠江河口多年平均径流量为 2 989 亿 m^3。珠江三角洲河网的水沙经多级分汊节点重新分配，八大口门分配为虎门 20.7%、蕉门 15.0%、洪奇门 10.5%、横门 12.2%、磨刀门 26.8%、鸡啼门 3.9%、虎跳门 4.9%、崖门 6.0%。珠江河口为弱潮河口，八大口门平均潮差为 0.87～1.64 m，其中虎门潮差最大，磨刀门最小。潮优型与河优型河口相互依存，东西两翼河口湾以潮流动力为主，中部磨刀门等六个口门以径流动力为主。

(3) 滩涂发育，人类活动剧烈。珠江河口滩涂资源丰富，为河口地区经济发展提供了宝贵的土地资源。20 世纪 70 年代 −5 m 以浅的滩涂面积约 1 631 km^2，经过 50 多年的演变及开发利用，现状滩涂面积约 1 060 km^2。1978—2018 年，珠江河口滩涂围垦总面积达 614 km^2，约占珠江河口水域面积的 15%。珠江河口人类活动对滩槽的影响已经大大超过了自然演变。

(4) 物种丰富，生态系统多样。珠江河口呈现从河流到河口逐渐过渡的特征，生态系统多样。以籼稻、水果、花卉为特色的农田生态系统，库塘、水产养殖场为主的人工湿地生态系统广泛分布在河口地区，红树林湿地则主要分布于深圳、珠海、广州南沙和香港的近岸水域范围，呈带状或星点状分布。区域内水生生物物种丰富，其中西江干流高要至磨刀门入海口分布有鱼类 88 种（淡水种类 73 种，江海洄游性种类 15 种）。

（5）通江达海，航运交通发达。珠江河口为现代化的港口航道物流建设提供后方仓储基地、前方深水码头和出海深水航道。珠江河口航道上接西江、北江、东江干流航道，下通世界航运沿海通道。《广东省航道发展规划（2020—2035 年）》确定的“八通两横一网三连四线”航道总体布局中“五通一横一网”均位于珠江河口，其中珠江三角洲高等级航道网 939 km、沿海航道 1 451 km，航运交通发达。

1.3 珠江河口发育历史过程

现代西江、北江联合三角洲是近 6000 年来逐渐充填溺谷湾形成的，其间经历了由“潮成平原”到“河流优势型三角洲”再到“河流-波浪型三角洲”的发展变化。这一观点成为珠江河口系统治理的理论基础。

李平日研究认为，珠江三角洲 6000 年来的发展模式可概括为如下三个方面：①多次分汊，多级发展；②沙洲合并，河汊由繁到简；③左汊萎缩，右汊发展，整体偏右。这种发展模式，是本地区动力条件、基底地形、构造运动、侵蚀基面变动以及科氏力等多因素相互作用的综合产物[10]。

宋朝时，广州城南水面宽阔，号称“小海”。海水可沿北江上溯至芦苞的南面，13 世纪时珠江河口三角洲的岸线为新会外海-中山市横栏-港口-三角-黄阁-石楼-黄埔-中堂-莞城一线，珠江河口湾虽缩小，但狮子洋仍然存在，伶仃洋仍深入中山市东北部。

明清以来河口演变发展以口门滩涂围垦为主，基塘农业生态系统不断发展。古人将滩涂发育至围垦的过程总结为鱼游、橹迫、鹤立、草埗、围田等 5 个阶段，总结出从抛石奠基到成围种植，约需 10～15 年。至清代初期，甘竹口与五桂山已陆连，珠江河口湾已蜕变为东部的伶仃洋及西部的黄茅海两个小河口湾，珠江三角洲基本定型。

1949 年后，对珠江口门进行小规模围垦，而同期河口浅滩发育较快。从 1949 年至 20 世纪 80 年代大规模整治围垦工程实施前，口门岸线向海推进的速率达 72.9 m/a。

李春初等研究认为，珠江河口发育表现为不同时期的阶段性与差异性[11]：距今约 6000 年前，全球性的海平面上升使海水淹没珠江古河谷，形成"广州溺谷型古海湾"，在珠江三角洲河网水系海湾边界条件限制的范围内形成和发育。

西江、北江来水来沙量占整个珠江河口的 90%以上，流溪河、潭江来水来沙量很小，导致西江、北江联合三角洲迅速向海凸伸发展，河口主动向海延伸，形成"河优型"河口湾。虎门和崖门被动向海延伸，所成之水道为外海进入的潮水所充填和控制，形成"潮优型"河口湾。

横向支汊起到沟通和联系两个河口湾和西北江三角洲的作用。洪季分洪，枯季纳潮，调节三角洲与两大河口湾之间的稳定和平衡。洪季西江、北江多余的洪水向两侧潮汐盆地分泄，枯季"河控区"水落河枯，而两侧的"潮控区"却"潮平两岸阔"，前者吸引后者的潮能向里扩侵，增强"潮优型"河口湾的潮汐优势效应。

吴超羽等最新研究认为，海侵盛期以来珠江三角洲从溺谷湾到河网三角洲发展过程中，岸线位置变化并非自河口向海洋大体平行推进。珠江河口古溺谷湾初始岸线曲折，岛屿众多，地形对于三角洲沉积过程与地形致动力沉积的正负反馈关系远较线性关系复杂[12]。岛屿根据其大小、形状和位置等通过重塑潮汐、河流和波浪能量分布对三角洲沉积动力各有不同的复杂影响。面积较大者，如五桂山、番禺台地等多成三角洲沉积核心。单独的基岩小丘，虽不足以影响演变大局，对于流态、河网分汊与沉积也多有重要作用。

自桂州海侵以来的六七千年间，珠江河口从统一的河口湾逐渐演变为以中部三角洲为主体的、劈分东西两部分残存的河口湾为辅的河口复合体。从历史时期珠江三角洲平原的伸展速度来看，唐代以前的伸展速度小于 10 m/a；唐、宋期间受人类围垦影响河口伸展速度加快，大于 15 m/a；宋、明以后则大于 20 m/a(表 1.3-1)。而近代以来珠江河口发育演变为一延续的过程，并在某些时期，局部口门位置实施的规模较大的开发工程会对附近滩槽演变产生较大影响，但总的来说，珠江河口滩涂资源丰富，整体上具有向外发展的趋势。

表 1.3-1 西江、北江延伸速度表

时代	西江、北江		北江		西江干流		东江	
	长度(km)	速度(m/a)	长度(km)	速度(m/a)	长度(km)	速度(m/a)	长度(km)	速度(m/a)
石器	30	7.9	33	8.7	—	—	23	6.1
秦汉	8	9.6	8.5	10.2	—	—	7	8.4
唐 宋	8.5	24.9	6.4	18.7	23.5	68.7	5	14.6
明	13.6	33.3	8	19.6	18.5	45.3	8	19.6
清	11	39.9	7.2	26.9	12.6	45.7	4.2	15.2
1960	9.8	31.8	13.6	43	16	50.6	2.6	8.2

1.4 珠江河口水文特征

1.4.1 径流特征

珠江流域年径流总量仅次于长江，居全国各大江河第二位。基于1959—2017年西江马口、北江三水及东江博罗站长序列径流资料统计分析，珠江河口多年平均年径流量为2 989亿 m^3，其中西江、北江、东江多年平均径流量分别为2 266亿 m^3、486亿 m^3、237亿 m^3，多年平均流量分别为7 185 m^3/s、1 542 m^3/s、751 m^3/s(表1.4-1)。

表 1.4-1 珠江河口主要控制站径流特征表

站名	多年平均径流量(亿 m^3)	多年平均流量(m^3/s)	最大年径流量(亿 m^3)	发生年份	最小年径流量(亿 m^3)	发生年份
马口	2 266	7 185	3 159	1973	1 212	1963
三水	486	1 542	932	1997	95	1963
博罗	237	751	416	1983	90	1963

珠江流域径流年际差异大，总体呈规律性波动。根据1959—2017年实测水文资料统计，西江马口、北江三水及东江博罗三站年径流量总和最大为1994年，年径流量4 071亿 m^3，最小为1963年，年径流量1 397亿 m^3，丰水年与枯水年的丰枯比为2.91。20世纪90年代三站年径流量总和平均值为

3 158 亿 m³，21 世纪 00 年代平均值降为 2 852 亿 m³，21 世纪 10 年代平均值恢复至 3 021 亿 m³。西江马口站年径流量最大为 1973 年，年径流量 3 159 亿 m³；北江三水站年径流量最大为 1997 年，年径流量 932 亿 m³；东江博罗站年径流量最大为 1983 年，年径流量 416 亿 m³。马口、三水及博罗站年径流量最小同为 1963 年，其中马口站年径流量 1 212 亿 m³，三水站年径流量 95 亿 m³，博罗站年径流量 90 亿 m³。径流年际差异大，西江马口站、北江三水站、东江博罗站丰枯比分别为 2.61、9.81 和 4.62。1959—2017 年马口、三水、博罗站平均径流量变化如图 1.4-1 所示。

与 20 世纪 60—80 年代相比，20 世纪 90 年代至今，同等径流量条件下马口径流量减少 200 多亿 m³。如表 1.4-2 所示，20 世纪 60 年代，三角洲上游来流总量为 2 828 亿 m³，马口流量为 2 255 亿 m³；2000—2009 年，上游来流总量为 2 852 亿 m³，马口流量降至 2 046 亿 m³；20 世纪 70 年代，三角洲上游来流总量为 3 149 亿 m³，马口流量为 2 479 亿 m³；2010—2017 年，上游来流总量为3 022 亿 m³，马口流量降至 2 197 亿 m³。以上分析表明，当上游总来流量相当时，马口径流量减少 200 多亿 m³，这主要是由于马口分流比较 20 世纪 60—80 年代减少所致。

珠江流域西江、北江、东江常常在 6—8 月发生大洪水。西江洪水多发生在 6 月或 7 月，洪水峰高、量大且洪峰持续时间长，洪水过程一般呈多峰型。西江高要站多年平均最大洪峰流量为 32 100 m³/s，实测最大洪峰流量为 55 000 m³/s（2005 年 6 月 24 日）。

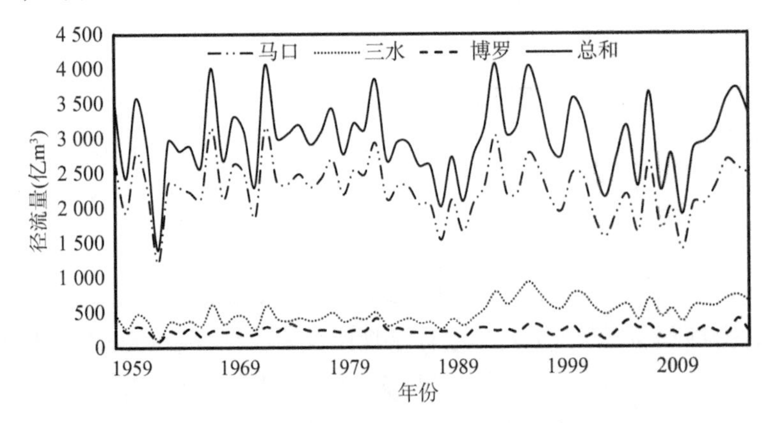

图 1.4-1　1959—2017 年马口、三水、博罗站平均径流量变化

北江洪水常常早于西江和东江，一般发生在5月或6月，洪水峰型尖瘦，峰高、量不大，涨、落历时较短，北江石角站多年平均最大洪峰流量为9 800 m^3/s，实测最大洪峰流量16 700 m^3/s（1994年6月19日）。

表1.4-2 马口、三水、博罗站平均径流量变化 单位：亿 m^3

时期	马口	三水	博罗	总和
20世纪60年代	2 255	356	217	2 828
20世纪70年代	2 479	424	246	3 149
20世纪80年代	2 256	374	249	2 879
20世纪90年代	2 308	614	236	3 158
2000—2009年	2 046	577	229	2 852
2010—2017年	2 197	594	231	3 022
多年平均	2 266	486	237	2 989

东江洪水兼受锋面雨和热带气旋雨影响，洪水一般呈单峰型，涨落较快，东江博罗站多年平均最大洪峰流量为4 870 m^3/s，实测最大洪峰流量12 800 m^3/s（1959年6月16日）。与西江、北江洪水相比量级较小，年际变化较大。

西江、北江洪水通过思贤滘沟通调节后经马口、三水进入西北江三角洲河网区，洪水过程呈平缓肥胖型。由于汛期洪水主要以西江经思贤滘过北江为主，因此，洪峰流量通常是马口略小于高要，三水略大于石角。实测最大洪峰流量，马口为53 200 m^3/s（2005年6月24日），三水为16 300 m^3/s（2005年6月24日）。

2005年6月，珠江流域出现暴雨、大暴雨、局部特大暴雨的强降水天气过程。由于暴雨区移动路径基本上与洪水传播方向一致，致使上游小到中量级的洪水组合形成下游的特大洪水。西江、北江下游及珠江三角洲遭遇重现期为50～100年的特大洪水，高要水文站的洪峰水位12.68 m，实测洪峰流量55 000 m^3/s，达到50年一遇；东江上中游也遭遇重现期相当于100年一遇的洪水，由于上游水库的拦洪调蓄，东江下游只出现小于5年一遇的一般性洪水。西江、北江洪水经思贤滘沟通调节后进入珠江三角洲，西江干流遭遇近100年一遇洪水，马口水文站洪峰流量53 200 m^3/s，北江干流遭遇近50年一遇洪水，三水水文站洪峰流量为16 300 m^3/s。由于适逢天文大潮，洪潮相遇，各水道口门段都出现了高水位，部分站点出现历史最高潮位；西江干流和北江干流上段由于近期河道断面下切强度大，河道的洪水位都低于1998年洪水和 1994 年洪水的洪水位。

珠江三角洲河流输沙主要以悬移质为主，含沙量较小，主要控制站多年平均值为 0.11～0.31 kg/m³，西江马口站最大为 0.31 kg/m³。河流含沙量虽然较小，但因径流量大，输沙量也较大，据 1959—2006 年资料统计，马口站年均输沙量 6 747 万 t，三水站年均输沙量 911 万 t，博罗站(统计至 2000 年)年均输沙量 257 万 t(表 1.4-3)。据最近 10 年泥沙资料分析，上游来沙有所减少，西江减少明显，马口近 10 年年平均输沙量仅 3 635 万 t，三水站近 10 年年均输沙量 895 万 t。

输沙量的年内分配，洪、枯季比例悬殊，汛期河流含沙量较大，导致输沙量集中，如马口站汛期的输沙量占全年输沙量的 94.9%，三水站占 94.6%，博罗站占 89.1%；枯季的输沙量很少，仅占 5.3%～10.9%。

表 1.4-3　马口、三水、博罗站年均输沙量变化　　单位：万 t

时期	马口	三水	博罗	总和
20 世纪 60 年代	7 686	813	303	8 802
20 世纪 70 年代	7 990	912	257	9 159
20 世纪 80 年代	8 107	917	264	9 288
20 世纪 90 年代	6 125	1 201	161	7 487
2000—2009 年	2 634	661	182	3 477
2010—2017 年	2 078	490	91	2 659
多年平均	5 897	844	214	6 955

进入 21 世纪以来，珠江河口上边界含沙量大幅减少。珠江河口上边界三个控制站中含沙量最大的是马口站，其最大年平均含沙量 0.60 kg/m³(1991 年)，最小年平均含沙量 0.05 kg/m³(2011 年)；北江三水站次之，最大年平均含沙量 0.34 kg/m³(1991 年)，最小年平均含沙量 0.05 kg/m³(2007 年)；东江博罗站含沙量最小，最大年平均含沙量 0.17 kg/m³(1964 年)，最小年平均含沙量 0.02 kg/m³(2009 年)。

统计上游西江马口、北江三水、东江博罗水文站 20 世纪 60 年代至 21 世纪初输沙量变化趋势，如图 1.4-2 所示。20 世纪 60—80 年代多年平均输沙量总和可达 9 000 万 t，90 年代减少至约 7 500 万 t。从变化来看，输沙量在 20 世纪 90 年代初出现显著改变，呈持续减少态势，而此期间径流量变化不大。

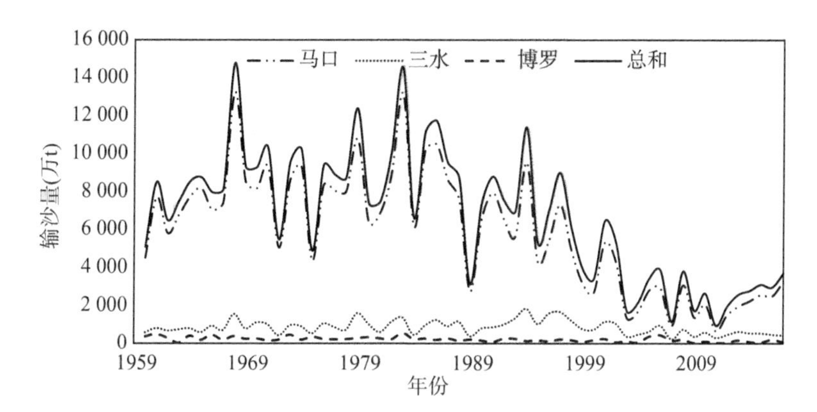

图 1.4-2　1959—2017 年马口、三水、博罗站年均输沙量统计

受上游大型水库修建的影响,与 20 世纪 90 年代相比,21 世纪 10 年代马口和三水的多年平均输沙量大幅减少,马口多年平均输沙量由 6 125 万 t 减少至 2 078 万 t,相对 90 年代减少 66%;马口分沙比由 83.2%减少至 79.3%。三水多年平均输沙量由 1 201 万 t 减少至 490 万 t,相对 90 年代减少 59%;三水分沙比由 16.8%增大至 20.7%,三水分沙比增大主要是由三水分流比增大造成的(表 1.4-4)。

表 1.4-4　不同年代马口、三水分沙比变化

时期	马口	三水
20 世纪 60 年代	90.4%	9.6%
20 世纪 70 年代	89.9%	10.1%
20 世纪 80 年代	89.7%	10.3%
20 世纪 90 年代	83.2%	16.8%
2000—2009 年	79.7%	20.3%
2010—2017 年	79.3%	20.7%
多年平均	88.3%	11.7%

1.4.2　潮汐特征

对于珠江河口及河网区潮汐特征,定性上已有明确的认识[13,14]。随着珠江河口的发展,部分区域潮汐特征发生相应变化。

珠江三角洲河网区有连续观测资料的水文、水(潮)位站 58 个,另有一批巡回站及专用站。本区潮位一天内出现的两次高潮和两次低潮的潮位均不相等。月内有朔、望大潮和上、下弦小潮，约十五天为一周期。根据20世纪50年代至21世纪初资料统计分析，年平均高、低潮位年际变化不大，但由于径流和台风对潮位的影响，年内的潮位变化较大，汛期平均潮位高于枯水期平均潮位10～20 cm。各站最高潮位一般出现在汛期的6、7月份，最低潮位多出现在枯水期的1、2月份，汛期潮位的年际变化，大于年平均高、低潮位的年际变化。

珠江河口八口入海，一般将注入伶仃洋的虎门、蕉门、洪奇门和横门合称为东四口门，而将磨刀门、鸡啼门、虎跳门、崖门称为西四口门。潮汐方面，西四口门潮汐涨落先于东四口门，涨落先后次序是磨刀门、鸡啼门、虎跳门、崖门、横门、蕉门、洪奇门、虎门。西四口门各水道，洪水影响为主的测站，如竹银站以上至马口站段测站，历年最高水位出现在1994年。竹银站以下以潮汐影响为主的测站，历年最高水位出现在“0814”号台风“黑格比”影响下的2008年、“1713”号台风“天鸽”影响下的2017年和“1822”号台风“山竹”影响下的2018年。东四口门各水道，小榄水道、鸡鸦水道与容桂水道交汇区附近河段、顺德水道、洪奇沥水道板沙尾以上、沙湾水道与西樵水道的交汇口以上、潭州水道、陈村水道、平洲水道五斗以上均以洪水影响为主，最高水位出现在1994年、1998年和2005年的洪水期。其他受潮汐影响为主的测站，最高水位出现在2008年、2017年和2018年的风暴潮期间。

历年最高水位出现在1994年、1998年和2005年的主要测站有澜石、紫洞、三多、容奇、马鞍、小榄、南华、大敖、江门、天河、甘竹、勒竹、三善滘、五斗、板沙尾、蚬沙（南华）、容奇（二）。历年最高水位出现在2008年、2017年和2018年的主要测站有老鸦岗、广州浮标厂（二）、中大、黄埔（三）、赤湾、横门、万顷沙西、大石、三沙口、南沙、大盛、白蕉、三灶、灯笼山、黄冲、横山、西炮台和黄金。因此，在河口整治研究的时候，对于洪水影响的水道，应注重于洪水方面的研究，而对于潮汐影响为主的河段，则应着重于潮汐方面的研究。

自20世纪50年代以来，八大口门主要潮位站潮位都有逐年抬升的趋势。20世纪90年代以来，受到海平面上升及三角洲人类活动的影响，八大口门年最高潮位均呈现抬升的趋势，其中三灶站增加最为明显，达0.27 m。历年最高值与最低值水位差以三水、马口两站为最大，各口门站水位差为3～5 m。

口门站年最高潮位均值、年最低潮位均值各年代变化见表1.4-5，珠江八大口门及外海年平均高潮位普遍持续升高，21世纪10年代和20世纪90年代相比，整体升幅均值为 0.07 m，略低于海平面上升值。河网区受到海平面上升和地形下切等影响，平均高潮位先升后降，2000 年后主要表现为下降。20 世纪 90 年代以来，潮优型口门低潮位抬升；除鸡啼门外，磨刀门、蕉门、横门等河优型口门低潮位下降；鸡啼门低潮位持续升高，且升幅较大。20 世纪 90 年代以来，河网区低潮位呈下降趋势。

河网区主要站各年代平均高、低潮位变化见表 1.4-6。珠江河口属弱潮河口，涨落潮差较小，八大口门虎门潮差最大，黄埔（三）站最大涨潮潮差 3.86 m，最大落潮潮差 3.56 m，多年平均涨落潮潮差同是 1.64 m。涨落潮差最小的是磨刀门，灯笼山最大涨潮潮差 3.39 m，最大落潮潮差 3.18 m，多年平均涨落潮潮差同是 0.87 m。三灶站最大涨潮潮差 4.06 m，最大落潮潮差 4.07 m，多年平均涨落潮潮差同是 1.10 m。黄冲、西炮台、黄金、三灶、横门、南沙、万顷沙西、黄埔八大口门代表站多年平均涨落潮差基本相同。20 世纪 90 年代以来，除黄金站外，其余口门潮差均增大；河网区除中大和石龙站以外潮差均呈现增大的趋势。

潮差变化受径流、地形、风力、风向的影响，径流的影响除了使潮差产生年内变化外，还与地形共同作用，致使潮差越往上游越小。地形的自然变化对潮差的影响不大，而人类活动所造成的河道地形变化，却能明显导致潮差发生变化。如 1958 年实施的白藤堵海工程，由于涨潮正道被堵，致使鸡啼门水道 20 世纪 60 年代的潮差急剧下降。1975 年实施河湖分家工程后，潮差比 20 世纪 60 年代增加了 19 cm。磨刀门整治工程实施后，潮汐作用的减弱使灯笼山站 20 世纪 80 年代的潮差有所降低。

珠江口外滨海区外伶仃和万山群岛一线以东，涨潮平均历时大于落潮平均历时。由于径流、地形的影响，赤湾、大横琴、三灶、荷包岛、沙堤一线及靠海岸一侧以内，落潮历时大于涨潮历时。珠江河口各口门站平均落潮历时约 7 小时 09 分，平均涨潮历时约 5 小时 23 分，各站多年平均落潮历时长于涨潮历时 1 小时 45 分钟左右。汛期 7 月份涨潮历时最短，落潮历时最长。八大口门代表站中，黄金站的涨潮历时最长，最大涨潮历时 18 小时 20 分（1996 年 2 月 28 日），多年平均涨潮历时 5 小时 43 分；灯笼山站的落潮历时最长，最大落潮历时 13 小时 25 分（2011 年 2 月 26 日），多年平均落潮历时 7 小时 15 分。涨潮历时最短的是西炮台站，最大涨潮历时 17 小时 35 分（2010 年 1 月 26 日），多年平均涨潮历时 5 小时 10 分。落潮历时最短的是黄金站，最大落潮历

表 1.4-5 口门站年最高潮位均值、年最低潮位均值各年代变化表

单位：m

站名	20 世纪 50 年代		20 世纪 60 年代		20 世纪 70 年代		20 世纪 80 年代		20 世纪 90 年代		21 世纪 00 年代		21 世纪 10 年代		多年平均	
	最高潮位均值	最低潮位均值	最高潮位均值	最低潮位均值	最高潮位均值	最低潮位均值	最高潮位均值	最低潮位均值	最高潮位均值	最低潮位均值	最高潮位均值	最低潮位均值	最高潮位均值	最低潮位均值	年最高潮位	年最低潮位
官冲/黄冲(长乐)			1.77	−1.55	1.78	−1.52	1.78	−1.45	1.8	−1.46	2.06	−1.44	1.8	−1.41	1.83	−1.47
西炮台			1.79	−1.38	1.74	−1.37	1.79	−1.35	1.78	−1.41	2.12	−1.37	1.88	−1.37	1.85	−1.38
黄金			1.53	−1.34	1.59	−1.42	1.67	−1.35	1.69	−1.25	2.02	−1.16	1.95	−0.98	1.74	−1.25
灯笼山			1.58	−1.06	1.61	−1.03	1.65	−0.97	1.78	−0.99	1.89	−1.13	1.88	−1.07	1.73	−1.04
三灶			1.55	−1.85	1.58	−1.74	1.51	−1.68	1.66	−1.63	2.01	−1.58	1.93	−1.19	1.71	−1.61
横门	1.67	−1.18	1.79	−1.13	1.81	−1.1	1.86	−1.03	1.95	−0.98	2.06	−1.07	2.02	−1.18	1.88	−1.1
万顷沙西	1.74	−1.28	1.88	−1.3	1.89	−1.27	1.93	−1.23	2.01	−1.08	2.03	−1.16	1.96	−1.31	1.92	−1.23
南沙	1.74	−1.31	1.89	−1.4	1.86	−1.41	1.9	−1.38	1.93	−1.16	2.04	−1.21	2.07	−1.37	1.92	−1.32
黄埔(三)			1.9	−1.83	1.98	−1.75	1.95	−1.69	1.99	−1.69	2.31	−1.65	2.2	−1.67	2.06	−1.71

表 1.4-6 河网区主要站各年代平均高、低潮位变化表

单位:m

站名	20 世纪 50 年代		20 世纪 60 年代		20 世纪 70 年代		20 世纪 80 年代		20 世纪 90 年代		21 世纪 00 年代		21 世纪 10 年代		多年平均	
	平均高潮	平均低潮	平均高潮	平均低潮	平均高潮	平均低潮	平均高潮	平均低潮	平均高潮	平均低潮	平均高潮	平均低潮	平均高潮	平均低潮	平均高潮	平均低潮
官冲/黄冲(长乐)			0.52	−0.72	0.56	−0.68	0.54	−0.67	0.56	−0.66	0.59	−0.65	0.65	−0.62	0.56	−0.67
西炮台			0.52	−0.68	0.54	−0.65	0.53	−0.65	0.52	−0.68	0.61	−0.62	0.69	−0.59	0.56	−0.65
黄金			0.33	−0.55	0.44	−0.62	0.47	−0.61	0.45	−0.58	0.52	−0.49	0.61	−0.36	0.48	−0.54
天河(二)			0.89	0.48	1.09	0.71	0.98	0.58	0.93	0.46	0.78	0.21	0.87	0.28	0.93	0.47
灯笼山			0.41	−0.45	0.45	−0.41	0.44	−0.38	0.45	−0.38	0.49	−0.43	0.57	−0.38	0.46	−0.41
三灶			0.34	−0.77	0.37	−0.74	0.35	−0.74	0.36	−0.72	0.44	−0.65	0.50	−0.52	0.39	−0.69
蚬沙(南华)	1	0.52	0.98	0.52	1.13	0.7	1.04	0.59	0.97	0.45	0.80	0.20	0.88	0.26	0.97	0.47
横门	0.56	−0.57	0.56	−0.53	0.61	−0.47	0.61	−0.46	0.67	−0.37	0.67	−0.45	0.75	−0.50	0.64	−0.47
板沙尾	0.74	−0.26	0.74	−0.26	0.79	−0.22	0.73	−0.29	0.75	−0.16	0.71	−0.35	0.81	−0.39	0.75	−0.27
万顷沙西	0.61	−0.62	0.6	−0.61	0.66	−0.56	0.65	−0.57	0.67	−0.44	0.68	−0.48	0.71	−0.58	0.65	−0.55
澜石(小布)	0.88	0.05	0.88	0.04	0.99	0.17	0.91	0.06	0.99	0.15	0.89	−0.02	0.96	−0.01	0.93	0.07
三沙口	0.7	−0.78	0.66	−0.86	0.69	−0.81	0.66	−0.79	0.7	−0.79	0.75	−0.75	0.85	−0.81	0.71	−0.8
南沙	0.63	−0.72	0.63	−0.74	0.65	−0.72	0.63	−0.73	0.64	−0.55	0.68	−0.58	0.78	−0.67	0.66	−0.67
广州浮标厂(二)	0.79	−0.52	0.76	−0.62	0.79	−0.59	0.77	−0.61	0.81	−0.59	0.75	−0.70	0.72	−0.77	0.78	−0.62
黄埔(三)	0.75	−0.84	0.72	−0.93	0.73	−0.89	0.73	−0.86	0.74	−0.87	0.83	−0.81	0.90	−0.84	0.77	−0.87
泗盛围			0.68	−0.93	0.75	−0.89	0.75	−0.83	0.78	−0.82	0.77	−0.83	0.83	−0.88	0.77	−0.86

时15小时45分(1990年7月31日),多年平均落潮历时6小时49分。

从各年代涨落潮历时变化分析,各口门站涨落潮历时年际变化不大。黄金站20世纪60年代平均涨潮历时6小时46分,平均落潮历时6小时00分;自70年代河湖分家工程后,平均涨潮历时减少了1小时17分,平均落潮历时延长了59分钟。与20世纪90年代相比,21世纪10年代落潮历时略有缩短,幅度在3~31分之间,涨潮历时略有增加。

1.4.3 波浪特征

珠江河口口门区附近波浪观测资料很少,一是站点少,二是观测时段不够长。因此,关于珠江河口波浪特征研究的文献较少[15,16],已有成果大多基于短时单点观测结果结合数值模拟进行波浪分析[17,18]。目前能收集到的波浪资料主要为澳门九澳波浪站、大万山海洋站波浪资料,以及珠江河口原型观测平台短时波浪观测资料。

(1) 澳门九澳波浪站

根据澳门九澳波浪站1986—2001年波浪资料统计[19],其间观测站波浪出现频率最多的方向是ESE向,频率为19.5%,其次是E向,出现频率为17.7%。波高较大的浪多出现在E向、SSE向和ESE向。见图1.4-3及表1.4-7。

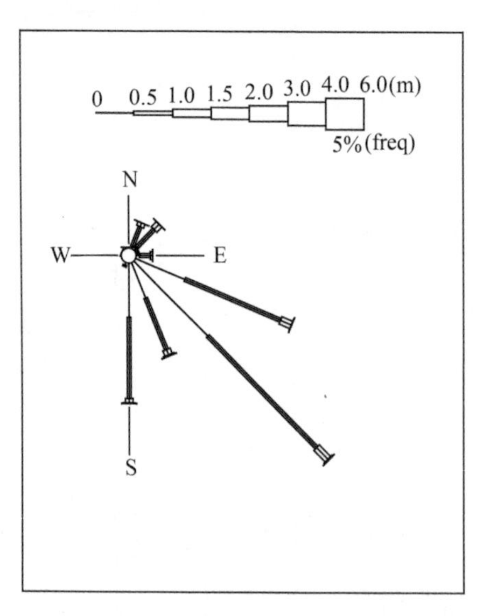

图1.4-3　澳门九澳波浪站波浪玫瑰图(1986—2001年)

表 1.4-7 澳门九澳波浪站 $H_{1/10}$ 波高出现频率统计表(1986—2001 年)

单位:%

波向	波级							
	0～0.5	0.5～1	1～1.5	1.5～2	2～3	3～4	4～5	合计
N	0.04	0.03	0	0	0	0	0	0.07
NNE	0.39	1.55	0.29	0.03	0.01	0	0	2.27
NE	2.71	8.24	1.75	0.06	0.02	0	0	12.78
ENE	1.79	3.07	0.57	0.14	0.03	0.001	0	5.60
E	7.22	8.56	1.64	0.19	0.11	0	0	17.72
ESE	7.45	10.28	1.57	0.14	0.08	0	0	19.52
SE	5.64	8.39	0.96	0.12	0.03	0.005	0	15.15
SSE	4.28	4.68	0.70	0.32	0.08	0	0	10.06
S	6.36	8.42	0.88	0.15	0.02	0.003	0	15.83
SSW	0.31	0.40	0	0	0	0	0	0.71
SW	0.04	0.09	0.01	0	0	0	0	0.14
WSW	0.02	0.04	0	0	0	0	0	0.06
W	0	0.01	0	0	0	0	0	0.01
WNW	0	0	0.01	0	0	0	0	0.01
NW	0	0.01	0	0	0	0	0	0.01
NNW	0	0	0	0	0	0	0	0
总和	36.25	53.77	8.38	1.15	0.38	0.009	0	100

珠江口面向南海,经常受台风侵袭,台风过境时常引起狂风巨浪。由于地理位置不同、遮挡情况有差异,各区域波况差别也较大。外海区多为涌浪和以涌浪为主的混合浪,外海的 ESE、SE、SSE、S 四个主波向的频率占全年频率的 78%,实测波高一般为 3～4 m,台风期间极值波高可达 10 m 以上。

澳门曾于 1984 年 5 月在九澳码头东面设置一个 Waverider 测浪浮标。2001 年下半年由于浮标损坏观测停止(波浪资料记录到 2001 年 6 月 30 日)。

表 1.4-8 给出了 1986 年 7 月至 2001 年 6 月间九澳波浪站观测的最大波高。从表中可以看出,除了 2001 年仅有上半年数据未观测到年最大波高外,其余 14 年间,有 10 次的最大波高均超过 3 m,达到大浪级别,有 2 次的最大波高超过 4 m;14 年间所观测的最大波高达到 4.25 m(1989 年)。

1986—2001 年以及各季的波浪($H_{1/10}$)频率统计显示,$H_{1/10}$ 在 0.5～1.0 m 波级出现的频率最高,占 53.6%;在 0～0.5 m 波级出现的频率次之,占 36.2%;也就是说 $H_{1/10}$ 在 0～1.0 m 波级出现的频率在 90%左右,各季的情况也大致相同。$H_{1/10}$ 在 3～4 m 波级出现的频率极低，为 0.009%，分别来自 ENE、SE 和 S 方向，仅出现在秋季，其中最大波高 4.25 m 发生在 SE 向，SE 向为强浪向。

从 15 年统计的全年波向来看，ESE 向波浪出现频率最大，占 19.52%；其次为 E、S、SE 向，分别为 17.72%、15.83%、15.14%；从各季度来看，春季 ESE 向为常向浪，频率达到 26.22%，NE、E、SE 为次常向浪，出现频率均在 20%左右；夏秋季以 S 向为常向浪，出现频率在 30%左右；冬季，NE、E、ESE、SE 出现频率大致相等，均在 20%左右(图 1.4-4)。

图 1.4-5 为澳门九澳站的月平均波向年内变化情况，图 1.4-6 给出的是澳门九澳站的月平均有效波高年内变化情况，剔除洪季台风的影响，可知洪季平均有效波高为 0.43 m，枯季平均有效波高为 0.52 m。

表 1.4-8　澳门九澳波浪站历年最大波高统计表(1986—2001 年)　　单位：m

年份	1986	1987	1988	1989	1990	1991	1993	1994
H_{max}	3.64	2.8	2.53	4.25	3.08	3.33	4.01	2.96
年份	1995	1996	1997	1998	1999	2000	2001	
H_{max}	3.63	3.14	2.94	3.54	3.49	3.28	1.9	

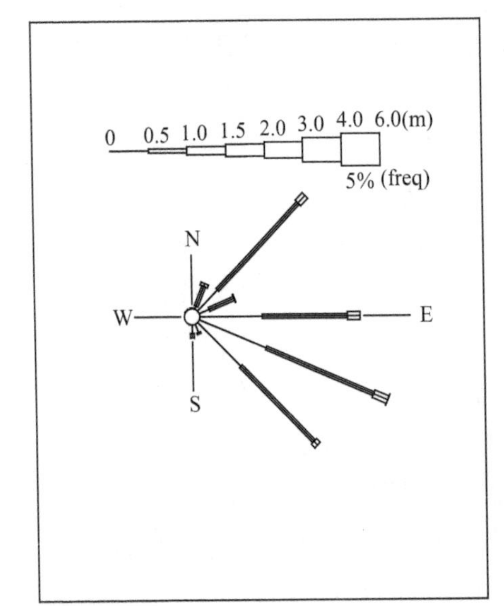

(a) 春季

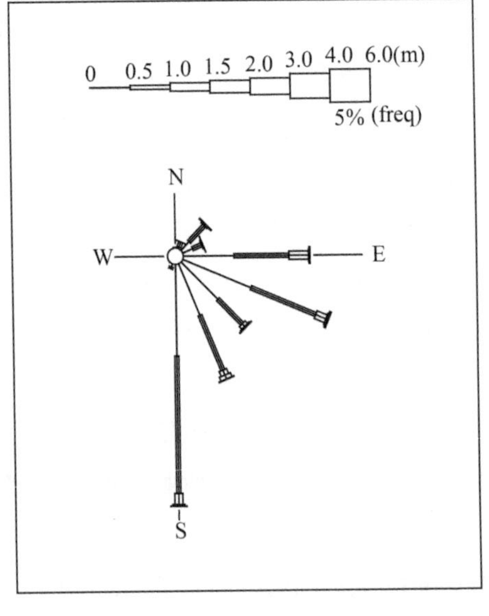

(b) 夏季

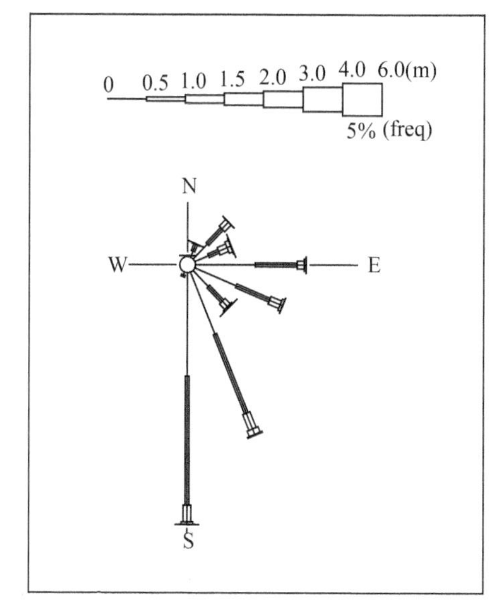

(c) 秋季

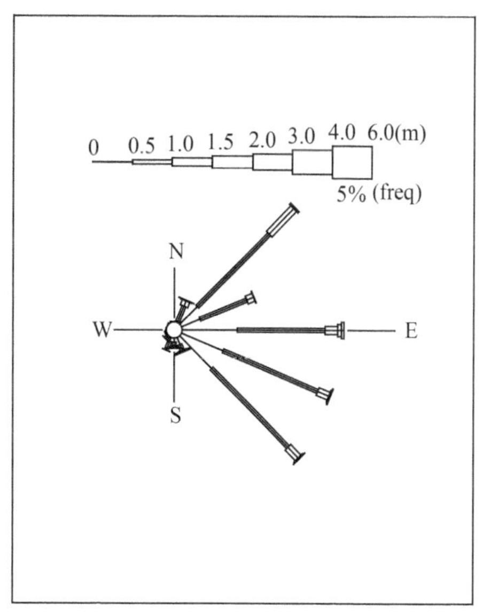

(d) 冬季

图 1.4-4　九澳波浪站各季节波浪玫瑰图(1986—2001 年)

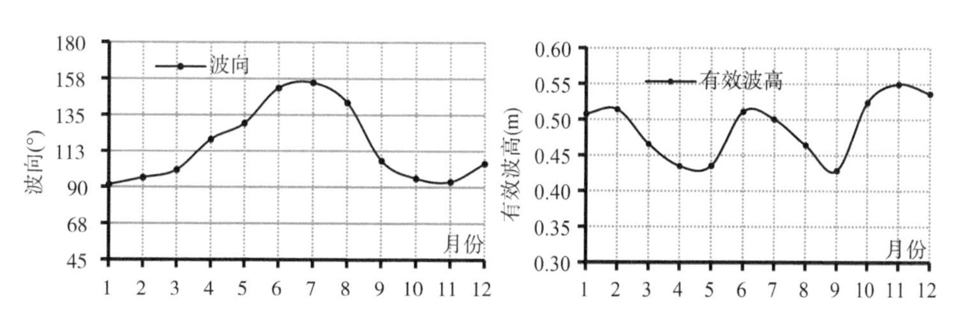

图 1.4-5　九澳站月平均波向分布图　　**图 1.4-6　九澳站月平均有效波高分布图**

(2) 大万山海洋站

大万山海洋站作为珠江口外波浪观测历时最长的站点，其波浪特征分析见文献[20]。本次分析补充了大万山海洋站 2004—2006 年逐时波浪观测资料，完善了珠江口外波浪统计特征分析。根据大万山海洋站 2004 年 3 月—2006 年 2 月波浪资料统计，其间观测站波浪出现频率最多的是 SE 向波浪，频率为 57.12%，其次是 SW 向，频率为 9.92%。波高较大的浪向多出现在 ESE 向、SSE 向及 SSW 向。统计成果见图 1.4-7。

大万山站常浪向为 SE 向、ESE 向，其年出现频率分别为 52.4%、22.0%；强浪向为 E 向、ESE 向、SE 向、SSE 向，浪高均超过 3.0 m。多年平均 $H_{1/10}$ 多集中在 3～4 级波高，3 级（0.5 m<$H_{1/10}$<1.5 m）波高出现频率为 73.65%，4 级（1.5 m<$H_{1/10}$<3.0 m）波高出现频率为 24.05%，详见表 1.4-9。

表 1.4-9　大万山海洋站（1984—2007 年）各级 $H_{1/10}$ 波高出现频率

波高(m)	0 级	1 级	2 级	3 级	4 级	5 级	6 级	7 级	8 级	9 级
	0	0～0.1	0.1～0.5	0.5～1.5	1.5～3.0	3.0～5.0	5.0～7.5	7.5～11.5	11.5～18.0	>18.0
频率(%)	0.03	0	1.47	73.65	24.05	0.77	0.03	0.01	0	0

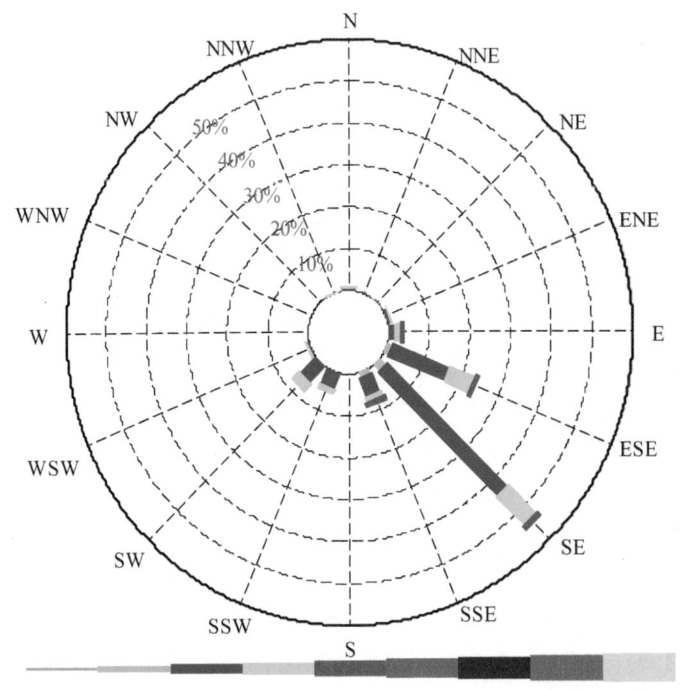

图 1.4-7　1984—2007 年大万山海洋站年平均十分之一波高($H_{1/10}$)玫瑰图

表 1.4-10 澳门九澳、大万山站逐月及洪枯季波浪要素统计表

站位	大万山						澳门九澳站					
统计时段	有效波高(m)	周期(s)	波向				有效波高(m)	周期(s)	波向			
			常浪向(%)		次常浪向(%)				常浪向(%)		次常浪向(%)	
1月	0.99	5.4	SE	88	ESE	9	0.51	5.0	ESE	36	E	19
2月	1.03	5.6	SE	95	ESE	2	0.51	5.0	ESE	37	E	18
3月	0.95	5.4	SE	81	ESE	15	0.47	4.8	ESE	39	SE	21
4月	0.85	5.1	SE	82	S	6	0.43	4.5	ESE	34	SE	24
5月	0.91	5.1	SE	49	S	30	0.43	4.3	SE	23	SSE	23
6月	0.99	5.5	SE	36	SE	30	0.51	4.9	SE	52	SSE	27
7月	1.03	5.3	SW	41	SE	31	0.50	5.2	SE	51	SSE	28
8月	0.93	5.5	S	41	SE	33	0.46	5.4	SE	47	SSE	27
9月	0.85	5.1	SE	60	ESE	14	0.43	4.9	ESE	24	SE	20
10月	0.94	5.3	SE	75	ESE	11	0.52	5.0	ESE	37	SE	18
11月	1.00	5.4	SE	76	ESE	18	0.55	5.3	ESE	36	E	20
12月	1.05	5.8	SE	92	ESE	4	0.54	5.5	ESE	30	E	23
洪季(4—9月)	0.93	5.3	SE	47	S	23	0.46	4.9	S	32	SSE	24
枯季(10—3月)	0.99	5.5	SE	84	ESE	10	0.52	5.1	ESE	36	E	19

(3) 珠江河口原型观测平台波浪资料分析

如图 1.4-8 所示，珠江河口原型观测站 M3 位于伶仃洋的西南侧，澳门机场以南，距澳门机场约 7 km。分别统计分析 2019 年冬季、夏季波浪观测资料，发现珠江河口口外水域波浪特征存在明显的季节变化。

图 1.4-8　珠江河口波浪观测站点布置

不同季节波浪统计特征如下。

①第四季度最大波高(H_{max})最大值为 2.67 m，$H_{1/10}$ 波高最大值为 2.01 m，有效波高(H_s)最大值为 1.68 m；谱峰周期(T_{peak})最大值为 15.37 s，平均周期(T_z)最大值为 9.09 s。而第二季度最大波高(H_{max})最大值为 3.25 m，有效波高 H_s 最大值为 1.88 m，$H_{1/10}$ 波高最大值为 2.2 m，平均周期(T_z)最大值为 8.85 s。

②第四季度最大波高(H_{max})的平均值为 0.86 m，$H_{1/10}$ 波高平均值为 0.64 m，有效波高(H_s)平均值为 0.57 m；谱峰周期(T_{peak})平均值为 7.11 s，平均周期(T_z)平均值为 3.53 s。第二季度最大波高(H_{max})的平均值为 0.91 m，有效波高 H_s 平均值为 0.59 m，$H_{1/10}$ 波高平均值为 0.68 m；谱峰周期(T_{peak})的平均值为 5.68 s，平均周期(T_z)的平均值为 3.87 s。

③第四季度常浪向为 SE，波浪出现频率为 41.76%，次常浪向为 ESE，波浪出现频率为 24.50%。第二季度常浪向为 S，波浪出现频率为 34.43%，次常浪向为 SSW，波浪出现频率为 16.16%。

④第四季度共有 79 天均出现 1 级波浪，持续时间为 1 143 h，其中有 22 天出现 2 级波浪，持续 124 h；2 天出现 3 级波浪，持续时间为 7 h。第二季度共有 68 天均出现 1 级波浪，持续时间为 926 h，其中有 28 天出现 2 级波浪，持续 114 h；15 天出现 3 级大浪，持续时间为 99 h。

为研究伶仃洋各月和各季度的波浪动力变化，采用欧洲中期天气预报中心(European Centre for Medium-Range Weather Forecasts，简称 ECMWF)卫星高度计实测分析数据。选择近 20 年(2001—2020 年)的数据，分析了伶仃洋内波浪有效波高和平均周期的变化。

伶仃洋有效波高年际变化见图 1.4-9。从 2001—2020 年各年有效波高平均值变化范围来看：2001—2020 年有效波高年平均变化范围为 0.49～0.55 m。从 2001—2020 年各年有效波高平均值变化趋势来看：2001—2020 年有效波高年平均值呈逐年减小趋势。

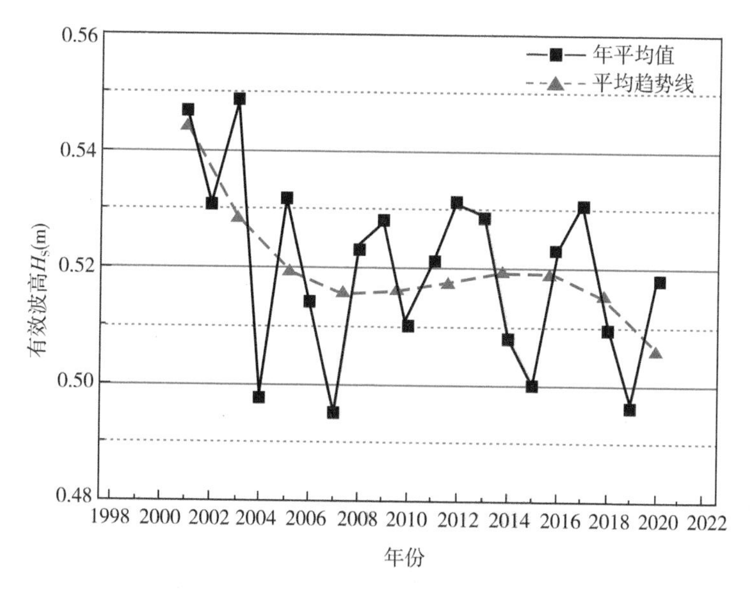

图 1.4-9　伶仃洋年平均有效波高年际变化

从 2001—2020 年各季度有效波高变化范围来看：一季度平均有效波高变化范围为 0.49～0.60 m，二季度平均有效波高变化范围为 0.42～0.53 m，三季度平均有效波高变化范围为 0.45～0.57 m，四季度平均有效波高变化范围为 0.51～0.66 m。

从 2001—2020 年各季度有效波高变化趋势来看：一季度有效波高在

2001—2014 年逐年增大，2014—2020 年逐年减小；二季度有效波高在 2001—2020 年呈逐年减小趋势；三季度有效波高在 2001—2016 年呈逐年减小趋势，2016—2020 年呈逐年增大趋势，这可能与近年来伶仃洋受极端台风天气影响有关，极端天气频繁，导致台风季节波浪动力增强；四季度有效波高在 2001—2017 年以后呈逐年减小趋势。

从 2001—2020 年各年平均周期变化范围来看(图 1.4-10)：年平均周期变化范围为 3.35～3.52 s。从 2001—2020 年各年平均周期变化趋势来看：2001—2020 年平均周期总体平稳，波动范围较小。

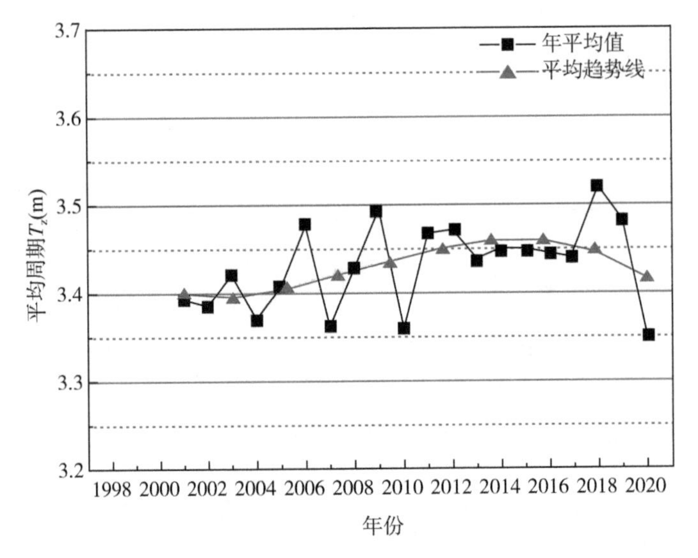

图 1.4-10　伶仃洋年平均周期年际变化

1.5　珠江河口面临的新形势

党的十八大以来，党中央、国务院高度重视水安全工作，习近平总书记明确提出“十六字”治水思路，为系统解决我国新老水问题、保障国家水安全提供了根本遵循和行动指南。随着粤港澳大湾区等区域重大战略深入推进，统筹发展和安全意识更加强烈。进入新发展阶段、贯彻新发展理念、构建新发展格局对推动珠江河口综合治理和保护高质量发展提出了新目标、新要求、新模式。

一是新发展阶段对珠江河口综合治理提出了新目标。《粤港澳大湾区发展规划纲要》提出建设发展活力充沛、创新能力突出、产业结构优化、要素流动顺畅、生态环境优美的国际一流湾区和世界级城市群的目标[21]。珠江河口作为大湾区的核心区域,河口治理与保护是服务国家战略大势大局和产业发展的基础保障,新发展阶段要求珠江河口综合治理向形态更高级、基础更牢固、保障更有力、功能更优化的新目标演进,全面提高河口治理和管理能力。

二是新发展理念为珠江河口综合治理提出了新要求。创新、协调、绿色、开放、共享的新发展理念完整体现了新时期珠江河口治理的新要求。当前,与河口地区人民群众对水安全、水资源、水生态、水环境的需求相比,珠江河口治理管理与人民群众需求之间的矛盾依然突出。这就要求我们要以创新作为第一动力、以协调为内生特点、以绿色为普遍形态、以开放为必由之路、以共享为根本目的、以安全为底线要求,完整、准确、全面贯彻新发展理念,更好满足珠江河口地区人民日益增长的美好生活需要。

三是新发展格局为珠江河口综合治理提供了新模式。加快构建新发展格局是事关珠江河口综合治理的系统性深层次变革。从创造需求上牢牢把握扩大内需战略基点,建设一批强基础、增功能、利长远的河口重大水利项目,更好发挥水利投资对稳增长、稳市场主体、保就业的重要作用;从提升供给上紧紧围绕供给侧结构性改革,打造安全河口湾区的示范区、美丽河口湾区的先导区、生态河口湾区的和谐区、智慧河口湾区的创新区、文化河口湾区的传承区,促进河口地区经济社会更加协调发展。

2

珠江河口治理历程与发展现状

2.1 治理历程

2.1.1 治理理念变化过程

中华人民共和国成立之前，珠江河口的开发整治以自发的围填为主。珠江河口作为中国三大河流入海口之一，系统治理理念始于 1948 年《珠江治本计划工作进行方案》，明确"治导之原则当在降低洪水高峰、增加河道泄洪量，蓄流、整滩、筑港，以济工商航运，兼得水电灌溉之利"[22]。

1949 年至 1974 年，原广东省水电厅珠江三角洲整治规划办公室（简称"珠三办"）成立期间，珠江三角洲河网区大规模进行联围筑闸，简化河系，缩短防洪堤线。

1979 年，原水利电力部珠江水利委员会成立后，为开发与治理河口，编制了《珠江三角洲整治规划报告》，提出"联围筑闸，简化水系，控制水沙"的规划布局，提出了"西北江分治""水沙西南调"的战略思想[23]，并为当时的治理和管理提供了明确的指导。

20 世纪 80—90 年代河口整治以分区域整治为主，未充分考虑口门间的互动性。21 世纪以来，首次将珠江河口作为一个完整系统进行治理，《珠江河口综合治理规划》经国务院批复后成为珠江河口治理与管理的基本依据。

2010 年《珠江河口综合治理规划》主要内容包括：治导线规划，泄洪整治规划，水资源保护规划，岸线、滩涂保护与利用规划，采砂控制规划[24]。治理原则上，从传统的工程整治观念向现代的生态河口与环境河口观念转变，提出了在确保防洪安全、口门泄洪畅通的前提下，加强河口水环境、水生态保护的原则，实现水资源可持续利用和人与自然和谐相处的目标。

河口形态格局的健康和稳定，是维护河口水文格局稳定以及河口健康发育演变的前提。陈小文认为应确立"维护河口稳定，保育河口生态"的战略思想，以指导河口管理及治理，维护河口可持续发展[25]。当前，在新的河口情势下，迫切需要把握河口区域主观及客观的主要矛盾，尤其是河口区水文格局、三角洲及口门河道形态、河口滩涂及河口湾演化等方面的突出问题，统筹协调解决突出矛盾，精细化管理，力争实现人水和谐。

合理有序开发珠江三角洲，需要统筹安排，加强三角洲综合整治利用与管理。中华人民共和国成立之初,原珠江三角洲整治规划办公室就逐步开展珠江河口三角洲防洪与综合利用规划,曾提出"以蓄为主、以泄为辅、泄蓄兼施"的防洪原则;1979 年水利部珠江水利委员会在原珠江三角洲整治规划办公室的基础上成立后,历时 8 年制定出《珠江流域综合规划》,针对防洪问题提出了上蓄、中防、下泄统筹兼顾的原则,以泄为主、泄蓄兼顾的防洪方针和"西北江分治"及"水沙西南调"的防洪方案[26]。当时提出"水沙西南调"的初衷是希望通过调整三角洲顶点水沙分流比,将注入伶仃洋的东三口门水沙调向西四口门,尤其是磨刀门河口,减少进入伶仃洋的泥沙,延长优良天然的伶仃航道的使用寿命。"西北江分治"的内涵是:通过兴建思贤滘和南华水闸,辅以联围筑闸,实行有联系的分治。

当时即有专家对"水沙西南调"持有不同的看法,在珠江河口治理规划的专家审查意见中存在较大的分歧。周志德认为,在技术上讲,该方法是可行的,但磨刀门是珠江三角洲水位高压脊,而虎门、崖门是水位低压槽,东四口门的水沙克服逆比降进入磨刀门将是个很大的工程[27]。谢鉴衡认为,珠江八大口门的分流比总格局保持不变,是珠江三角洲河床本身自动调整的结果。东四口门间的横向分汊对河床的调整作用也会产生周期性的变化,因此通过工程人为改变分流河口的分流比,应该进行充分的论证[28]。但是,后来一直没有开展针对这一方案的专题研究。如今,珠江河口出现的三角洲腹部洪水位异常壅高的新问题[29,30],能否通过"水沙西南调"和"西北江分治"得以解决,更需要开展深入的理论研究。

相对于规划中的统一思路,在科学研究过程中,对如何贯彻"下泄"的防洪原则,科学地调配洪水出路问题的讨论始终没有停止。首先从排洪的角度来讲,河口治理应以"通"为原则[31],河网支汊是洪水冲决形成的,本身是为满足洪水下泄需要的。因此,人为分割其联系,实行"西北江分治",不符合河网行洪规律,因此也不一定有效,汊道的保护利用比分治、控制它甚至堵塞它更重要[32];"水沙西南调"的出发点是保护伶仃航道而不是防洪,不符合综合治理将防洪作为首要目的的原则。另外从洪水调度的可行性来看,若将水沙西南调,将极大增加磨刀门的排洪压力。磨刀门河口在人为作用下迅速延伸,其动力性质的变化更增加了排洪难度[33];从口门稳定性来看,磨刀门、崖门、虎门等口门受基底地形控制,位置稳定,应当比较适合作为主要的排洪口门[34]。黄胜认为"能否将西江洪水西调,是一个很值得重视的研究课题"[35];

李春初等认为"一味地引导洪水在'河道'的口门入海，拒绝或减少横向汊道向'潮道'或潮汐优势型河口分泄洪水，不符合珠江河口的规律，实际上也难达到设想的效果"[36]。并由此提出了与之相对的观点："水沙分两边"。

珠江三角洲地区经过多年的发展，水情发生了较大的变化。面对新的水情、灾情及经济社会发展的新需要，需重新认识河口在新形势下的发育演变趋势，在生态文明建设和治理策略指导下，拟定珠江河口整治新思路。

2.1.2 治理的阶段

我国是自然灾害多发国家，其中洪水灾害是发生频率最高、危害最严重的自然灾害。据统计，公元前 200 年到 1949 年，全国共发生洪涝灾害 1 092 次，平均每 2 年一次，且越到近、现代，发生频率越高。据统计，1991—1998 年间，我国洪涝灾害造成 22 788 人死亡，受灾面积 6.22×10^7 hm^2，直接经济损失达 891.4 亿元，且逐年递增，洪涝灾害损失占所有灾害损失的一半以上[37]。

珠江三角洲地区受东南季风影响，雨量充沛，是洪水灾害发生的典型区域。珠江流域内的人民在与洪水的斗争中，不断积累和加深对洪水自然规律的认识，趋利避害，筑堤御洪。据曾昭璇等考证，珠江三角洲地区早在宋代就开始联围筑堤抵御洪水[38]。中华人民共和国成立前，珠江三角洲已建成大小堤围 1 000 多个。但对珠江流域进行全面规划、科学治理、合理开发利用，则是中华人民共和国成立以后才全面展开的。

自 1949 年 10 月中华人民共和国成立以后，珠江河口的治理与开发进入了一个前所未有的全新时代，不仅在治河管理机构的建设，治河专门人才的培养，工程技术、勘测技术的掌握和科研队伍的建立等方面都有了很大的发展，而且在研究内容的广度和深度、研究手段的多样性及高新技术的应用，以及河口治理的规划和工程建设的规模等方面都取得了很大的进步，以《珠江三角洲整治规划报告》和《珠江河口综合治理规划》的完成为时间节点，珠江河口治理大致可分为三个阶段，分述如下。

(1) 中华人民共和国成立后至 20 世纪 80 年代以前以联围筑闸为主的治理阶段

1956 年底，时任水利部副部长钱正英率领苏联专家组及水利部、交通部等一批专家，在查勘珠江干流西江及主要支流的基础上，提出进行珠江流域规划工作的意见[39]。1957年7月，国务院批准《珠江流域规划任务书》，确定规划方针为："综合利用，对灌溉、防洪、发电、航运等综合考虑，上中下游统筹兼顾，以达到合理、最大限度开发水利资源的目的。"其中包括珠江河口的规划治理。

1975年4—5月，水利电力部以严恺为组长的专家组，在全面考察珠江三角洲的基础上，对珠江三角洲整治规划及科学研究提出了较系统的意见。1976年11月，水利电力部派出部规划设计管理局的专家组，就珠江三角洲整治规划问题，再次赴现场考察研究，并对珠江三角洲的整治规划问题提出了意见[40,41]。1977年7月，由珠江三角洲整治规划办公室负责编制完成《珠江三角洲整治规划报告》。

在这一时期，珠江河口的治理主要是针对堤防标准低、堤系紊乱分散等问题，提出联围并流、联围筑闸、简化水系、控制水沙等工程措施，以扩大堤围规模，缩短堤线，提高防洪标准，并着力整治围内排灌系统，改善综合经营管理条件，保障人民生产、生活的需要[42]。在建设方面规模较大的堤围及水闸如下。

①1950年1月，珠江水利工程总局组织水利技术人员分赴高要、南海等9个县进行堵口复堤施工共100多处；②1951年1月，动工兴建东江东莞市的独洲围堤防整理工程、西江高要县（现高要市）金安围堤防修整工程、新江大围堤防整理工程、北江清远市清西围堤防整理工程和三水县（现三水区）芦苞水闸局部修理工程等5项重点堤防工程；③1953年1月动工、1957年5月建成中顺大围；④1957年5月，北江樵北大围官山大闸工程竣工；⑤1954年1月，动工兴建顺德第一联围工程，122个大小堤围联成大围，堤长共70 km；⑥1954年12月动工、1955年2月完成北江大堤修建，将北江清远市石角至南海县（现南海区）狮山全长63 km的原有各堤围连接建成北江大堤；⑦1957年3月，北江大堤芦苞水闸1949年后第4次修理加固工程完工；⑧1957年3月，北江大堤西南水闸建成，控制北江洪水分入西南涌的流量不大于1 000 m^3/s，提高了广州、佛山两市和三水、番禺、花县（现花都区）、南海等县防御北江洪水的能力；⑨1979年5月，基本建成江新联围，使原来296.4 km的江海堤防缩短为91 km的防洪干堤，提高了防洪排涝能力。

这一时期的珠江三角洲整治的方针，以开发利用资源为主。在航道建设方面也逐步启动，主要工程建设如下。

①1950年10月开始、1951年2月完工的沥滘水道疏浚工程，航槽加深至最低水位以下3.8 m，底宽100 m，广州出海水道全线畅通；②1952年2月，动工兴建陈村水道疏浚工程，共挖除泥沙76.69万m^3，全年可通航300 t级船只，由广州至梧州以及西北江三角洲各市镇在低水位时也可直接通航，船只不再绕道莲花山，可缩短4 h航程；③1952年12月，动工兴建从广州至梧州的西江都城新滩整治工程，包括炸礁600 m^3，疏浚航道2.6 km，建挑流丁坝4座，于次年4月中旬基本完成。

(2) 20世纪80年代至2010年快速开发与综合治理阶段

这一时期，经济建设迅速发展，珠江水利委员会为适应经济高速发展的需要，对珠江河口的治理提出了“因势利导，统筹兼顾，全面规划，综合治理，整治与开发相结合，开发服从整治，以开发促整治”的治理方针，珠江河口整治进入全面规划、综合治理阶段。

1986年12月，由珠江水利委员会编制的《珠江流域综合利用规划》完成并上报水电部。其中，河口治理开发规划部分包括广州—虎门水道岸线整治规划、伶仃洋海区整治轮廓规划、磨刀门-鸡啼门海区整治开发规划、对整治开发黄茅海区的意见等。1989年10月，珠江流域综合利用规划审查委员会原则同意《珠江流域综合利用规划》及《珠江流域综合利用规划纲要》。1993年5月，国务院对《珠江流域综合利用规划》作了批复，并在批复中指出：“珠江河口治理、海涂围垦和综合开发与这一地区经济发展有着十分密切的关系，要抓紧编制珠江河口开发规划。”

为贯彻落实国务院的要求，按水利部的统一部署，珠江水利委员会先后组织编制并完成了《珠江磨刀门口门治理开发工程规划报告》《伶仃洋治导线规划报告》《黄茅海及鸡啼门治理规划报告》《广州—虎门出海水道整治规划报告》《珠江河口澳门附近水域综合治理规划报告》，并获水利部批复同意。整治规划成为所在区域进行治理与开发建设的基本依据。规划报告确定的治导线，是治理与开发建设的外缘控制线，在该规划区内进行任何工程建设都必须严格依据该治导线，不得以任何理由外伸。

在规划编制过程中，部分整治工程陆续开展，典型的整治工程如下。

①1984年9月，磨刀门口门整治开发正式开工。至1995年经过约11年的实施，磨刀门原浅海区已整治成磨刀门主槽和洪湾水道“一主一支”的河道格局，主槽的东、西双导堤间距为2 300 m，洪湾水道南、北双导堤间距为

500 m，在整治的同时建成鹤洲北、洪湾西、三灶湾、洪湾北和洪湾南5片垦区，共围垦面积为0.75万km²，建成海堤长49.20 km。1998—2000年完成鹤洲南垦区长21.84 km的海堤工程。

②1987年伶仃洋蕉门口鸡抱沙、孖沙围垦，后扩大围垦至洪奇门的万顷沙和沥心沙尾。这些围垦开发工程根据珠江委拟定、经水利部批准的伶仃洋西部各口门延伸的治导线控制范围，采用"围垦整治相结合，以围垦促进整治"的办法，对西部海域进行大规模的围垦造地，其围垦的堤线即形成各口门治导线的延伸线。根据卫星遥感信息统计，从20世纪80年代初期至2003年，伶仃洋东、西部滩涂的围垦造地总面积约为230 km²，其中西部近岸为172 km²，占75%；东部近岸为58 km²，占25%。

③20世纪80年代初，新会、斗门、台山等县在黄茅海海区进行滩涂围垦，但其规模不大，远小于磨刀门和伶仃洋等口门，至2003年，共围垦滩涂面积约123.5 km²。

④1983年8月开始对北江大堤进行全面培修加固，改建芦苞水闸、维修西南水闸，改建和处理原有涵闸和旱闸47座；改建和新建防汛公路44 km。培修加固后的工程规模为：大堤全长63.34 km，大型分洪闸（芦苞、西南水闸）2座，穿堤的灌溉、排水、交通闸35座，防汛公路57 km。

随着区域社会经济的快速发展，以及这一时期香港、澳门回归祖国，为保障"一国两制"下的区域供水安全，逐步建设了对澳门、香港的供水工程，包括如下工程。

①1986年初兴建珠海澳门供水工程，第一期工程由磨刀门的洪湾涌引水至澳门青洲水厂，工程包括引水闸1座、装机1 400 kW泵站1座以及7条总长6.4 km的隧洞、长2.3 km的输水暗渠和2×2 500 mm的压力输水管等建筑物，于1988年6月完工并开始供水。二期工程由磨刀门水道东侧挂定角引水至洪湾抽水站，于1989年初基本完成并开始引水。

②2000年8月兴建东深供水改造工程，以解决香港供水的水源问题。该工程包括3座供水泵站、7条隧洞、4座渡槽、6个混凝土箱涵、5条混凝土倒虹吸管、3.3 km长的现浇预应力混凝土地下埋管、人工渠道改造及其他次要建筑物和附属筑物，设计年供水量为23.73亿m³，设计引水流量为100 m³/s。工程于2003年6月提前完成并正式向香港供水，对确保粤港两地的安全供水做出了重要贡献。

在航道整治开发方面，主要有河网区东平水道整治、广州出海航道整治等。

1985年，广东省航道局对北江思贤滘以下的东平水道进行系统整治，以沟通两广乃至西南地区的水上运输大动脉。东平水道是广东省航运的主干航线，经河口、罗行冲口、紫洞口、登洲头、大尾角，转入南河道至广州港，全长76 km，是西江通往广州市最短的经济航线。第二期整治工程于1987年进行，完成后全航线满足了通航要求，航道整治工程获得了成功，对该地区的经济发展做出了积极的贡献。

1989年至2000年8月，广州出海航道升级，疏浚伶仃航道总长为58.6 km，航道底宽达到160 m，可通航3.5万t级船舶。广州港出海深水航道的开通，大大提高了船舶的通过能力，进一步促进了广州港的发展，对加快珠江三角洲以及华南地区经济的发展起了重要的作用。

在一期工程竣工投产后，广州港务局随即着手实施二期工程（5万t级航道），并于2000年兴建南沙港区，二期工程新建2个10万t级集装箱专用泊位，相应出海航道拓宽为250 m，可满足大型船舶双向通航，均于2006年底建成并投入使用。

(3) 2000年以来的系统整治阶段

珠江委于2001年组织编制《珠江河口综合治理规划任务书》；2005年5月提出了《珠江河口综合治理规划（初稿）》；2005—2010年，根据专家和国家部委、广东省人民政府和中国国际咨询公司评估意见，对规划进行多次修改和完善。2010年7月，《珠江河口综合治理规划》获得国务院正式批复。

规划提出了河口治导线规划方案、泄洪整治规划方案、水资源保护规划方案和岸线滩涂保护与利用规划方案。治导线规划主要任务是进一步优化、补充、完善河口治导线方案，提出河口治导线总体布置方案。规划目标是使口门延伸走向、宽度以及河口湾平面形态符合水沙运动和河势发展的规律，满足泄洪纳潮的要求，有利于河口水流条件的改善和主槽稳定，有利于航道维护和港口建设，有助于河口管理，以达到河口水流平顺、合理有序延伸的目的。河口泄洪整治规划的任务是研究磨刀门、蕉门、洪奇门、横门等主要泄洪口门和深圳湾的综合整治措施，以畅通尾闾，加大口门泄洪能力，适应珠江三角洲新的洪水形势，并能与珠江三角洲综合整治构架相衔接。岸线、滩涂保护与利用规划的任务是在资源现状分析与评价的基础上，结合河口地区的生态与环境建设、国民经济社会发展的要求，提出伶仃洋、黄茅海河口湾和磨刀门、鸡啼门河口等水域以及主要岛屿岸线、滩涂的保护与利用方案。规划目标是在有效保护岸线、滩涂资源的前提下，科学合理利用岸线、滩涂资源，以满足河口地区社会经济发展的要求，保障资源的可持续利用。采砂控制规划从珠江三角洲及口门区防洪、防咸、河势稳定等综合治理的要求出发，开展珠江三角洲主要河道采砂控制规划。采砂控制规划的目标是保障珠江河口行洪、纳潮安全，保障河道两岸堤围安全，以达到总体控制、综合管理、稳定河势、兴利除害的目的。

2.2 河口开发利用现状

自改革开放以来，珠江三角洲地区经济迅速发展，相关涉河建设项目对珠江河口发育的持续累积影响，需要科学评价，以期为后续河口管理提供参考。本节收集整理珠江河网及河口区工程建设现状资料并作简要的统计分析。工程现状从码头、桥梁及围填海工程三个方面进行统计。

统计范围主要包括三角洲河网区主干河道以及《珠江河口管理办法》确定的珠江河口管理范围。

2.2.1 码头工程

2000—2011 年 11 年间，珠江河口区的码头建设活动频繁，河口区增加了 175 座码头。码头呈现以港区为中心的集群式分布，资源利用更为集中高效；至 2011 年，河口区高桩码头比例达到了 70%，在码头集中的伶仃洋、深圳湾、狮子洋等水域，码头伸出岸线的平均长度有了明显的下降。遥感及实地调查结果显示，在 2000 年，珠江河口及主干河道区有码头 257 座，其中河口区 169 座，河网区主干 88 座。至 2011 年，珠江河口及主干河道区已建码头增至 499 座，含河口区 344 座，河网区主干 155 座。具体码头数量分布见表 2.2-1。

珠江河口地区码头分布不均衡。其中，河口区码头以集群式分布为主，码头集中分布在深圳西海岸、狮子洋水道—东江南支流、南沙港以及高栏岛附近等岸段，码头规模庞大，多为大型港口群，如广州虎门港、南沙港等；主干河网区，码头分布相对均匀，多为吨位较低的小码头。

表 2.2-1 珠江河口区及河网区码头分布统计表 单位:座

年份	河口区				河网区	总计
	伶仃洋	磨刀门	鸡啼门	黄茅海		
2000 年	99	51	4	15	88	257
2011 年	211	64	15	54	155	499
规划	23	1	0	10	0	34

珠江河口区已建码头的主要结构型式有重力、高桩、浮码头三种。表 2.2-2 为 2000—2011 年河口区新建码头结构型式统计成果。由表可知,2000 年至 2011 年间,河口区新建码头 175 座,其中高桩码头 123 座,重力码头 45 座,另有 7 座为其他型式。新增码头中,高桩码头所占比例超过 70%。在空间分布上,伶仃洋沿岸码头数量最多。

表 2.2-2 2000—2011 年河口区新建码头结构型式统计表

年份	总数	结构	河口区					占总比例 %
			伶仃洋	磨刀门	鸡啼门	黄茅海	小计	
2000—2011 年	175	高桩	70	18	6	29	123	70.3
		重力	23	17	1	4	45	25.7

2.2.2 桥梁工程

根据遥感解译及实地调研成果,2000 年珠江河口河网区及河口区主干河道上(不计围内及受闸控制水道)的特大桥(500 m 以上)和大桥(100～500 m)总数为 67 座,其中河口区 12 座,河网区 55 座。分布情况如表 2.2-3 所示。

2011 年,特大桥和大桥总数增至 115 座。其中:河口区 23 座,零星分布在八大口门出口处,以澳门水道段桥梁数目最多;河网区主干河道桥梁数目达到 92 座,其中东江北干流河道的桥梁最多,其次是东江南支流河道。此外,河口区还有 9 座已审批通过的规划桥梁未建或正在建设中。

从资料收集结果来看,珠江河口区主要泄洪通道上的桥梁,跨度较小时多为钢筋混凝土梁板式桥,跨度较大时多为钢筋混凝土或钢结构的钢构桥,亦有少数的悬索桥和拱桥。桥墩类型根据桥跨的跨径而有所不同,一般支撑通航孔及其两侧跨径较大桥跨的桥墩多采用重力式或薄壁式,而跨径较小桥梁的桥墩一般为桩柱式。

表 2.2-3　桥梁数目统计表　　单位:座

年份	河口区				河网区	总计
	伶仃洋	磨刀门	鸡啼门	黄茅海		
2000 年已建	6	5	0	1	55	67
2011 年已建	13	6	2	2	92	115

2.2.3　滩涂围垦

根据遥感调查统计结果,2000—2011 年,珠江河口围垦总面积为 119.4 km^2,占治导线范围内水域面积的 27%。滩涂围垦以开发建设为主,主要集中在伶仃洋的龙穴岛—横门—金星门、深圳西海岸、鸡啼门西滩、黄茅海的南水—高栏沿岸及黄茅海西滩近岸等区域(表 2.2-4)。

表 2.2-4　2000—2011 年珠江河口滩涂工程围垦面积统计　　单位:km^2

位置	狮子洋	伶仃洋	磨刀门	黄茅海	鸡啼门	合计
围垦面积	0.56	64.36	7.66	20.48	26.34	119.4

涉水工程开发利用强度在一定程度上反映了该地区经济发展水平的相对高低。据资料显示,近十年来,珠江河口区涉水工程开发利用强度明显加大,表现在:①码头数量上升,码头岸线占用率明显增加,2000—2011 年间,河口区码头岸线占用率由 5.57%增加至 10.7%,而河网区码头岸线占用率也从 1.44%上升至 2.49%;②桥梁建设步伐加快,河口区新建 10 座桥梁,河网区新建桥梁 37 座。

2000—2011 年间,珠江河口区涉水工程开发利用强度虽然明显增加,但从总体来看,珠江河口区的涉水工程开发利用强度存在明显分布不均匀的现象。码头的开发建设主要集中在口门区,且存在岸线开发利用强度明显分级现象,有些岸段开发利用强度超过 50%,而一些则低于 5%。桥梁的开发建设则集中在河网区,如潭州水道、东江南支流、东江北干流、磨刀门水道等;在开发利用强度的分布上,桥梁建设同样存在不均匀的情况。

2.3　珠江河口综合治理规划(2010—2020 年)实施情况

珠江河口综合治理规划提出了河口治导线规划方案、泄洪整治规划方案、水资源保护规划方案和岸线滩涂保护与利用规划方案。

规划治导线管控以来，珠江河口滩涂围垦工程主要集中在虎门出海水道左岸的新沙港区；伶仃洋河口湾东岸的深圳机场西侧、宝安综合港区和大铲湾、西岸的鸡抱沙南部和马鞍岛东南部；澳门附近水域；鸡啼门东岸小林联围木乃南区和西岸东堤内；黄茅海东岸的高栏港区和西岸沿线浅水区域。滩涂围垦工程均未超出规划治导线，新形成的河口湾逐渐朝着规则的喇叭口形态发展。磨刀门、横门、蕉门一主一支的汊道格局，洪奇门、鸡啼门、虎跳门合理延伸，各口门形态符合规划治导线控制要求，治导线规划的实施基本实现了口门的有序延伸(图 2.3-1)。

2018 年口门区岸线总长 1 051 km(不包括香港、澳门的岸线)，其中开发利用的港口岸线 199 km，占 19%；工业和城镇岸线 356 km，占 34%；自然岸线 496 km，占 47%。2010 年以来岸线增加 68 km，岸线变化较大的区域集中在内伶仃洋东岸大铲湾水域、西岸鸡抱沙南和唐家湾以及鸡啼门出口西岸、黄茅海高栏港水域。相对于 2006 年，横门岛、唐家湾、横琴岛部分自然岸线转化为工业和城镇岸线或者港口岸线。

规划将口门区岸线按功能划分为四类，分别为岸线保护区、岸线保留区、岸线控制利用区和岸线开发利用区。规划口门区岸线长 979 km，其中开发利用区和控制利用区岸线总长 636.5 km，占比 65%；保留区和保护区岸线总长 342.5 km，占比 35%。

截至 2006 年，已开发利用岸线长 370.5 km。2010 年以来，开发利用岸线长 159 km，其中 85 km 属于规划保留岸线，其余均属于规划控制利用岸线和开发利用岸线。开发利用的保留岸线主要集中在马鞍岛、唐家湾、横琴岛、虎跳门和黄茅海西岸下段。规划的可开发利用区岸线剩余 200 km，保留岸线剩余 250 km(图 2.3-2)。

规划将治导线内滩涂按功能划分为三类，分别为保护区、保留区、开发利用区。规划滩涂共计 398.89 km^2，保护区 55.09 km^2、保留区 152.96 km^2、开发利用区 190.84 km^2。

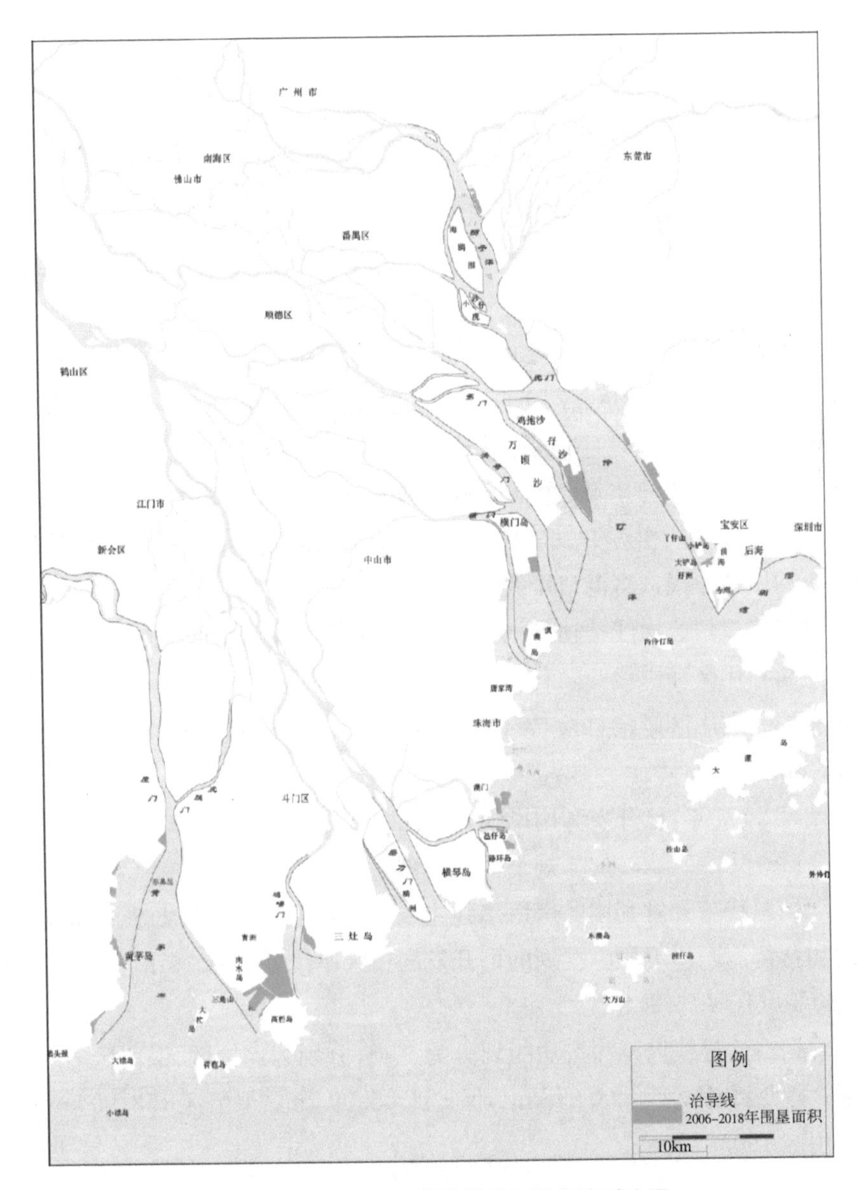

图 2.3-1　珠江河口岸线现状与治导线对比图

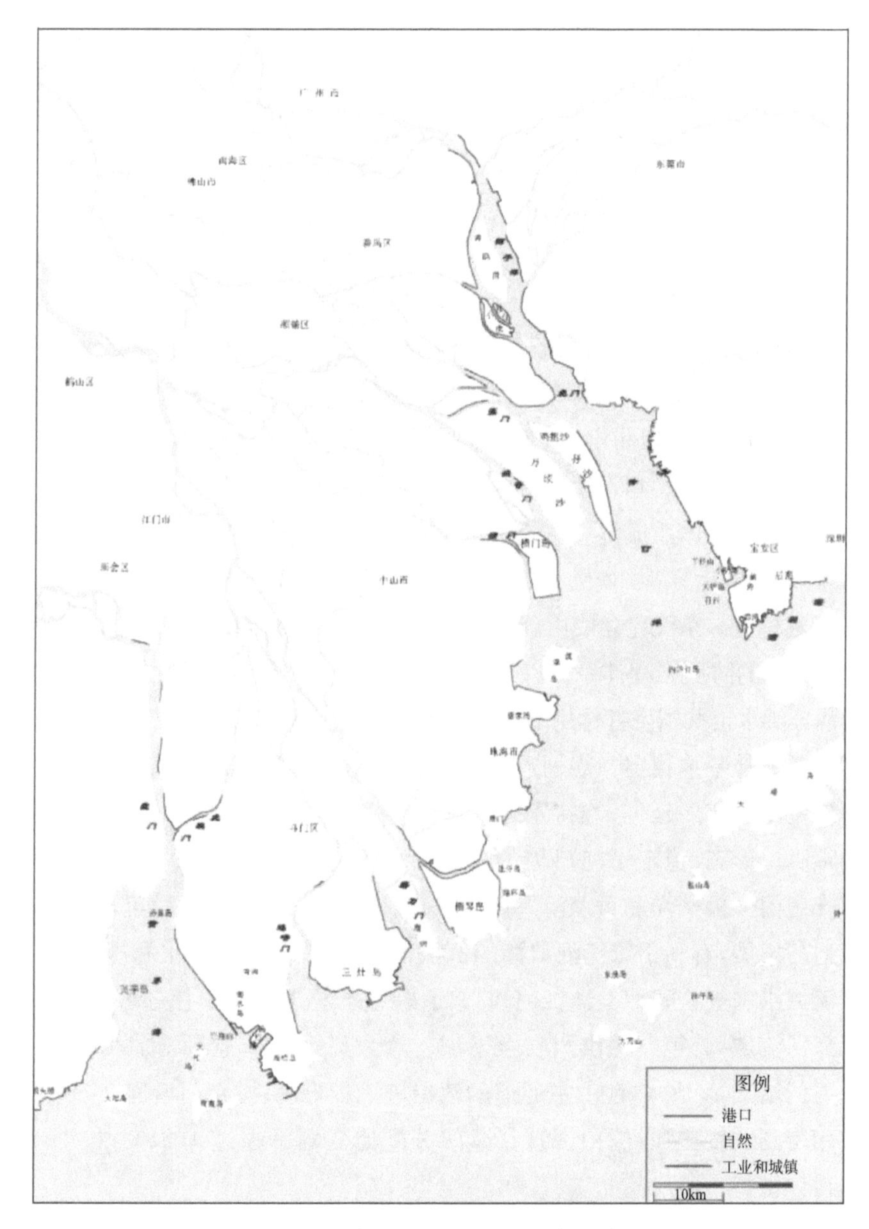

图 2.3-2 珠江河口岸线利用现状示意图

规划范围内，2006 年前已围垦滩涂 51.82 km^2，2006 年后围垦滩涂 62.43 km^2。评估期内，开发利用滩涂 55.44 km^2 属于开发利用区，6.99 km^2 属于保留区(图 2.3-3)。开发利用的保留区滩涂主要集中在鸡啼门东滩和黄茅海西滩。目前，规划的开发利用区滩涂余 88.76 km^2，保留区滩涂余 140.79 km^2。评估期内，滩涂利用基本符合规划的要求。

2.4 发展现状与治理成效

21 世纪初，水利部珠江水利委员会组织编制了《珠江河口综合治理规划》，并于 2010 年 7 月通过国务院批准实施。《珠江河口综合治理规划》统筹协调了防洪(潮)排涝，航运，岸线滩涂、水资源保护与开发利用，引导了河口有序延伸，维护了河口防洪、纳潮、排涝、航运和生态安全，在规范珠江河口的综合治理、保护、开发和管理等方面发挥了十分重要的作用。

三角洲防洪体系成型。珠江三角洲地区已建成江海堤防 9 548 km，已建水库 600 座，防洪库容为 12 亿 m^3，大部分保护区的防洪(潮)能力达到了 20～50 年一遇标准。东江已建成由新丰江、枫树坝、白盆珠水库和三角洲堤防构成的堤库结合的防洪工程体系。以北江大堤、飞来峡水利枢纽为主体，芦苞涌和西南涌分洪水道共同发挥作用的北江中下游防洪工程体系也已成型。

河口河势基本稳定。规划治导线作为河口整治和管理的基本依据，引导了河口主支汊有序延伸，维持了八大口门分流的格局，形成了伶仃洋和黄茅海的喇叭口形态，稳定了河口湾的三滩两槽河势，有利于潮汐吞吐及维护伶仃洋—虎门—狮子洋和黄茅海—崖门—银洲湖两条潮汐通道稳定，有助于航运交通的发展，有利于维持河口湾的低水环境，有助于承泄洪水和涝水。

流域洪水安全宣泄。珠江河口口门段主槽下切、加宽，主流更为集中，基本保障了流域 50 年一遇洪水安全下泄。八大口门总净泄量增加 1.96%，其中磨刀门增加 2.12%，泄洪主通道的地位进一步巩固；洪奇门增加 0.88%，排洪作用得到适度增强；虎门、横门、蕉门分配比变幅不超过 1.21%，排洪能力基本得到维持。

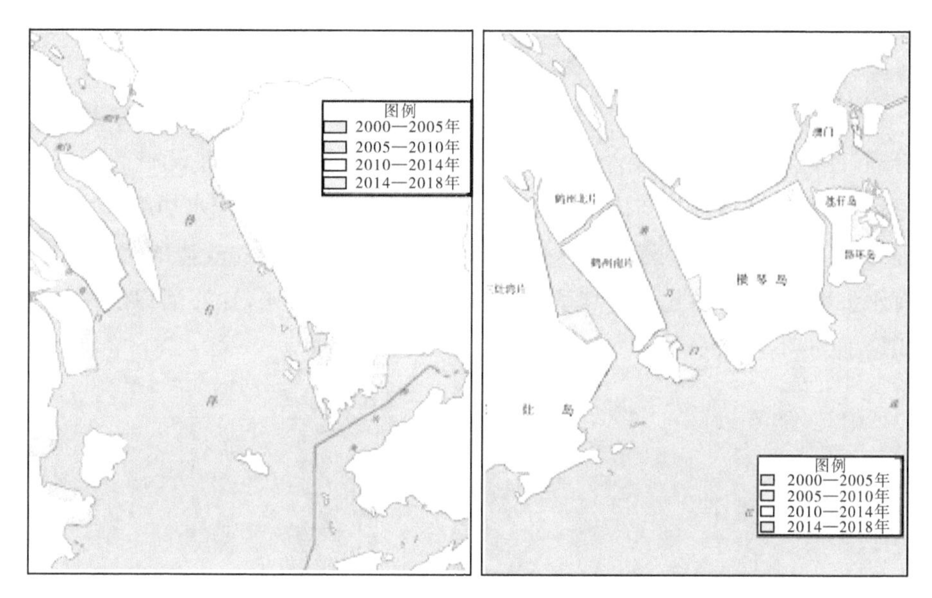

图 2.3-3(a) 2000—2018 年间岸线滩涂变化平面图(伶仃洋,磨刀门)

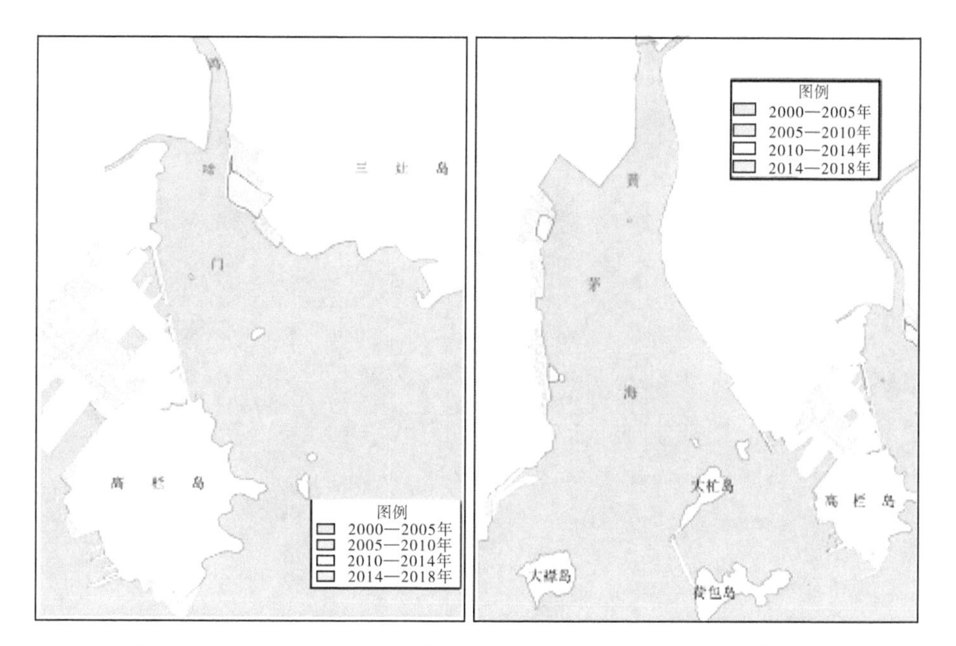

图 2.3-3(b) 2000—2018 年间岸线滩涂变化平面图(鸡啼门,黄茅海)

岸线滩涂有序利用。至 2018 年,珠江河口已开发利用岸线长 307 km,保障了岸线开发利用的可持续性。1978—2000 年,珠江河口总围垦面积为

478 km^2，围垦速率约为 22 km^2/a；2000—2018 年共计围垦 136 km^2，围垦速率降为 7 km^2/a，有效控制了珠江河口滩涂开发规模和速率。

水生态环境持续改善。为改善水生态环境，加强水资源保护和水功能区管理，促进河口健康发展，开展了污染源控制、城镇污水处理设施的提标改造、各类生态环境保护与修复等工作。近 5 年来，珠江三角洲水功能区达标率提高了 7 个百分点，珠江河口水质整体呈改善趋势，清洁和较清洁海域（二类海水水质以上）所占比例提高了 5 个百分点。近 20 年来，珠江河口红树林面积增加约 7.8 km^2。

3

珠江河口近期演变分析方法

河口是径流和潮波相互作用的地区，随着河海动力强弱的沿程变化，各河段的水流情势、泥沙运动和河床冲淤演变特性都有所不同。由于珠江河口区水域形态与水沙关系极为复杂，八大口门和河网交织相通，水沙特性相互影响，各口门的治理方案将会对河网区水道和口门之间的水沙特性产生互动性的影响，因此，珠江河口的治理是一个涉及因素多、动力条件复杂的系统工程，加之珠江三角洲人为活动影响强烈，河口变化调整非常迅速而敏感。在河口近期规划研究的过程中，始终重视现场调查、原型观测资料分析，并应用遥感影像分析、数值模拟及物理模型技术方法，“五位一体”开展珠江河口治理过程中重大关键技术论证，各种手段相互进行补充和相互印证，以期使研究成果能获得较全面、科学、可靠的认识，指导珠江河口综合治理规划与管理。

3.1 原型观测与资料分析

3.1.1 基础资料

实测资料分析方法是一种传统的常规方法，主要是利用珠江河口不同时期的水文实测资料和水下地形实测资料，分析其水动力特性、潮汐与潮流特性、水沙运动及河床冲淤演变的规律，并利用这些实测资料，采用回归分析方法寻找水流、泥沙与地形因子之间的相关关系，探索建立经验的或半经验的公式，用以解决工程实际问题。

本书涉及的基础资料，包括水文资料和地形资料，分列如下。

(1) 水文资料

①河口原型观测试验站 A1—A12 汇编潮流和水深资料，2018—2021 年；

②西江马口站、北江三水站、东江博罗站水文站长序列径流、泥沙资料，1959—2020 年；

③澜石、紫洞、三多、容奇、马鞍、小榄、南华、大敖、江门、天河、甘竹、勒竹、三善滘、五斗、板沙尾、蚬沙(南华)、容奇(二)、老鸦岗、广州浮标厂(二)、中大、黄埔(三)、赤湾、横门、万顷沙西、大石、三沙口、南沙、大盛、白蕉、三灶、灯笼山、黄冲、横山、西炮台和黄金等 42 个水文站的长序列潮位特征值摘录资料，《中华人民共和国水文年鉴:珠江流域水文资料》，1952—2021 年；

④珠江三角洲主要控制断面洪、枯水期水文测验成果系列报告，珠江水文水资源勘测中心，2010—2018年；

⑤伶仃洋水文调查资料成果汇编，伶仃洋水文调查领导小组，1978—1979年；

⑥广州港出海航道三期工程伶仃洋海域现场勘测资料成果汇编，天津水运工程科学研究所，2007年8月；

⑦珠江流域综合规划修编水文测验成果，中水珠江规划勘测设计有限公司，2007年8月；

⑧广州港深水航道拓宽工程方案水文、泥沙现场测量报告，珠江水利委员会珠江水利科学研究院，2013年9月；

⑨港珠澳大桥主体工程建设期防洪影响后评估水文测验报告，珠江水利委员会珠江水利科学研究院，2019年7月；

⑩崖门3万t级航道工程枯季水文测验技术报告，长江委水文局长江下游水文水资源勘测局，2010年1月；

⑪崖门3万t级航道工程洪季水文测验技术报告，长江委水文局长江下游水文水资源勘测局，2010年6月；

⑫磨刀门河口洪枯季水文测验报告，珠江水利委员会珠江水利科学研究院，2015年。

(2) 地形资料

①西江、北江1∶5 000水下地形测图，水利部珠江水利委员会勘测设计研究院，1999年6月；

②广州段1∶5 000水下地形测图，广东省水利电力勘测设计研究院，1999年5月；

③东江1∶5 000水下地形测图，2002年6月；

④西江1∶2 000水下地形测图，广州水运工程设计研究院，2005年7月；

⑤西江干流1∶5 000水下地形测图，中水珠江规划勘测设计有限公司，2013年11月；

⑥北江干流1∶5 000水下地形测图，中水珠江规划勘测设计有限公司，2014年6月—2015年5月；

⑦东江干流1∶5 000水下地形测图，中水珠江规划勘测设计有限公司，2014年6月—2015年6月；

⑧三角洲 1∶5 000 水下地形测图，中水珠江规划勘测设计有限公司，2015 年 6 月—2016 年 11 月；

⑨伶仃洋 1977 年、1984 年、1999 年、2011 年、2019 年水下地形；

⑩磨刀门 1977 年、1984 年、1994 年、2000 年、2005 年、2019 年水下地形；

⑪鸡啼门 1977 年、1990 年、2000 年、2012 年水下地形；

⑫黄茅海 1977 年、1989 年、2003 年、2012 年水下地形；

⑬珠江河口 1978—2020 年中(15～30 m)、高(优于 2 m)分辨率遥感影像。

3.1.2 浅水波浪推算

波浪从外海深水向磨刀门口浅水区传播，波能和波动传播速度随水深而变化，波浪特征亦发生相应的变化，按《海港水文规范》(JTJ213—98)，浅水区波浪计算方法为：

$$H = K_r K_s H_0 \tag{3.1-1}$$

式中：H_0 为深水区波高；H 为推算点波高；K_r 为波浪折射系数，是因水深变化而引起的波动传播速度变化，使波向线逐步与等深线垂直；K_s 为浅水系数，是因水深变化而引起波能传播速度变化，导致波高特征的变化。

$$K_s = \left[\text{th}kd + kd(1 - \text{th}^2 kd)\right]^{-\frac{1}{2}} \tag{3.1-2}$$

$$K_r = \left[\frac{\cos\alpha}{\sqrt{1 - \sin^2\alpha \cdot \text{th}kd}}\right]^{\frac{1}{2}} \tag{3.1-3}$$

式中：k 为波数，d 为水深，α 是深水波入射角。

根据万山站咸情期日均波浪统计结果，分别推算定点浅水系数和折射系数，计算结果如表 3.1-1 所示，SE、S 向波向线走向见图 3.1-1 至 3.1-2。

表 3.1-1　推算点波浪折射系数和浅水系数推算结果

$K_r K_s$	ESE 浪向	SE 浪向	S 浪向	SW 浪向
周期 5(s)	0.82	1.48	0.82	0.32
周期 6(s)	0.86	1.75	0.83	0.36

图 3.1-1　SE 方向 5 s 波浪从深水传至计算点的波向线

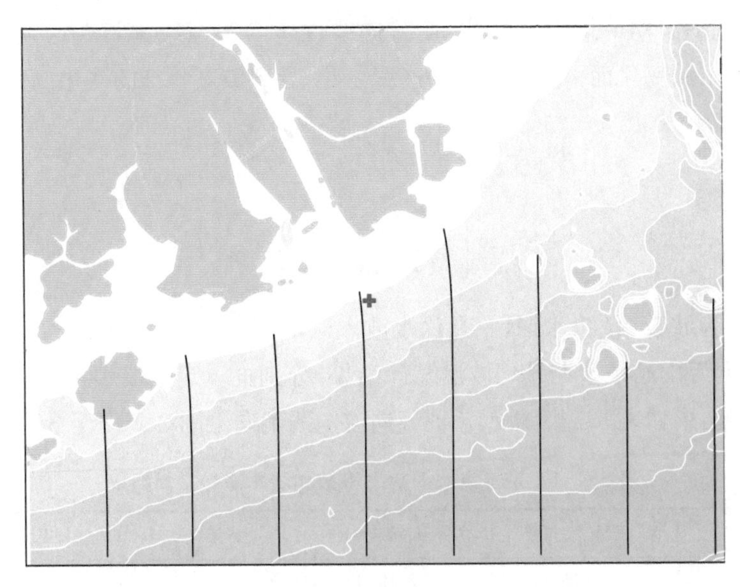

图 3.1-2　S 方向 6 s 波浪从深水传至计算点的波向线

3.1.3 泥沙沉积及输运趋势分析

McLaren 等提出，由于选择性起动、搬运和堆积，沉积物从 D_1 点搬运到 D_2 点，其平均粒径将变得更细，分选更好，偏态更正偏；或平均粒径将变得更粗，分选更好，偏态更负偏。即以下两种粒径趋势。

类型 1：粒径变细，分选变好且更加正偏，即 $\delta_1<\delta_2$，$Md_1>Md_2$，$Sk_1>Sk_2$；

类型 2：粒径变粗，分选变差且更加负偏，即 $\delta_1>\delta_2$，$Md_1<Md_2$，$Sk_1<Sk_2$。

如出现上述两种粒径趋势之一，就可定义出一个从采样点 1 指向采样点 2 的矢量，其大小为一个单位长度，这样的矢量称为粒径趋势矢量。

基于粒径趋势沿沉积物搬运方向比其相反方向发生频率高的假设，高抒等建立了在半定量滤波技术基础上的粒径趋势分析方法[43]，通过定量提取沉积物的粒径参数，将其转化为沉积物搬运趋势的信息，提出了“二维”泥沙搬运的矢量模型。根据表层沉积物样品网格确定粒径趋势，然后通过滤波获得沉积物搬运路径的“余方式”，通过此方法可获得更明确的泥沙净输运路径图像，为进一步研究泥沙输运趋势和泥沙通量提供了新的途径，也在不同区域的研究中取得了较好的实用效果[44,45]。具体的分析方法如下：将每个采样点的粒径参数与其周围直接相邻的各点进行一一比较，如果采样点 1 和与其直接相邻的采样点 2 之间的粒径参数满足上述两种情况中的任何一种，则定义一个从采样点 1 指向采样点 2 的单位矢量。找出每个采样点所有的粒径趋势矢量并合成一个合矢量：

$$\boldsymbol{R}(x,y)=\sum_{i=1}^{n}\boldsymbol{r}(x,y)_i \tag{3.1-4}$$

式中：$\boldsymbol{r}(x,y)$ 是采样点 (x,y) 的每一个单位矢量，$\boldsymbol{R}(x,y)$ 是合矢量，n 是单位矢量个数。

每个采样点进行矢量判别和合成运算后，可以得到采样区二维的沉积物净输运矢量分布图。为了消除“噪声”的影响，对每个采样点合矢量进行平滑处理，即将每个采样点与周边直接相邻的各点进行合矢量平均，得到消除噪声后的余矢量，定义为输运矢量。把采样区内任意点的合矢量与相邻的样点的合矢量进行算术平均就可得到该点的最终趋势矢量，公式如下：

$$\boldsymbol{R}_{av}(x,y)=\frac{1}{k+1}\left|\boldsymbol{R}(x,y)+\sum_{i}^{k}\boldsymbol{R}_{j}\right| \tag{3.1-5}$$

式中：$R_{av}(x,y)$为任意点经过平滑处理后的最终趋势矢量；$R(x,y)$为该点未经平滑处理前的合矢量，R_j 为与该点相邻的样点的合矢量（未经平滑处理），K 为与该点相邻的样点的个数。对研究区内各采样点的合矢量进行平滑处理，以消除“噪音”。这样处理以后获得的粒径趋势矢量平面分布图即代表了该区沉积物净搬运格局。

3.2 遥感影像分析

遥感信息具有宏观性、直观性、动态性、空间连续性和全数字化的优势，可以克服实测资料局限性的不足。利用遥感技术、GIS 和 DEM（即数字高程模型）技术，进行数字化的存储和处理，能自动提取和获得一系列专题图件，大大加快研究进程和研究精度。

在珠江河口研究中，应用遥感技术的分析方法是利用多种卫星、多个时相、多种光谱的信息，研究各口门的水沙输移流势特征、滩槽演变特征、岸线变化、深泓线变化、水动力分区线及河口锋线的变化，以及河口区水沙遥感定量反演等，获得悬浮泥沙表层含沙量、咸潮、水环境与水生态的定量分析模式，这种研究方法现已成为研究珠江河口问题必不可少的重要手段。

遥感影像在珠江河口研究中的应用主要包括两个方面：一个是利用遥感卫星影像，提取河口水体流势、悬沙特征，分析河口水文特征；二是遥感定量反演模型的建立。

（1）遥感流势、流态信息提取

根据水体遥感信息的特点，对获取的遥感影像进行流场微信息的提取与增强处理，生成遥感流态解译图。首先选取透射能力较差而较好反映水体上层流态和悬沙信息的 TM3、TM4 作为主信息源，对其数据进行线性拉伸处理，并采用了监督式的分段线性拉伸的计算机图像处理方法，即选取几个有代表性的训练区，了解须增强目标在亮度空间的分布状况，经统计得到合理的参数，然后在（0，255）空间进行分段性拉伸处理。经选样处理后，主流轴线、不同水流的交汇界线、水流前沿线等水动力标志清晰显示出来。

（2）悬浮物含量反演

纯净水体在可见光波段的反射率曲线是接近线性的，且随着波长向红外波段逐渐增大，反射率呈逐渐减小的态势，直线化态势明显。自然水体中由于溶解、悬浮物质的吸收和散射作用使水体的反射光谱曲线呈现不同的形态。因此，可以通过对水体光谱反射特征的研究确定水体的成分甚至各成分的含量。河口近岸水体受河流淡水径流的影响，径潮流交汇处海水成分的变化会导致水体光谱反射特征产生变化，反映在遥感影像上就是颜色（灰度）的变化。因此，从特定波段遥感影像的光谱变化信息可以获取水体组分的信息，这是水色遥感工作的基本原理。

黄色物质（又叫 CDOM）是海水中的可溶性有机质，主要来源于陆源腐殖质、褐黄素等。由于水中黄色物质拥有自己独特的光谱特性，利用卫星遥感数据反演水中黄色物质浓度已有不少成功算法[46,47]。

珠江河口区域内，主要水色因子是悬浮泥沙、黄色物质、DOC、叶绿素等。通过对不同性质水体的光谱观测，根据水体中几类主要成分的光学特征可反演其浓度分布特征，其中最为典型的是盐度定量反演分析。

（3）盐度定量遥感分析

国外学者 Jerlov 等人经研究发现在近岸水域，水中黄色物质与盐度呈负相关关系[48]。后 Monahan 和 Pybus[49]对爱尔兰西部海岸水域，以及国内学者戴民汉教授[50]对珠江河口水域进行研究时，均进一步证实了盐度与黄色物质的负相关性。

光谱分析结果显示，各种影响水色的因子中以黄色物质（CDOM）对光的吸收最明显，其吸收峰出现在 400～500 nm 的蓝光波段；悬浮泥沙对光的吸收较弱，吸收峰出现 570～580 nm 段；叶绿素对光的吸收最弱，所占的比率很小；而盐溶入水后，变成溶质，其对光的反应与水本身一致。

鉴于以上分析，为减小悬沙颗粒对光的干扰，选择受水中悬浮颗粒干扰较弱、黄色物质对其表现出强吸收特性的 400～500 nm 蓝光波段，及具较强吸收特性的 650～700 nm 红光波段作为建模的波段组合。

首先，确定在珠江河口区黄色物质与盐度的相关性如何。图 3.2-1 为 2003、2004 年两次巡测中珠江河口区域黄色物质与表层盐度关系图。由图可知，在珠江河口区盐度与黄色物质呈线性负相关的关系，其关系为：

$$S = \alpha g_{400} + \beta \tag{3.2-1}$$

式中：S 表示表层盐度值；α、β 分别为常量，具体取值见表 3.2-1。

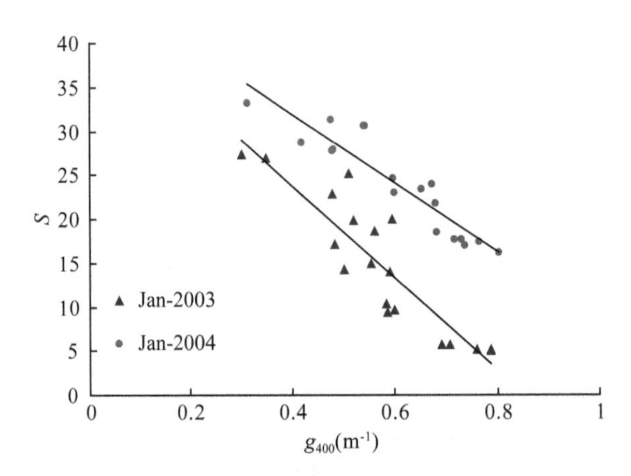

图 3.2-1　珠江河口区表层盐度与黄色物质(g_{400})关系图

表 3.2-1　实测盐度与 g_{400} 线性回归分析结果

测量日期	$S=\alpha g_{400}+\beta$			
	α	β	R^2	n
2003.1	−52.28	44.71	0.800 04	18
2004.1	−39.06	47.59	0.854 2	18

根据 Bowers 等人的理论，黄色物质 g_{400} 可用下式来计算：

$$g_{400} = aR_R / R_x + b \tag{3.2-2}$$

式中：R_R 为红光波段(665 nm)的反射率；a 和 b 为常量。这里需指出，R_x 指的是受水中悬浮颗粒干扰较弱，黄色物质表现出强吸收特性的蓝光波段或紫外波段反射率。

根据 MODIS 卫星数据各波段的光谱设置及光谱特性，同时考虑影像数据的空间分辨率，选用了第 1 通道，波谱范围为 620～670 nm，作为红光波段；选用第三通道，波谱范围为 459～479 nm，作为 R_x 对应的波段。

图 3.2-2 显示的正是珠江河口区 R_{645}/R_{469} 与 $g400$ 的关系图。因为所获取的影像数据与实测数据对应的只有 2003 年 1 月的数据，因此在分析中，以 2003 年 1 月的数据作为本次分析 R_{645}/R_{469} 与 $g400$ 关系的基础数据。由

图可知，在珠江口水域 R_{645}/R_{469} 与 $g400$ 呈线性相关关系，这与 Bowers 等人提出的黄色物质理论模型一致。

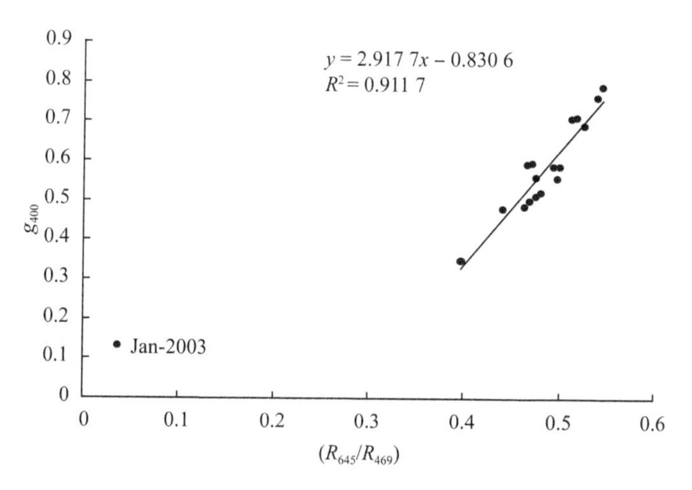

图 3.2-2 黄色物质($g400$)和 R_{645}/R_{469} 关系图

本次根据实测数据所拟合的 R_{645}/R_{469} 与 $g400$ 关系式为：

$$g_{400}=2.9177\times(R_{645}/R_{469})-0.8306 \tag{3.2-3}$$

这里 $R^2=0.9117$，标准差为 0.041。

根据上述推导，得到珠江河口区表层盐度遥感定量模型为：

$$S=-52.28\times[2.9177\times(R_{645}/R_{469})-0.8306]+44.71 \tag{3.2-4}$$

利用上述盐度模型，对珠江口 2010 年冬至 2011 年春枯季影像进行了表层盐度信息提取，成果如图 3.2-3 所示。

3.3 数值模拟

3.3.1 珠江河网-河口潮流泥沙数值模拟

应用数学模型研究河口问题是国内外广泛采用的一种方法，珠江河口地区河网交错，潮流受潮汐影响显著，在径流与潮汐的共同作用下，河网的分水、分沙、咸潮上溯规律复杂。为了模拟珠江河口区复杂的河网，需建立正交曲线坐标系下二维数学模型，以更好地解决珠江河口区域大和重点区域网格

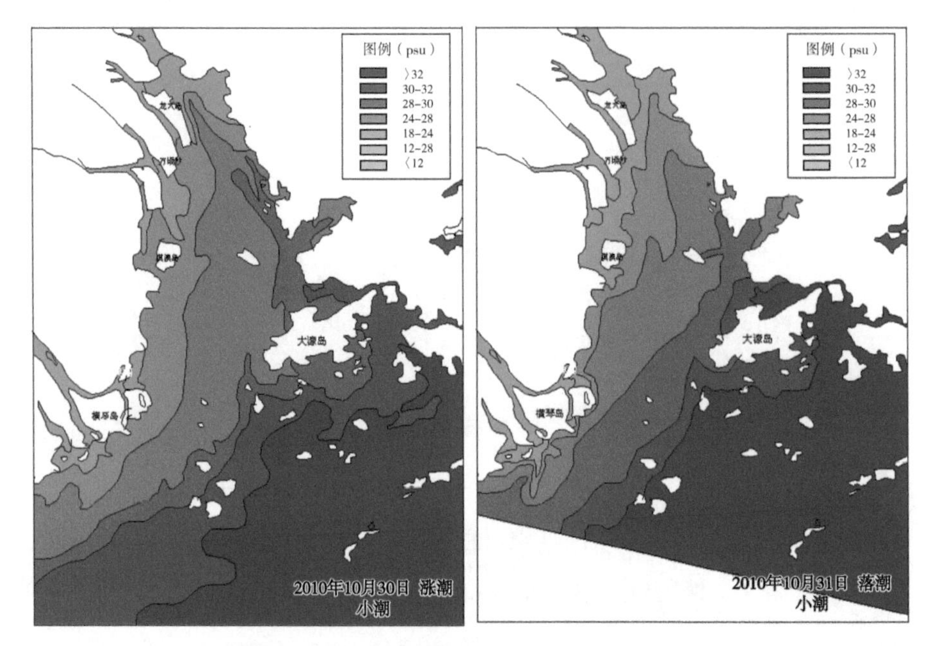

图 3.2-3　珠江河口表层水体盐度分级图示

密的矛盾。通过一、二维联解方法，河网区的一维模型和八大口门及浅海区的二维模型构成了珠江河口区整体数学模型。

该模型包括一维数学模型和二维数学模型以及一、二维联解。一维数学模型是在一维水流连续方程、水流运动方程和泥沙输移对流扩散方程或盐度对流扩散方程的基础上进行数值求解而得到的，用以研究河网区河道的平均水流、平均冲淤及咸潮上溯问题；二维数学模型是在二维贴体正交曲线坐标系下的潮流连续方程、水流动量方程和泥沙输移方程或二维含盐度对流扩散方程的基础上采用 ADI 法进行离散，用追赶法求解而得到的，用以研究河口口门区的有关水流、冲淤、咸潮预报及防御对策等问题。应用该模型研究了珠江河口的综合治理开发规划方案、河口水沙盐运动及滩槽演变规律，以及河口区航道、港口码头、桥梁、电厂、取水口及涉水工程建设等许多有关问题，获得了成功。

（1）基本方程

整体模型在一、二维模型连接点上的水位、流量、盐度或泥沙输移满足以下连接条件。

$$\text{水位连接条件：} Z_1 = Z_2 \tag{3.3-1}$$

$$\text{流量连接条件：} Q_1 = \int U_\zeta H_\zeta \mathrm{d}\zeta \tag{3.3-2}$$

$$\text{输移物质连接条件：} Q_1 S_1 = \int U_\zeta H_\zeta S_\zeta \mathrm{d}\zeta \tag{3.3-3}$$

式中：Z_1 为一维模型在内边界断面上的水位，Z_2 为二维模型在内边界上各节点的平均水位；Q_1 为一维模型在一、二维模型连接断面上的流量；U_ξ 为二维模型在一、二维模型连接断面法向上的流速；H_ζ 为断面水深；S_1 为一维模型在内边界断面上的盐度或含沙量；S_ζ 为二维模型在连接断面法向上的含沙量或盐度。

一、二维模型联解思想是一维模型将流量传递给二维模型，二维模型将水位传递给一维模型。首先将二维模型与一维模型连接的计算段进行消元得到计算段方程作为一维模型边界的控制方程，解出一、二维模型连接断面上的物理量后，分别回代给一、二维模型计算所有各计算点上的物理量。

一维模型传递给二维模型的流量按谢才公式加权分配给断面各条垂线：

$$U_{I1-\frac{1}{2},J}^{N+\frac{1}{2}} = \frac{\sqrt{H_{I1,J}}\,C_{I1,J}}{\sum_{j=1}^{n} B_{I1,J} H_{I1,J}^{1.5} C_{I1,J}} Q_1 = \beta_{I1,J} Q_1 \tag{3.3-4}$$

式中：Q_1 为一、二维连接断面的流量；$U_{I1-\frac{1}{2},J}^{N+\frac{1}{2}}$ 为一、二维连接断面上第 j 条垂线的流速；$C_{I1,J}$ 为一、二维连接断面上第 j 条垂线的谢才系数；$B_{I1,J}$ 为一、二维连接断面上第 j 条垂线与第 $j+1$ 条垂线之间的宽度；$H_{I1,J}$ 为一、二维连接断面上第 j 条垂线对应的水深；$\beta_{I1,J}$ 为系数。

二维模型水位传递给一维模型的控制方程为：

$$Z_{I1,J}^{N+\frac{1}{2}} = \psi_{I1,J} + \alpha_{I1,J} U_{I1-\frac{1}{2},J}^{N+\frac{1}{2}} + \lambda_{I1,J} U_{In+\frac{1}{2},J}^{N+\frac{1}{2}} + \sigma_{I1,J} Z_{In+1,J}^{N+\frac{1}{2}} \tag{3.3-5}$$

左边界为流量边界条件时 $\sigma_{I1,J}=0$，左边界为水位边界条件时 $\lambda_{I1,J}=0$。

$$Z_1 = \Gamma Q_1 + \Phi \tag{3.3-6}$$

其中，

$$\Gamma=\frac{1}{N}\sum_{J=1}^{N}\alpha_{I1,J}\beta_{I1,J},\Phi=\frac{1}{N}\sum_{J=1}^{N}(\psi_{I1,J}+\lambda_{I1,J}U_{In+\frac{1}{2},J}^{N+\frac{1}{2}}+\sigma_{I1,J}Z_{In+1,J}^{N+\frac{1}{2}})$$

(3.3-7)

将上述方程作为一维模型的边点方程，通过河网非恒定流三级联解即可解出一、二维模型连接断面上的水位及流量，利用连接断面上的水位及流量，分别回代给一、二维模型即可计算所有各计算点上的物理量。

(2) 泥沙参数的选择

①淡水中泥沙沉速

淡水中泥沙沉速按下式计算：

$$\omega_0=\sqrt{\left(13.95\frac{v}{d}\right)^2+1.09\frac{\gamma_s-\gamma}{\gamma}gd}-13.95\frac{v}{d} \tag{3.3-8}$$

式中：v 为运动黏滞系数，20 ℃水温条件下取值 1.003×10^{-6} m^2/s；d 为泥沙粒径；γ 为水的比重；γ_s 为泥沙的比重，取值 2 650 kg/m^3。

②泥沙絮凝沉降速度

根据《港口与航道水文规范》(JTS 145—2015)，在海水情况下，细颗粒泥沙絮凝团的当量粒径约为 0.015～0.03 mm，其相应的沉降速度在 0.01～0.06 cm/s 之间；当分散体的粒径大于 0.03 mm 时，可按有关的泥沙沉降速度公式计算[51]，下文以赵龙保的试验成果为例[52]进行说明。

在一定水流、泥沙条件下，

$$\omega_v=\omega+(\omega_0-\omega)e^{-\beta v} \tag{3.3-9}$$

式中：ω_v 为动水絮凝沉降速度；ω 为静水中单颗粒泥沙沉降速度；ω_0 为静水絮凝沉降速度；β 为待定系数。

③泥沙平均干容重[53]

泥沙平均干容重按下式计算。

$$\gamma_s'=1\,750d_{50}^{0.183} \tag{3.3-10}$$

式中：d_{50} 为中值粒径，单位 mm。

④挟沙力级配

挟沙力级配按下列计算。

$$p_n = \frac{p_{nb} \cdot \max\left[\left(S^* - \sum_{n=1}^{L} S_n\right), 0\right] + S_n}{\max(S^*, S)} \tag{3.3-11}$$

式中:L 为可悬浮泥沙的粒径号;S^* 为潮流挟沙力,按窦国仁公式计算;p_{nb} 为无悬沙条件下底沙的挟沙力级配,用李义天公式[54]计算。

$$p_{nb} = \frac{a_n p_{bn}}{\sum_{n=1}^{m} \alpha_n p_{bn}} \tag{3.3-12}$$

式中:$\alpha_n = (1-A_n)\frac{1-\mathrm{e}^{-R_n}}{\omega_n}$;$A_n = \frac{\omega_n}{\frac{u_*}{\sqrt{2\pi}}\mathrm{e}^{\frac{\omega_n^2}{2u_*}} + \omega_n \Psi\left(\frac{\omega_n}{u_*}\right)}$;$R_n = \frac{6\omega_n}{ku_*}$ (Rouse Number),

$$\Psi(x) = \int_{-\infty}^{x} \frac{1}{\sqrt{2\pi}} \mathrm{e}^{-\frac{t^2}{2}} \mathrm{d}t \tag{3.3-13}$$

式中:p_{bn} 为第 n 粒径组所占百分比;u_* 为摩阻流速,$u_* = \sqrt{\frac{\tau_0}{\rho}}$,$\tau_0 = C'_f \frac{\rho U_\infty^2}{2}$,$C'_f = (2\lg Re - 0.65)^{-2.3}$;$k$ 为卡门常数,取值 0.4;ω_n 为第 n 组泥沙沉降速度。

⑤潮流挟沙力公式

选用窦国仁公式[55]计算。

$$S^* = \alpha \frac{\gamma \gamma_s}{(\gamma_s - \gamma)c^2} \frac{V^3}{h\overline{\omega}_L} \tag{3.3-14}$$

式中:$\overline{\omega}_L$ 为 L 组悬浮泥沙平均沉降速度,$\overline{\omega}_L = \sum_{n=1}^{L}(p_n \omega_n)$;$V$ 为断面平均速度;h 为断面平均水深;c 为谢才系数;α 为泥沙淤积沉降概率,$\alpha = 0.5 + \varphi\left(\frac{\omega}{\sigma}\right)$,$\sigma = 1.25\frac{v\sqrt{g}}{C}$,对潮汐河口或近海区域,床面为淤泥或粉砂时,$C \approx 70$,$\alpha$ 取值如表 3.3-1 所示。

表 3.3-1 α 取值

D(mm)	<0.03	0.05	0.10	0.15	0.20	>0.20
α	0.67	0.68	0.72	0.78	0.83	0.84

⑥推移质输沙率

选用窦国仁公式[56]计算。

$$S_{bn}=\frac{k_1}{C_0^2}\frac{\rho_s\rho}{\rho_s-\rho}(u-u_c)\frac{\overline{u^3}}{g\omega} \tag{3.3-15}$$

式中：ω 为推移质平均粒径对应的沉速；u_c 为推移质平均粒径对应的起动流速；$C_0=\dfrac{h^{1/6}}{n\sqrt{g}}$；$k_1$ 为经验系数；u 为水流速度，ρ_s 为泥沙密度。

⑦泥沙冲淤函数

泥沙模型计算成功的关键在于泥沙冲淤函数 Φ_n 的研究与设定，泥沙冲淤函数反映了潮流在当地的挟沙能力及底沙补充条件所构成的允许挟沙力。当潮流的挟沙力小于水中的悬移质泥沙起动力时，泥沙产生淤积，而在无底沙补充条件时，潮流的最大允许挟沙力对应水中的悬移质饱和含沙量[57]。

$$\Phi_n=\begin{cases}\min(s_n^*,s_n) & \text{当 } u<u_c\\ \min(s_n^*,s_n)+\max\left(1-\dfrac{s_n}{s_n^*},0\right)\cdot p_{bns}\cdot s_n^* & \text{当 } u>u_c\end{cases} \tag{3.3-16}$$

式中：u_c 为泥沙起动速度；p_{bns} 为可悬粒径沙所占百分比；s_n^* 是潮流的分组挟沙能力，它由潮流的强度、床面泥沙级配及悬移质泥沙级配所控制，$s_n^*=p_n^*s^*$（p_n^* 为分组床沙级配，s^* 为悬移质泥沙级配）。

⑧泥沙起动速度

采用张瑞瑾公式[58]计算。

$$U_c=1.34\left(\frac{h}{d}\right)^{0.14}\left[\frac{\gamma_s-\gamma}{\gamma}gd+0.000\,004\,96\left(\frac{d_1}{d}\right)^{0.72}g(h_a+h)\right]^{0.5} \tag{3.3-17}$$

式中：h_a 为与大气压力相应的水柱高度；d_1 为任意选定的与泥沙粒径 d（变量）作对比的参考粒径。

⑨可悬浮泥沙控制条件[53]

可悬浮泥沙控制条件如下式所示。

$$u > u_s \tag{3.3-18}$$

式中：u_s 为泥沙扬动速度，选用沙玉清公式 $u_s = 0.812 d^{0.4} \omega^{0.2} H^{0.2}$。

在泥沙模型计算中，$\alpha_n \omega_n (S_n - \Phi_n)$ 项是反映河床中泥沙冲淤的源汇项。该项是在输沙处于平衡状态时，床面形态将不再发生变化条件下得出的，并假定这一规律在输沙不平衡状态时仍然成立。当潮流中泥沙产生淤积时，该项中 ω_n 反映泥沙在水中的沉降过程。用 $\alpha_n \omega_n (S_n - \Phi_n)$ 表达泥沙的淤积是合理的；而当潮流强度达到一定的量级时，海床产生冲刷，该项的合理性就存在一定的问题，因海床中粗颗粒泥沙的沉速往往是细颗粒泥沙的几十倍，用该式计算时，海床会产生细化现象[59]，这是非常不符合自然规律的现象，因此，在计算中，当床沙普遍产生悬浮时，ω_n 用 $\overline{\omega}_L$ 代替。

(3) 模型范围

整体数学模型上边界取自各三角洲控制水文站：西江马口、北江三水、老鸦岗（流溪河）、麒麟咀（增江）、东江博罗、潭江石咀水位站，下边界取至外海－30 m 等深线；二维模型研究范围包括大亚湾、大鹏湾、香港水域、伶仃洋浅海区、深圳湾、澳门浅海区、磨刀门浅海区、鸡啼门浅海区、黄茅海浅海区、广海湾及镇海湾。一维数学模型研究区域宽约 300 km，长约 125 km，控制水域面积约 67 500 km^2。

整体二维模型研究范围包括：大亚湾、大鹏湾、香港水域、伶仃洋浅海区、深圳湾、澳门浅海区、磨刀门浅海区、鸡啼门浅海区、黄茅海浅海区、广海湾及镇海湾。模型研究区域宽约 300 km，长约 125 km，控制水域面积约 67 500 km^2。

(4) 模型验证资料

①"99・7"中水组合。有较为齐全的洪水水文资料和枯水大潮水文资料，布设了 64 处测验断面，测验内容包括水位、水深、大断面、悬移质含沙量、悬移质和河床质颗粒级配等项目，是西北江三角洲历史上规模最大的一次同步水文测验。

"99・7"中水组合具体时间为：1999 年 7 月 15 日 23:00—1999 年 7 月 23 日 17:00。

②"98・6"大水组合，辅助水闸开启验证。

选取近年来较大的 1998 年 6 月洪水（三水站接近 100 年一遇）来辅助验

证水闸开启情况，对模型进行复核。

“98・6”大水组合计算时段为：1998年6月23日19:00—1998年6月30日23:00。

两个洪水典型年河网区主要水闸分洪流量（即内边界条件）见表3.3-2。

③“01・2”枯水组合，辅助验证枯水大、中、小潮，其计算时段为：2001年2月7日17:00—2001年2月10日18:00。

研究海区范围内有大大小小众多岛屿，这些岛屿随潮涨潮落，时没时显。为了正确模拟浅海区浅滩在涨落潮期间淹没及出露的不同状况，模型采用动边界技术对计算水域内岛屿进行模拟，将落潮期间出露的区域转化为滩地，同时形成新边界；反之，将涨潮期间淹没的滩地转化成计算水域。

表3.3-2 “98・6”和“99・7”洪水中河网区主要水闸分洪流量 单位：m^3/s

河道名称	水闸名称	“98・6”洪水流量	“99・7”洪水流量
甘竹溪	甘竹电站	2 780	691
江门水道	北街水闸	600	300
睦洲水道	睦洲水闸	800	400
西南涌	西南水闸	503	0
榄核涌	磨碟头水闸	1 200	0

二维方程的离散化采用贴体坐标下曲线正交网格的交替差分法。空间步长视水面和水下地形情况以及研究要求而变化，最小步长一般不小于15 m，最大步长一般不大于1 000 m。本研究区域最大网格尺寸约238 m×502 m，最小网格尺寸约18 m×65 m，时间步长根据计算的收敛性和稳定性确定为4 s。

3.3.2 河口波浪数值模拟

河口波浪计算采用中尺度近岸波浪数学模型。中尺度近岸波浪数学模型的特点是：空间尺度为几十千米至数百千米、空间分辨率为数10 m到数100 m，除需考虑折射、绕射、底摩擦、波浪破碎外，还须考虑风浪的成长和衰减。磨刀门河口中尺度近岸波浪计算采用MIKE21 SW波浪模型，该模型考虑了波-波间的非线性作用、水深变化引发的波浪破碎产生的能量损耗、底摩阻引起的能量损耗、水深变化以及干湿边界的影响、风生浪、波浪反射、绕射及浅水变形等情况。

(1) 基本方程

MIKE21 SW 模型控制方程为：

$$\frac{\partial N}{\partial t}+\nabla\cdot(\boldsymbol{v}N)=\frac{S}{\sigma}$$

$$(c_x,c_y)=\frac{\mathrm{d}\boldsymbol{x}}{\mathrm{d}t}=\boldsymbol{c}_g+\boldsymbol{U}$$

$$c_\sigma=\frac{\mathrm{d}\sigma}{\mathrm{d}t}=\frac{\partial\sigma}{\partial d}\left[\frac{\partial d}{\partial t}+\boldsymbol{U}\cdot\nabla_x d\right]-c_g\boldsymbol{k}\cdot\frac{\partial\boldsymbol{U}}{\partial s} \tag{3.3-19}$$

$$c_\theta=\frac{\mathrm{d}\theta}{\mathrm{d}t}=-\frac{1}{k}\left[\frac{\partial\sigma}{\partial d}\frac{\partial d}{\partial m}+\boldsymbol{k}\cdot\frac{\partial\boldsymbol{U}}{\partial m}\right]$$

式中：N 为动谱密度；t 为时间；$\boldsymbol{x}$ 为笛卡尔坐标系；$\boldsymbol{v}$ 为波群速度；∇ 为微分算子；s 为波浪的传播方向；θ 和 m 为垂直于 s 的方向；∇_x 为在 $\boldsymbol{x}$ 空间上的二维微分算子；S 为能量平衡方程中的源项，其中包括风能输入、非线性波相互作用、白浪、底摩阻及破碎耗散项；c_g 为波群速度；k 为波数；σ 为波频。

风能输入项形式为：

$$S_{\mathrm{wind}}(f,\theta)=\gamma E(f,\theta) \tag{3.3-20}$$

$$\gamma=\begin{cases}\left(\dfrac{\rho_a}{\rho_w}\right)\left[\dfrac{1.2}{\kappa^2}\mu(\ln\mu)^4\right]\sigma\left[\left(\dfrac{u_*}{c}+0.011\right)\cos(\theta-\theta_w)\right]^2 & \mu\leqslant 1\\ 0 & \mu>1\end{cases} \tag{3.3-21}$$

$$\mu=kz_0\mathrm{e}^{\kappa/x} \tag{3.3-22}$$

$$x=\left(\frac{u_*}{c}+0.011\right)\cos(\theta-\theta_w) \tag{3.3-23}$$

式中：θ 、θ_w 分别为波向角和风向角，u_* 为风速，ρ_a 、ρ_w 分别为空气的密度和水的密度，$k=0.41$，z_0 为粗糙度长度，c 为波速。

(2) 计算区域及网格划分

MIKE21 SW 选取的模型计算区域及网格剖分如图 3.3-1 所示，模型上边界取大虎、南沙、冯马庙、横门、灯笼山、黄金、西炮台和官冲；下边界取至外海−30 m 等深线；西边界取至上川岛东侧；东边界至香港水域。模型范围包括香港水域、伶仃洋浅海区、深圳湾、澳门浅海区、磨刀门浅海区、黄茅海等水域，模拟水域面积约 9 000 km^2。计算网格采用无结构网格，磨刀门水域局部加密，最大网格尺度为 1 200 m，最小网格尺度为 15 m。

(3) 参数取值

入射波浪采用 JONSWAP 谱来模拟不规则波，其定义为：

$$\eta(n\Delta t)=A\cdot f^{-5}\exp(-B\cdot f^{-4})\cdot\gamma^{a} \tag{3.3-24}$$

谱形参数 a、σ 定义如下：

$$a=\exp\left[-\frac{1}{2}\left(\frac{f-f_p}{\sigma f_p}\right)\right] \tag{3.3-25}$$

$$\sigma=\begin{cases}\sigma_a & \text{for} \quad f\leqslant f_p\\ \sigma_b & \text{for} \quad f>f_p\end{cases} \tag{3.3-26}$$

式中：f_p 为谱峰频率；γ 为谱峰升高因子，标准 JONSWAP 谱中取值 3.3；标准 JONSWAP 谱中 σ_a、σ_b 取值分别为 0.07 和 0.09。

图 3.3-1　大范围波浪场计算模型网格示意图

波能的方向分布假定与频率无关，方向谱采用：

$$D(f,\theta)=D(\theta_i)=\begin{cases}\beta\cos^n(\theta_m-\theta_i) & \text{for} \ |\theta_m-\theta_i|\leqslant\theta_d\\ 0 & \text{for} \ |\theta_m-\theta_i|>\theta_d\end{cases} \tag{3.3-27}$$

式中：β 为标准化参数；θ_m 为最大波向角；θ_d 为最大偏转角度，该角度必须小于或等于 90°；n 为方向分布参数，取值范围介于 1～100 之间，方向函数的集中度随 n 值的增大而减小。

本次计算时按砂质海域考虑底摩擦系数的取值，根据以往相关工程经验取值范围介于 0.008～0.02 之间。

磨刀门外海海域地形变化相对平缓，在磨刀门附近海域的地形水深变化略为复杂，本次计算时破碎指标取为 0.8。

（4）模型验证

模型验证采用大万山站和九澳站 2001 年 5 月的实测波浪资料，通过调节外海入射波要素、底摩擦系数和破碎系数等参数，得到大万山站和九澳站的 $H_{1/10}$ 波高、$T_{1/10}$ 周期及平均波向的验证成果，见图 3.3-2 至图 3.3-7，平均相对误差统计见表 3.3-3。

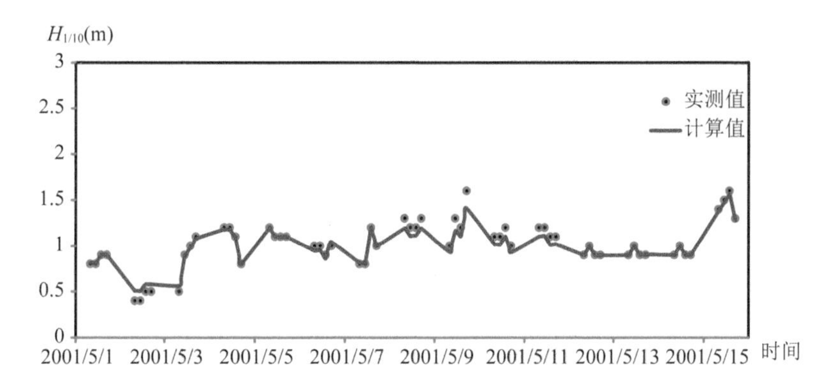

图 3.3-2 大万山站 $H_{1/10}$ 波高验证成果图

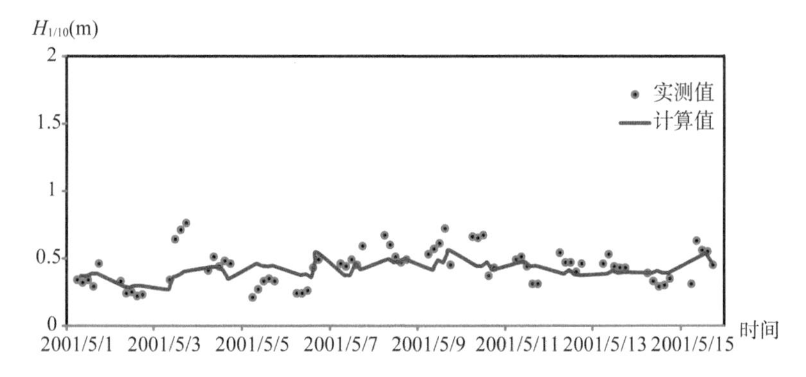

图 3.3-3 九澳站 $H_{1/10}$ 波高验证成果图

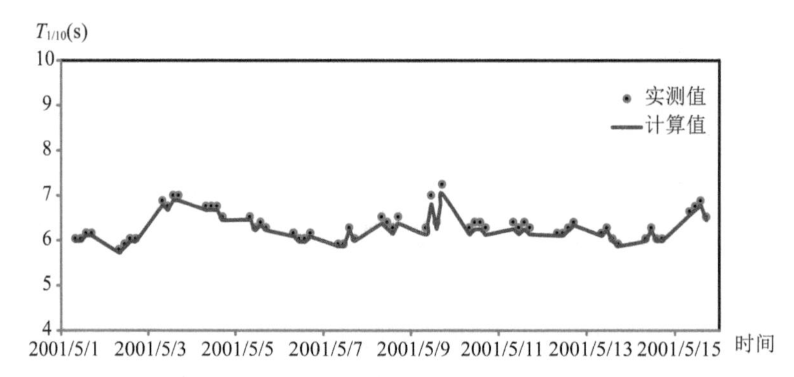

图 3.3-4　大万山站 $T_{1/10}$ 周期验证成果图

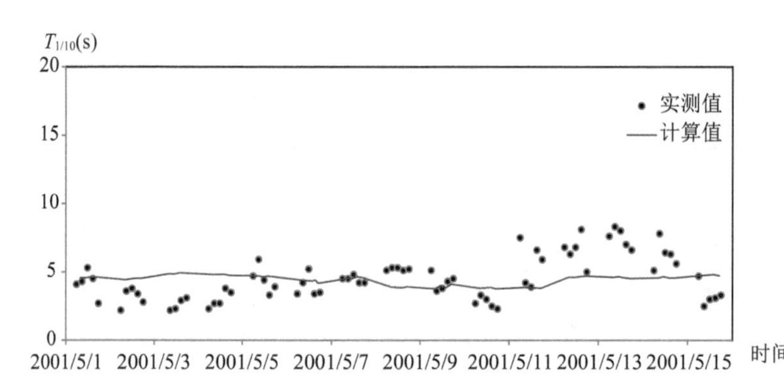

图 3.3-5　九澳站 $T_{1/10}$ 周期验证成果图

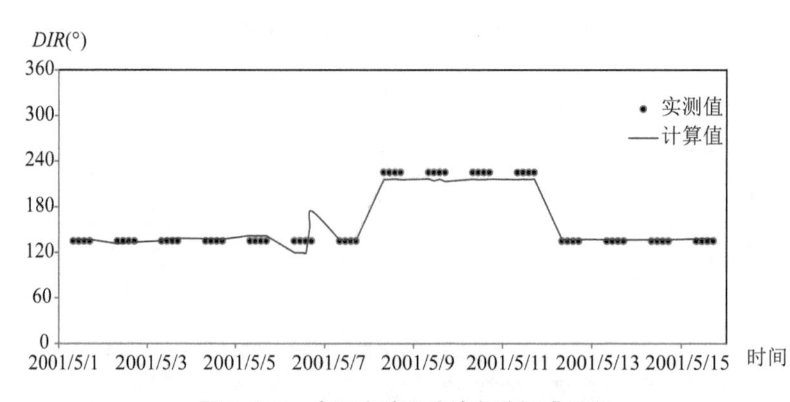

图 3.3-6　大万山站平均波向验证成果图

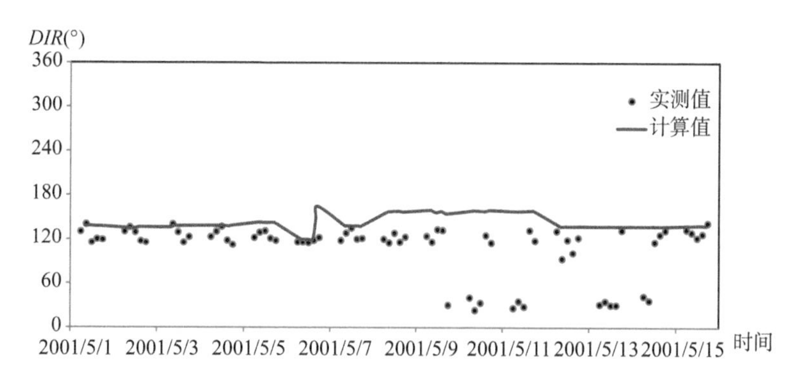

图 3.3-7 九澳站平均波向验证成果图

由图 3.3-2 至图 3.3-7 及表 3.3-3 的验证成果可知，大万山站和九澳站 $H_{1/10}$ 波高、$T_{1/10}$ 周期及平均波向的计算值与实测值的变化趋势基本一致，平均相对误差均在 10% 以内，能够满足波要素计算精度的要求。验证后 MIKE21 SW 模型可用于珠江河口波浪场的计算。

表 3.3-3 大万山站、九澳站波要素验证相对误差统计表

波要素		$H_{1/10}$	$T_{1/10}$	平均波向
验证站点	大万山站	−1.87%	−1.42%	2.00%
	九澳站	−5.26%	−1.43%	9.66%

3.4 物理模型

采用物理模型试验研究河口问题在国内外亦是一种广泛应用的方法，由于现阶段泥沙运动基本理论还不够成熟，数学模型所赖以建立的理论基础还不够坚实，而在求解方程的方法上还存在一定的近似性。因此，对于流域规划、重大工程论证等重要问题或重大项目，物理模型试验可提高研究成果的可信度和把握度，尽量避免认识上的失误所带来的损失。另外，珠江河口逐渐向海延伸，海洋动力尤其是波浪动力增强，对河口的发育演变产生显著影响，因此，采用波浪整体物理模型，研究波浪、潮流共同作用下河口演变趋势，可为新形势下河口治理提供科学依据。

河口物理模型试验以水流运动、泥沙运动基本理论为指导进行模型设计、试验操作以及试验成果的分析，有一套独立的研究方法。从 1885 年雷诺

(Reynold)首先运用潮汐河口模型试验研究英国默尔塞河口(Mersey Estuary)的潮汐水流以来,已有100多年的历史,现今潮汐河口模型试验已逐渐趋于完善。模型中潮汐的生成,以及水位、流速、含沙量、地形等数据的量测与整理已全部自动化,由计算机进行监控,试验的全过程已趋现代化。

早在1979年8月成立伊始,珠江水利科学研究院即着手进行采用物理模型试验研究珠江河口问题。自1995年起建立了水平比尺为700、垂直比尺为70、变率为10的珠江八大出海口门整体潮汐物理模型,模型总长度为200 m(不包括生潮系统),宽度为150 m,用于研究珠江河口综合治理开发规划方案以及有关珠江河口的涉水工程问题。该模型模拟了珠江河口的整体水流运动,与以往的磨刀门大模型和伶仃洋大模型的不同之处在于能够反映珠江河口各口门之间的互动关系,其水流运动更具有完善性。该模型既能进行整体试验,又能进行分口门的局部试验,运用十分灵活。除此以外,还先后建有多个局部模型,以便配合整体模型进行深入研究。

珠江水利科学研究院研究珠江河口问题先后采用了整体物理模型和局部模型开展珠江河口定床、动床模型试验,研究磨刀门口门整治工程、伶仃洋治导线总体方案、澳门附近水域综合治理规划方案、珠江河口岸线滩涂开发利用规划方案、深圳湾整治规划方案、外伶仃洋西侧治导线规划方案、深中通道、港珠澳大桥等研究工作,研究成果广泛应用于珠江河口综合规划、重大工程论证及河口管理等各方面,较好地为珠江河口管理提供了科学依据。

4

珠江河口近期演变过程

珠江河口具有“滘-网-门-湾”的地貌结构体系，上游水沙经关键节点调节（滘调）后进入河网区，在河网及口门重新分配，并逐渐受海洋动力的影响，构成“网湾并存、八口分流、通江达海”的稳定格局。本章从节点水沙分配、河网冲淤演变、河口岸线变化等方面，分析珠江河口演变过程。

4.1 河网变化分析

4.1.1 河网概况

珠江三角洲是复合三角洲，由西江、北江思贤滘以下，东江石龙以下河网水系和入注三角洲诸河组成，集水面积 26 820 km^2，其中河网区面积 9 750 km^2。入注三角洲的中小河流主要有潭江、流溪河、增江、沙河、高明河、深圳河等。

三角洲河网区内河道纵横交错，其中西江、北江水道互相贯通，形成西北江三角洲，集雨面积 8 370 km^2，占三角洲河网区面积的 85.8%；主要水道近百条，总长约 1 600 km，河网密度为 0.81 km/km^2；思贤滘及东海与西海水道的分汊点是西北江三角洲河网区重要的分流分沙节点，其水沙分配变化将对河网区水文情势产生重大的影响[60]。东江三角洲隔狮子洋与西北江三角洲相望，基本上自成一体，集雨面积 1 380 km^2，仅占三角洲河网区面积的 14.2%；主要水道 5 条，总长约 138 km，河网密度为 0.88 km/km^2。

如图 4.1-1 所示，西江的主流从思贤滘西滘口起，向南偏东流至新会区天河，长 57.5 km，称西江干流水道；天河至新会区百顷头，长 27.5 km，称西海水道；从百顷头至珠海市洪湾企人石流入南海，长 54 km，称磨刀门水道。主流在甘竹滩附近向北分汊经甘竹溪与顺德水道贯通；在天河附近向东南分出东海水道，东海水道在海尾附近又分出容桂水道和小榄水道，分别由洪奇门和横门出海；主流西海水道在太平墟附近分出古镇水道，至古镇附近又流回西海水道；在北街附近向西南分出江门水道流向银洲湖；在百顷头分出石板沙水道，该水道又分出荷麻溪、劳劳溪与虎跳门水道、鸡啼门水道连通；至竹洲头又分出螺洲溪流向坭湾门水道，并经鸡啼门水道出海。

北江主流自思贤滘北滘口至南海紫洞，河长 25 km，称北江干流水道；紫洞至顺德张松上河，长 48 km，称顺德水道；从张松上河至番禺小虎山淹尾，长 32 km，称沙湾水道，然后入狮子洋经虎门出海。北江主流分汊很多：在三水

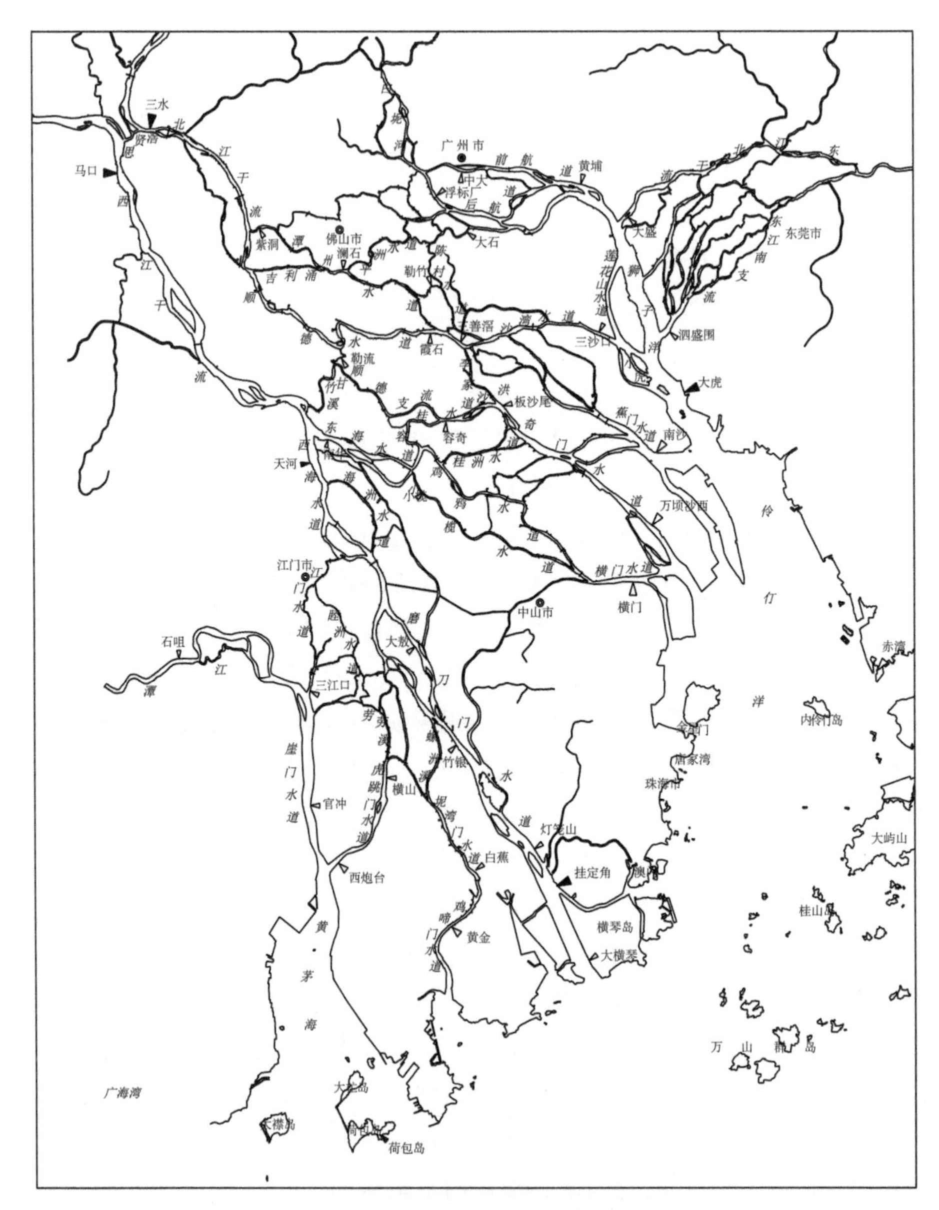

图 4.1-1　珠江河口及河网水系图

市西南分出西南涌与芦苞涌汇合后再与流溪河汇合流入广州水道，至白鹅潭又分为南北两支，北支为前航道，南支为后航道，后航道与佛山水道、陈村水道等互相贯通，前、后航道在剑草围附近汇合后向东注入狮子洋；在南海紫洞向东分出潭州水道，该水道又于南海沙口分出佛山水道，在顺德登洲分出平洲水道，并在顺德沙亭又汇入顺德水道；顺德水道在顺德勒流分出顺德支流水道，与甘竹溪连通，在容奇与容桂水道相汇然后入洪奇门出海；在顺德水道下段分出李家沙水道和沙湾水道，李家沙水道在顺德板沙尾与容桂水道汇合后进入洪奇门出海；沙湾水道在番禺磨碟头分出榄核涌、西樵分出西樵水道、基石分出骝岗水道，均汇入蕉门水道。

东江流至石龙以下分为两支，主流东江北干经石龙北向西流至新家埔纳增江，至白鹤洲转向西南，最后在增城番禺东联围流入狮子洋，全长 42 km；另一支为东江南支流，从石龙以南向西南流经石碣、东莞，在大王洲接东莞水道，最后在东莞洲仔围流入狮子洋。东江北干流在东莞乌草墩分出潢涌，在东莞斗朗又分出倒运海水道，在东莞湛沙围分出麻涌河；倒运海水道在大王洲横向分出中堂水道，此水道在芦村汇潢涌，在四围汇东江南支流；中堂水道又分出纵向的大汾北水道和洪屋涡水道，这些纵向水道均流入狮子洋经虎门出海。

西江、北江、东江水沙流入三角洲后经八大口门出海，珠江河口八大口门按地理分布情况分为东、西两部分，东四口门为虎门、蕉门、洪奇门和横门，其水沙注入伶仃洋河口湾；西四口门为磨刀门、鸡啼门、虎跳门和崖门，其中磨刀门直接注入南海，鸡啼门注入三灶岛与高栏岛之间的水域，虎跳门和崖门注入黄茅海河口湾。八大口门动力特性不尽相同，泄洪纳潮情况不一，磨刀门、横门、洪奇门、蕉门、鸡啼门、虎跳门为河优型河口，以河流作用为主，其中磨刀门泄洪量居八大口门之首；位于东、西两侧的虎门和崖门属于潮优型河口，以潮汐作用为主，其中虎门的潮汐吞吐量排在八大口门首位。

4.1.2 19 世纪前演变特征

根据曾昭璇历史地貌学研究成果[61]，二十世纪以前河网的演变具有 3 个特征：①逐级分汊；②沙洲简并，河汊由繁到简；③左汊萎缩，右汊发展。

(1) 逐级分汊

西江、北江在思贤滘分流为第一级，此后，北江在紫洞分出第二级，第三级在盐步-澜石-龙江一线，第四级在紫坭-大良一线，第五级在上横沥-乌沙-港口一线。大致上第二级、第三级分汊已有 2000～4000 年历史，第四级在唐代即已形成，第五级则形成于明清时期。

西江的第一级分汊在甘竹，第二级分汊在荷塘以北，第三级在小榄以北、荷塘以南，第四级在睦洲以南，第五级在神湾斗门以南。从时间上看，第一级形成于唐代，第二级始于唐宋之际，第三级始于宋代，第四级始于明代，第五级始于明清之际。

（2）沙洲简并，河汊由繁到简

三角洲主要的沉积动力条件是紊流射流，易产生四散的扇形堆积，使水流分汊。初始形成水下浅滩，进而淤涨成洲并逐渐扩大发展，使沙洲合并。与此同时，被沙洲分隔的汊流因沙洲成陆而逐渐缩窄，有的淤浅消亡，有的则缩窄、加深、成形，发展为主河汊或干流，使水系由繁到简。

（3）左汊萎缩，右汊发展

主要受基底地形及科氏力影响，河道主流总体呈右偏不对称发展。科氏力使右汊有较大水量和冲刷力而发展，左汊则易于淤积而萎缩。如北江左侧汊道古云东海、白坭水、西南涌、佛山涌等，过去均是北江通往广州的重要水道，后来依次逐渐淤塞；而右侧的东平水道至顺德水道则发展成北江干流。又如西江天河至磨刀门段，右汊为西江主干，左汊容桂水道则逐渐衰退。

4.1.3 20世纪以来变化情况

20世纪80年代以前，河网区内河道向宽浅方向发展，三角洲的河道整体处于淤积发展期。根据三角洲沉积速率分析，现代三角洲河道淤积速率有越来越大的趋势，有些河段淤积速度加快很显著，如西江干流（思贤滘-竹洲山段）1915—1952年，平均每年淤积254万m^3；而1952—1961年，平均每年淤积523万m^3，增长1倍多。属于淤积河道的总长度占统计河道总长度的72.6%，并且淤积程度越近河口区越严重。

20世纪80年代至1999年左右，由于人类活动，河床以冲刷下切为主，河道窄深化发展，其中北江、东江下切尤为严重。

根据20世纪80年代与90年代的西北江三角洲主要河道地形对比分析，大部分河道河床严重下切，过水断面普遍增大。北江干流水道、顺德水道河床下切5.07 m，过水断面增加34.02%；沙湾水道河床下切2.1 m，洪奇门水道河床下切1.43 m；东海水道河床下切达4.12 m；西江主干—磨刀门水道河床下切也很严重，平均下切2.11 m，过水断面平均增加11.93%，局部河段增加了24.12%。各主要河道过水断面变化见表4.1-1。

西北江三角洲河势变化的特点，一是各河道变化不均匀，东部大于西部，腹部大于河口；二是同一河道存在上、下游河段变化不平衡现象，分汊河道也存在左、右汊河道变化不平衡现象；三是口门附近河段变化较小，明显小于上游河道。河道的不均匀变化改变了河网区节点的分流比，造成局部河道洪水位异常壅高，增大了部分口门的泄洪压力。

东江下游及三角洲河道从20世纪60年代起总体上呈下切的趋势，80年代后尤甚。1988—1997年10年间，博罗—石龙河段河底高程平均下切2.65 m，过水断面增大267%；东江北干流石龙—大盛河段河床下切1.34 m，过水断面增大41%；东江南支流石龙—泗盛河段河床下切1.24 m，过水断面增加58.8%。

表4.1-1 珠江三角洲主要河道平均过水断面面积变化表

河道	迄止地点	河长(km)	平均过水断面面积(m^2)		变化幅度(%)
			20世纪80年代	1999年左右	
西江干流	西滘口—河溪	22.81	19 258	20 176	4.77
	河溪—甘竹滩	28.75	21 883	23 563	7.68
西海水道	甘竹滩—逢源	11.45	15 720	17 510	11.39
荷塘水	逢源—潮莲—外海	14.57	7 368	7 916	7.44
海洲水道	逢源—外海	14.25	1 658	1 575	−5.01
北街水道	潮莲—外海	9.35	4 585	5 486	19.65
西江主干	外海—百顷头	7.22	9 988	11 106	11.19
磨刀门水道	百顷头—竹洲头	19.26	5 335	6 274	17.60
	竹洲头—大排沙	9.85	7 065	8 769	24.12
	大排沙—灯笼山	14.24	9 118	10 840	18.89
	灯笼山—横洲口	15.49	11 891	14 244	19.79
北江干流	北滘口—紫洞口	24.87	6 215	7 930	27.59
顺德水道	紫洞口—三槽口	25.46	4 266	6 110	43.23
	三槽口—叠石	17.08	4 440	5 585	25.79
	叠石—火烧头	6.07	4 075	5 834	43.17
沙湾水道	火烧头—三沙口	23.14	2 953	3 550	20.22
潭州水道	紫洞口—石湾镇	9.45	2 215	2 394	8.08
	石湾镇—登洲头	8.09	2 374	2 661	12.09

续表

河道	迄止地点	河长(km)	平均过水断面面积(m^2)		变化幅度(%)
			20世纪80年代	1999年左右	
平洲水道	登洲头—大尾角	21.88	1 849	2 149	16.22
东海水道	南华—莺歌咀	15.09	6 863	9 305	35.58
容桂水道	莺歌咀—板沙尾	22.95	4 219	4 856	15.10
洪奇门水道	板沙尾—大陇滘	10.10	6 453	8 006	24.07
	大陇滘—十七涌	23.53	4 377	5 061	15.63
西航道	老鸦岗—洲头咀	17.68	2 452	3 028	23.49
后航道	洲头咀—黄埔	28.85	3 859	4 392	13.81
黄埔水道	黄埔—黄埔新港	8.29	12 035	11 867	−1.40
狮子洋	黄埔新港—沙湾水道出口	18.11	21 893	24 044	9.83
虎门水道	沙湾水道出口—虎门口	13.62	37 112	37 214	0.27
东江北干流	石龙—大盛	38.00	1 476.3	2 074	40.49
东江南支流	石龙—泗盛	39.50	923.19	1 447	56.73

4.2 节点水沙分配

西江干流来水在思贤滘与北江来水汇合，经天然平衡再分配后折头南下流入西江干流水道，在西江干流水道末端主要分为西海水道及东海水道，其中西海水道的控制断面为天河断面，东海水道的控制断面为南华断面。随后经过三角洲河网各级支汊，通过八大口门入海，其中东四口门由虎门、蕉门、洪奇门、横门组成，西江、北江部分洪水通过东四口门出海，东江、流溪河洪水经虎门水道注入伶仃洋，虎门水道是珠江八大口门中最大的纳潮通道；西四口门由磨刀门、鸡啼门、虎跳门、崖门组成，其控制断面分别是挂定角、黄金、西炮台、黄冲，其中磨刀门是西江最大的泄洪通道，崖门是珠江八大出海口中仅次于虎门的纳潮通道。

珠江三角洲一级分流点以下缺乏长序列的水文资料，收集马口、三水断面1959—2017年长序列径流资料，结合断面收集历史同步实测水文资料，研究各关键节点水量分配。

4.2.1 马口、三水分流比

马口和三水是西江、北江径流进入西北江三角洲的控制站，马口站分流比变化见图 4.2-1，具体变化值见表 4.2-1。从年代际变化来看，马口站分流比自 20 世纪 90 年代开始显著下降，80 年代至 90 年代期间，分流比自 85.8% 下降至 79.4%，降幅 6.4%。21 世纪以来，马口分流比继续下降至 78.1%～78.7%，显著小于多年平均分流比 82.5%。三水分流比相应反向变化。

实际上，20 世纪 90 年代马口分流比发生先降后升的两次突变，一次发生在 1993 年前后，受东平水道超高强度河床采砂影响河底高程显著下降，马口分流比逐年减小；另一次在 1997 年前后，受思贤滘马口段深泓附近采砂影响，马口分流比有所回升。21 世纪以来，2006 年前后，马口断面继续下切，同期三水断面基本不变，因此马口分流比小幅回升，此后分流比以波动为主，相对稳定。马口、三水分流比变化使得珠江三角洲水文情势发生一定变化。

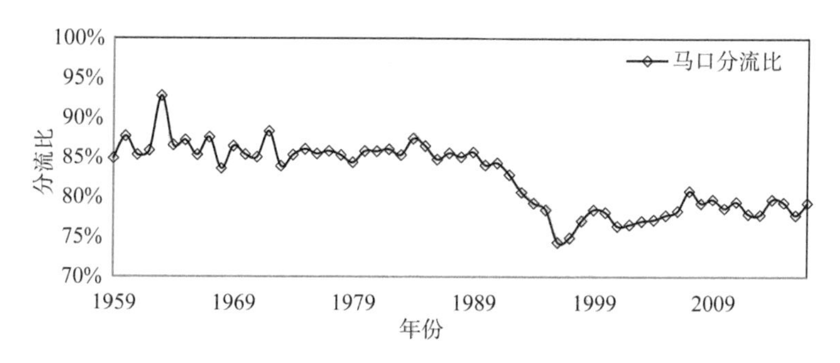

图 4.2-1 马口站分流比变化

20 世纪 90 年代前，枯季马口分流比为 89.4%～93.1%，洪季为 83.9%～85.3%；90 年代后，枯季马口分流比为 80.7%～85.2%，洪季为 76.8%～78.0%。枯季马口分流比始终大于洪季。

20 世纪 80 年代，马口站年均分流比为 85.8%，洪季分流比为 84.7%，枯季分流比达到 89.4%。此时思贤滘水流大部分时间为北过西，少部分时间为西过北（主要是 7—8 月西江洪水期）。20 世纪 90 年代以来，由于河床下切的影响，思贤滘水流大部分时间变为西过北，因此马口站年均分流比明显下降，多年平均下降至 79.4%，洪、枯季分流比分别下降至 78.0% 和 85.2%。2010 年以来，洪季思贤滘水流大部分时间西过北，但少部分时间北过西，因此洪季马口分流比较2000年来有所恢复，由76.8%增至78.0%；枯季皆为西过北，因此枯季马口分流比继续减少，由82.9%减至80.7%。

表4.2-1 不同年代马口分流比变化

年代	全年	洪季	枯季
20世纪60年代	86.8%	85.3%	93.1%
20世纪70年代	85.5%	83.9%	91.8%
20世纪80年代	85.8%	84.7%	89.4%
20世纪90年代	79.4%	78.0%	85.2%
2000—2009年	78.1%	76.8%	82.9%
2010—2017年	78.7%	78.0%	80.7%
多年平均	82.5%	81.2%	87.5%

从年际流量变化来看，同等径流条件下马口来流减少，三水增加；而从径流年内变化来看，三水洪季径流百分比减少，枯季增加。三水站年内变化与年际变化出现分化，出现这种情况的原因在于目前思贤滘水流枯季皆为西过北，而洪季少部分时间出现北过西。

珠江河口泥沙主要来自西江，西江马口站多年平均输沙量5 897万t；北江三水站多年平均输沙量844万t；东江博罗站多年平均输沙量214万t。由于流域水土保持等原因，河口来沙量由20世纪60—80年代多年平均约9 000万t，降到90年代约7 500万t。20世纪90年代以来，由于上游大型水库拦蓄，河口来沙量显著减少，2010—2017年输沙量为2 659万t，与90年代相比减少约64%，其中马口减幅最大。马口分沙比不断减小，三水则不断增大。

4.2.2 天河、南华分流比

根据20世纪80年代至2020年的实测洪、枯季场次水文资料分析计算，天河、南华断面的分流比计算成果如表4.2-2所示。

表4.2-2 洪、枯水期天河和南华断面分流比 单位：%

测验时期	洪水期		枯水期		洪、枯平均	
	天河	南华	天河	南华	天河	南华
20世纪80年代	56.8	43.2	72.4	27.6	64.6	35.4
21世纪00年代	52.5	47.5	55.1	44.9	53.8	46.2
21世纪10年代	57.4	42.6	57.5	42.5	57.4	42.6

从多年平均情况看，20 世纪 80 年代，天河、南华河汊分流比洪水期分别为 56.8%和 43.2%，枯水期分别为 72.4%和 27.6%；20 世纪 00 年代，天河、南华河汊分流比洪水期分别为 52.5%和 47.5%，枯水期分别为 55.1%和 44.9%；20 世纪 10 年代，天河、南华河汊分流比洪水期分别为 57.4%和 42.6%，枯水期分别为 57.5%和 42.5%，天河断面分流比枯水期略大于洪水期，南华断面则相反。

西海水道与东海水道自 20 世纪 90 年代以来均存在着河床下切现象，南华断面下切幅度大于天河断面，从而也造成 21 世纪 00 年代与 20 世纪 80 年代相比，天河分流比明显下降，南华分流比则上升。20 世纪 10 年代，天河、南华分流比分别为 57.4%、42.6%，天河断面分流比有所恢复，这是由于西海水道主槽持续下切，而东海水道存在冲淤相间的卡口，因此呈现南华站分流减少、天河站增加的变化。

4.2.3 河汊水量分配

西北江三角洲主要节点洪枯季实测分流比成果见表 4.2-3，该成果是采用 2020 年洪、枯水期各 16 个潮周期的实测流量资料计算的河网分流结果。

从表中看到，一个洪、枯水期内，进入西北江三角洲的洪水，有 81%以上流入西江（马口），进入北江（三水）的比例小于 19%。受西江洪水影响的河网区内，西海水道和东海水道的分流比较为接近，为 40%左右（占思贤滘），西海水道（天河）略大，洪季西海水道分流更大。西海水道的洪水主要流入石板沙水道和磨刀门水道，石板沙水道（百顷）分流比为 20.8%；磨刀门水道（大敖）为 13.7%，洪季分流比大于枯季。东海水道的洪水分流入容桂水道、鸡鸦水道和小榄水道，其中以鸡鸦水道的分流量最大，为 18.5%，其次为容桂水道为 11.1%，小榄水道最小为 6.8%左右。受北江洪水影响的河网区内，北江洪水的 76%左右分入顺德水道（石仔沙），其余进入潭州水道，顺德水道的洪水主要经沙湾水道泄入虎门，沙湾水道的分流比为 6.3%（占思贤滘）。西江、北江混合区的主要河道中，洪奇门水道（大陇滘）分流较大，占思贤滘流量的 25%左右。

表 4.2-3　2020 年洪、枯水期西北江三角洲水量分配成果表

节点	河道(口门)	站名	枯季				洪季				平均
			流量(m^3/s)	占$Q_{马口}$(%)	占$Q_{三水}$(%)	占$Q_{思贤滘}$(%)	流量(m^3/s)	占$Q_{马口}$(%)	占$Q_{三水}$(%)	占$Q_{思贤滘}$(%)	占$Q_{思贤滘}$(%)
西北江三角洲一级节点	北江	三水	637		100.0	18.7	2 512		100.0	17.7	18.2
	西江	马口	2 767	100.0		81.3	11 699	100.0		82.3	81.8
西江片二级节点	西海水道	天河	1 409	50.9		41.4	6 310	53.9		44.4	42.9
	东海水道	南华	1 334	48.2		39.2	5 241	44.8		36.9	38.0
北江片二级节点	潭州水道	紫洞	78		12.2	2.3	471		18.8	3.3	2.8
	顺德水道	石仔沙	479		75.1	14.1	1 930		76.8	13.6	13.8
西江片三级节点	石板沙水道	百顷	786	28.4		23.1	2 620	22.4		18.4	20.8
	磨刀门水道	大敖	223	8.1		6.5	2 960	25.3		20.8	13.7
西江片三级节点	鸡鸦水道		674	24.4		19.8	2 447	20.9		17.2	18.5
	容桂水道	容奇	356	12.9		10.5	1 657	14.2		11.7	11.1
	小榄水道	小榄(二)	275	9.9		8.1	774	6.6		5.4	6.8
北江片三级节点	顺德水道	三善右	404		63.3	11.9	2 125		84.6	15.0	13.4
	沙湾水道	三沙口	208		32.6	6.1	936		37.3	6.6	6.3
	李家沙水道	三围	99		15.5	2.9	345		13.7	2.4	2.7

续表

节点	河道(口门)	站名	枯季				洪季				平均
			流量(m^3/s)	占$Q_{马口}$(%)	占$Q_{三水}$(%)	占$Q_{思贤滘}$(%)	流量(m^3/s)	占$Q_{马口}$(%)	占$Q_{三水}$(%)	占$Q_{思贤滘}$(%)	占$Q_{思贤滘}$(%)
口门控制点	磨刀门	挂定角	1 423	51.4		41.8	4 441	38.0		31.3	36.5
	鸡啼门	大林	111	4.0		3.3	544	4.7		3.8	3.5
	虎跳门	西炮台	266	9.6		7.8	568	4.9		4.0	5.9
	崖门	黄冲	200	7.2		5.9	1 059	9.1		7.5	6.7
	虎门	大虎	567			16.7	3 425			24.1	20.4
	蕉门	南沙	512			15.0	2 599			18.3	16.7
	洪奇门	冯马庙	443			13.0	1 640			11.5	12.3
	横门	横门	544	19.7		16.0	1 651	14.1		11.6	13.8
西江、北江混合区主要河道	洪奇门水道	大陇滘	906			26.6	3 220			22.7	24.6
	上横沥	上横	120			3.5	698			4.9	4.2
	下横沥	下横	274			8.0	1 250			8.8	8.4

续表

节点	河道(口门)	站名	枯季				洪季				平均
			流量 (m^3/s)	占$Q_{马口}$ (%)	占$Q_{三水}$ (%)	占$Q_{思贤滘}$ (%)	流量 (m^3/s)	占$Q_{马口}$ (%)	占$Q_{三水}$ (%)	占$Q_{思贤滘}$ (%)	占$Q_{思贤滘}$ (%)
西江区主要河道	江门水道	北街闸	41	1.5		1.2	218	1.9		1.5	1.4
	荷麻溪	睦洲口	387	14.0		11.4	1 175	10.0		8.3	9.8
	螺洲溪	竹洲	180	6.5		5.3	427	3.6		3.0	4.1
	荷麻溪	莲腰	189	6.8		5.6	601	5.1		4.2	4.9
	桂州水道	海尾	169	6.1		5.0	937	8.0		6.6	5.8
	鸡鸦水道	南头	505	18.3		14.8	1 510	12.9		10.6	12.7
	黄圃沥	乌珠	23	0.8		0.7	187	1.6		1.3	1.0
	黄沙沥	黄沙沥	88	3.2		2.6	418	3.6		2.9	2.8
北江区主要河道	潭州水道	澜石	89		13.9	2.6	631		25.1	4.4	3.5
	平洲水道	沙洛围	126		19.8	3.7	605		24.1	4.3	4.0
	大石涌	大石	−10		−1.6	−0.3	80		3.2	0.6	0.1
	紫坭河	三善滘左	56		8.7	1.6	300		11.9	2.1	1.9
	蕉门水道	亭角	195		30.6	5.7	535		21.3	3.8	4.7

4.2.4 八大口门水量分配

通过历年典型场次测验资料，计算八大口门净泄量，统计各口门洪、枯水期的水量分配比。

珠江八大出海口多年平均洪、枯水期水量分配比从大到小依次为：磨刀门、虎门、蕉门、横门、洪奇门、崖门、虎跳门、鸡啼门，磨刀门的泄洪能力较强，鸡啼门泄洪能力较弱且在2013年后持续减弱。

通过统计洪、枯水期八大口门水量分配比分析得出，在洪水期珠江八大出海口断面的净泄量分配比从大到小依次为磨刀门、虎门、蕉门、横门、洪奇门、崖门、虎跳门、鸡啼门。枯水期珠江八大出海口断面的净泄量分配比与洪水期一致。

洪水期和枯水期的东西口门分配比差异在2%以内，枯水期分配比波动较洪水期显著，2013年后挂定角分配比逐渐上升，黄冲、黄金分流比逐渐降低。2012年、2017年分流比波动较大，其中潮优型口门大虎、黄冲断面枯水期净流量表现为涨潮流。

无论是洪水期还是枯水期，东四口门水量分配比都大于西四口门，从洪、枯平均情况看，上游来流有大约58.3%通过东四口门出海，有大约41.7%的径流量通过西四口门出海。东四口门水量分配比洪、枯水期相差不大，洪水期略大于枯水期，而西四口门则相反。

表4.2-4至表4.2-6分别为八大口门洪枯季及多年平均水量分配比对比成果，其中1985—2000年资料采用《珠江河口综合治理规划》水文专题潮量分配成果[62]。2010年后与2000年前相比，西四口门分配比增加2.7%，东四口门相应减少。东四口门中，大虎、南沙、横门分配比分别减少3.8%、1.8%、0.3%，冯马庙增加3.2%；西四口门中，黄冲、西炮台、挂定角分配比分别增加1.5%、1.0%、0.2%，黄金减少0.1%，西四口门分流比的回升与马口分流比恢复有关。

表4.2-4 洪水期八大口门断面水量分配比 单位：%

测验时期	东四口门					西四口门				
	大虎	南沙	冯马庙	横门	合计	挂定角	黄金	西炮台	黄冲	合计
2010年	27.4	13.5	10	10.7	61.6	24.7	3	3.3	7.4	38.4

续表

测验时期	东四口门					西四口门				
	大虎	南沙	冯马庙	横门	合计	挂定角	黄金	西炮台	黄冲	合计
2011 年	22.8	13.1	11.5	12.3	59.7	28.9	2.8	4.5	4.2	40.4
2012 年	17.3	19.4	11	12.8	60.5	26.8	4.4	4.8	3.6	39.6
2013 年	23.7	14.5	10.1	10.8	59.1	27.2	4.1	4.1	5.6	41
2014 年	18.7	17	10.8	12.1	58.6	29.8	4	4.6	3	41.4
2015 年	18.6	16.8	11.4	12.2	59	26.4	3.9	4.4	6.2	40.9
2016 年	23.2	18.8	8.7	11	61.7	24.9	3.4	4.5	5.5	38.3
2017 年	24	17.9	6.7	12.9	61.5	27.5	3.3	4.4	3.4	38.6
2018 年	22.6	15.1	7.7	11.8	57.2	26.8	3.4	5.7	6.8	42.7
2020 年	21.5	16.3	10.3	10.4	58.5	27.9	3.4	3.6	6.6	41.5
多年平均	22.0	16.2	9.8	11.7	59.7	27.1	3.6	4.4	5.2	40.3

表 4.2-5 枯水期八大口门断面水量分配比 单位:%

测验时期	东四口门					西四口门				
	大虎	南沙	冯马庙	横门	合计	挂定角	黄金	西炮台	黄冲	合计
2012 年	−5.6	13.9	19.3	12.4		26.2	4.3	12.6	16.9	
2013 年	18	12.4	13	13.5	56.9	21.6	6.1	5.1	10.4	43.2
2014 年	22.6	12.1	11.3	11.7	57.7	22.5	5.1	7.1	7.7	42.4
2015 年	14.2	17.7	11.5	13.1	56.5	26.4	4.6	4.7	8	43.7
2016 年	21.3	15.1	9.7	12.1	58.2	25.2	3.4	4.8	8.4	41.8
2017 年	12.7	19.7	11.8	13.6		31.8	3.1	7.6	−0.4	
2018 年	26.0	12.9	10.6	11.9	61.4	28.7	3.7	4.6	1.6	38.6
2020 年	13.9	12.6	10.9	13.4	50.8	35.0	2.7	6.5	4.9	49.1
多年平均	19.3	13.8	11.2	12.6	56.9	26.6	4.3	5.5	6.8	43.2

注:2012 年资料不参与统计(大虎为负值);2017 年资料不参与统计(黄冲为负值)

表 4.2-6 八大口门断面水量分配比年际变化 单位:%

时期	东四口门					西四口门				
	大虎	南沙	冯马庙	横门	合计	挂定角	黄金	西炮台	黄冲	合计
20 世纪 80 年代	18.5	17.3	6.4	11.2	53.4	28.6	6	6.1	6	46.7
20 世纪 90 年代	25.1	12.6	11.3	14.5	63.5	24.9	2.8	3.9	4.8	36.4
1985—2000 年	24.5	16.8	7.3	12.5	61.1	26.6	4.0	3.9	4.5	39.0
2010—2020 年	20.7	15.0	10.5	12.2	58.4	26.8	3.9	4.9	6.0	41.6

4.3 河网冲淤变化

珠江三角洲河网区冲淤变化分见图 4.3-1、4.3-2。20 世纪 80 年代以前，三角洲河网河床以淤积为主、河道宽浅化发展。20 世纪 90 年代以来，受采砂、疏浚等人类活动影响，河道开始持续下切，河道窄深化发展，西江、北江、东江主干河道的平均下切幅度分别为 2.11 m、5.07 m、1.34 m。

21 世纪以来，三角洲河床仍呈下切趋势。1999—2016 年，河网整体容积增加 14%，主要集中在 1999—2005 年间，2005 年以后，河床基本呈冲淤相间状态。河网主干河道河床以下切为主，整体上西江下切幅度大于北江及东江，西江、北江、东江主干河道的下切幅度分别为 2.54 m、1.21 m、0.41 m；沿

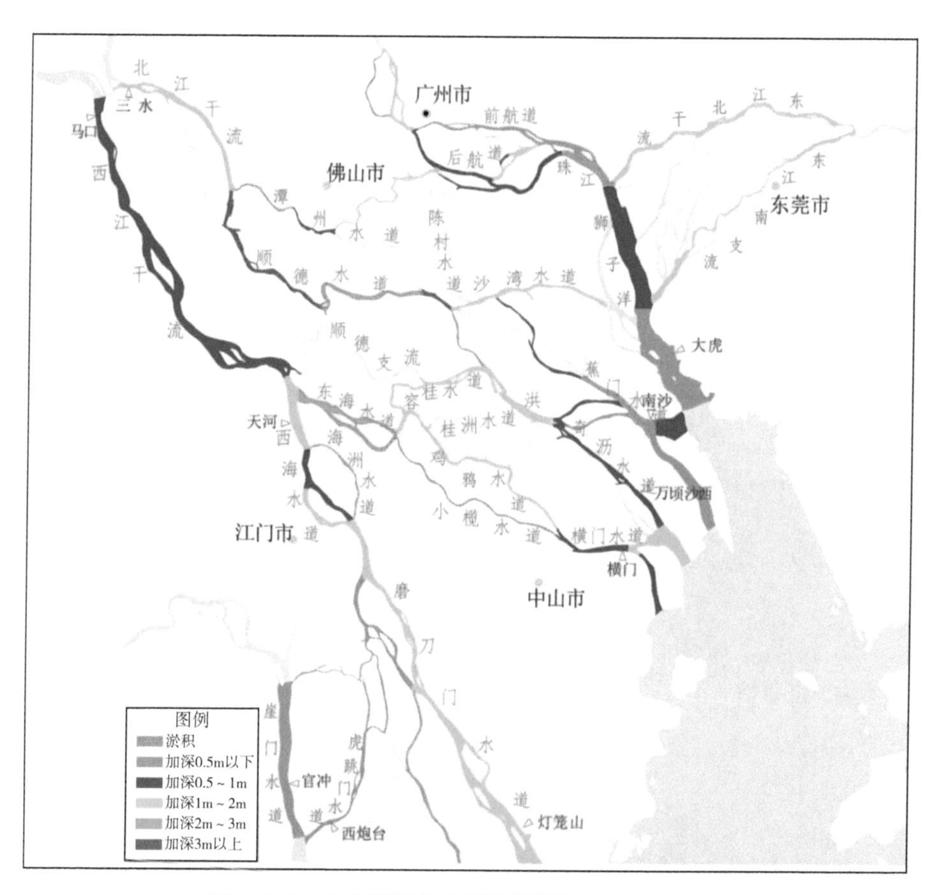

图 4.3-1 三角洲整体冲淤趋势图(1980—1999 年)

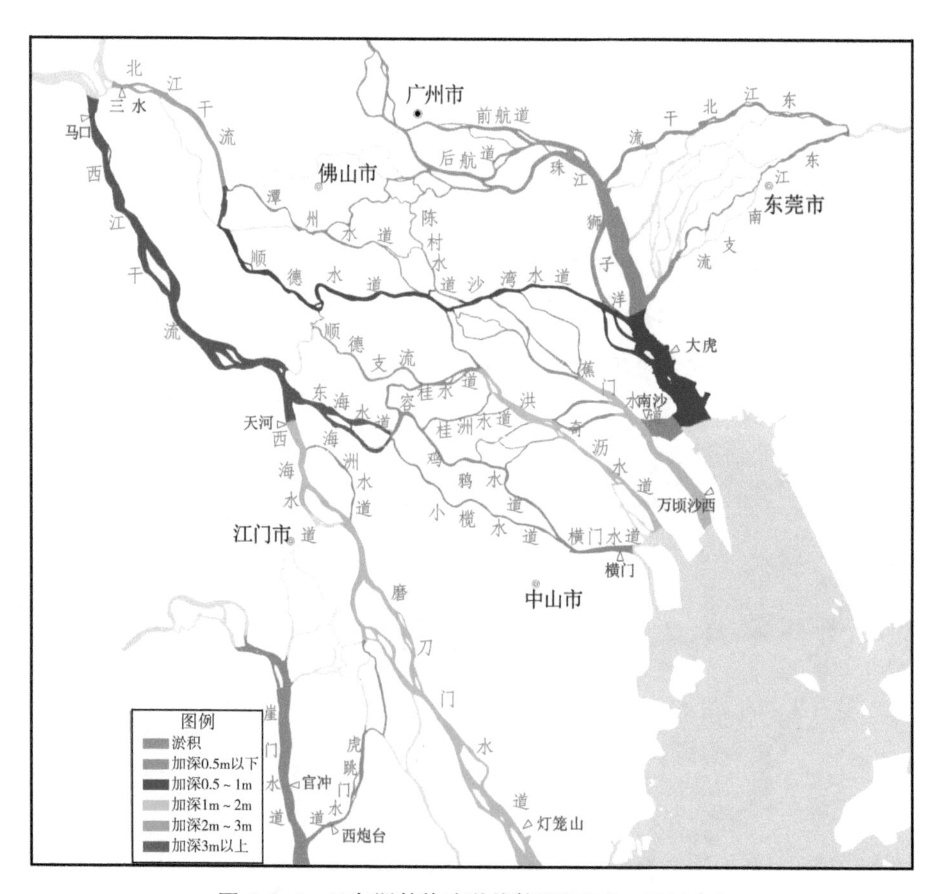

图 4.3-2　三角洲整体冲淤趋势图(1999—2016 年)

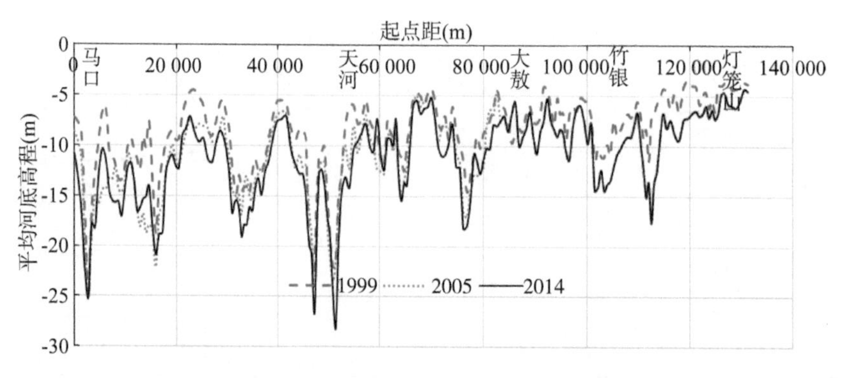

图 4.3-3　西江主干河道平均河底高程沿程变化

程上西北江上游下切幅度大于下游，西江主干河道上、中、下段下切幅度分别为 3.31 m、1.63 m、1.8 m，北江主干河道上、中、下段冲刷幅度分别为 2.27 m、0.81 m、0.65 m。西江、北江、东江主干河道平均河底高程沿程变化如图 4.3-3 至图 4.3-5 所示。

珠江三角洲支流河网区整体呈冲淤交替状态，淤积的水道以广州区域水道及横向支汊为主：包括前航道、后航道、沥滘水道、黄沙沥水道、顺德支流、陈村水道，后航道淤积幅度最大，平均淤积 0.72 m。

根据实测地形资料统计结果，1999—2008 年，珠江三角洲河网区河道容积全线增加，河道冲深明显。1999—2008 年，北江主干河道容积增加 1.334 亿 m^3，增加近 14%，平均每千米增加容积 111.17 万 m^3；西江主干河道容积增加 4.162 亿 m^3，增加近 16.1%，平均每千米增加容积 328.41 万 m^3；西江、北江主干河道冲刷明显。

具体来说，珠江三角洲河网区各干流河道整体以冲深变化为主，但各区冲深变化并不均衡。北江河网区主干流的河道容积自上游至下游逐渐增加，上游东平水道增加 0.167 亿 m^3，中游顺德水道、李家沙水道分别增加 0.213 亿 m^3、0.237 亿 m^3，而下游洪奇沥水道增加 0.716 亿 m^3；但从冲刷幅度看则是上游东平水道及下游近口门的洪奇沥水道增加较多，而中段顺德水道、李家沙水道河道容积增加较少，自上而下分别为 17.31%、9.39%、9.32%、19.16%。西江河网主干流的河道容积增加相较北江主干流河道少，其中西江干流水道河道容积增加 1.057 亿 m^3，西海水道增加 1.289 亿 m^3，磨刀门水道增加 1.815 亿 m^3；整体容积增加幅度达到 16%以上。

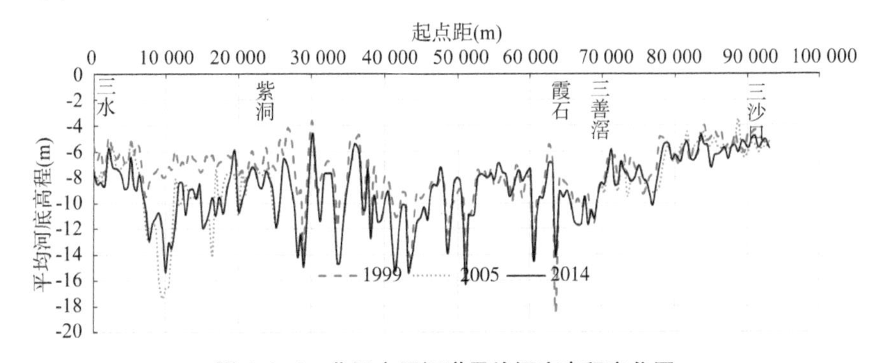

图 4.3-4　北江主干河道平均河底高程变化图

从长期来看，珠江三角洲主干河网区河床冲淤变化大，河床处于调整状态。20 世纪 80 年代—1999 年，北江河网主干流全面下切，上游下切程度比下游严重，西江河网主干流整体表现为下切，局部地区有淤积，上游下切程度比下游轻，北江河网主干流整体下切程度大于西江；1999—2008 年，北江河网主干流全面下切，上游下切程度比下游轻，近口门处下切严重，西江河网主干流整体也表现为下切，上游下切程度较轻，中段太平—大鳌段下切最多，下游口门段下切程度次之，西江河网主干流整体下切程度大于北江，珠江三角洲河道仍处于不平衡调整中。

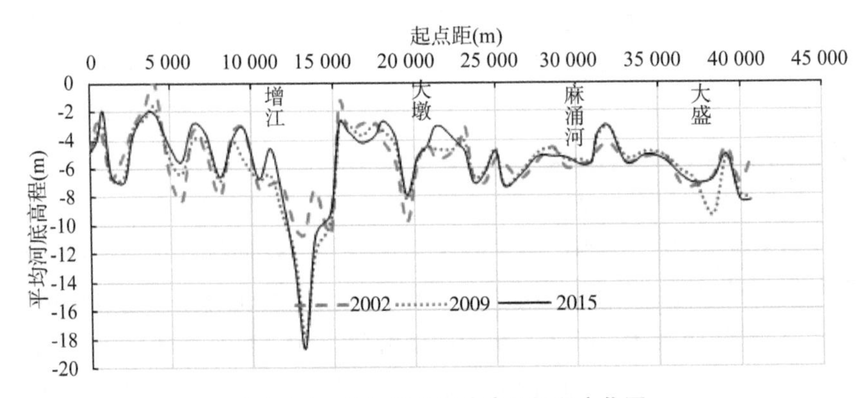

图 4.3-5　东江平均河底高程沿程变化图

由上述分析可知，珠江河网区河床近期出现明显下切，与河道采砂有关。总的来看，受人为因素影响，目前三角洲河床以冲深为主要演变态势，随着人为因素影响减弱，河床将会根据自身动力特征进行河床冲淤变化再调整。

4.4　河口岸线变化

河口岸线持续开发，滩涂资源受侵蚀影响面积减小。据统计，至 2018 年，珠江河口岸线长度 1 157 km，已开发利用岸线长 307 km，占比 26.5%。1978—2020 年，珠江河口（包括澳门水域，不包括香港）滩涂开发面积为 613.63 km^2，2000 年以来开发面积明显减少。珠江河口－7 m 以浅滩涂资源量（表 4.4-1），从 20 世纪 70 年代的 2 505 km^2 减少至 2019 年的 1 660 km^2，减少 845 km^2，减幅达 34%，大于 1978—2020 年滩涂开发面积，因此，近期滩涂资源减少原因之一在于上游来沙减少造成的浅滩侵蚀。1978—2020 年珠江河口围垦空间分布见图 4.4-1。

表 4.4-1　−7 m 以浅滩涂变化统计表　　　　单位:km²

时期	伶仃洋西滩			伶仃洋中滩			伶仃洋东滩		
	滩涂面积变化	围垦	采砂或疏浚	滩涂面积变化	围垦	采砂或疏浚	滩涂面积变化	围垦面积	采砂或疏浚
2000—2010 年	−90.24	−32.63	−38.8	−67	0	−52.4	−29.32	−27.72	−7.6
2010—2019 年	−102.8	−11.05	−51.2	−57.51	0	−100.7	2.04	−0.67	−5.9

注:“+”表增加,“−”表减少,暂定年冲刷速率大于 0.3 m/a 水域为采砂或疏浚区域。

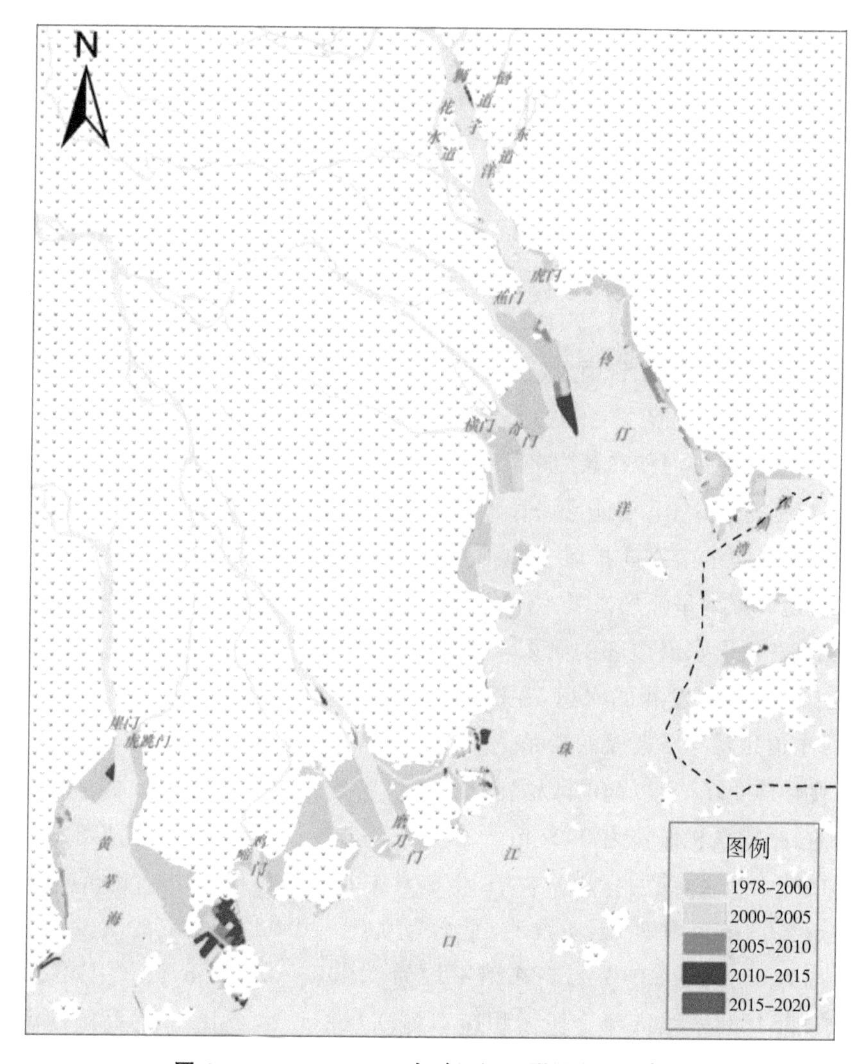

图 4.4-1　1978—2020 年珠江河口围垦空间分布图

4.5 典型河口近期演变

4.5.1 伶仃洋

(1) 滩槽发育

据李春初[63]、吴超羽等人[64]研究，早在1883年以前，伶仃洋的三滩两槽的雏形就已显现，只是当时的滩地高程及其范围均较小，特别是中滩范围更小，拦江沙和矾石浅滩不相连。至1907年万顷沙向南延伸，蕉门北汊主槽开始形成，西滩和矾石浅滩迅速扩大，矾石浅滩与内伶仃岛浅滩归并形成中滩雏形，西滩的扩大挤压使主流东移，导致中滩的拦江沙和矾石浅滩间缺口扩大，出现一条所谓中槽，伶仃洋三滩两槽格局初步形成。1907年以后，矾石浅滩与拦江沙连接起来，矾石浅滩逐渐淤长，向南扩大。中滩西侧的伶仃水道强大的潮流动力，限制了中滩的向西发展。至1974年，中槽淤塞，西滩和矾石浅滩继续向东、向南扩展，至1974年矾石浅滩与拦门沙连接起来，形成现在的“中滩”,“三滩两槽”已告确立(图4.5-1)。

伶仃洋西滩从形态上和物质组成上属于西北江三角洲的前缘浅滩。由于西江、北江大量泥沙在蕉门、洪奇门和横门口外堆积，使伶仃洋西滩大面积发育，特别是在1907年前后增长最快。对比1898年和1907年的海图，水深1 m的浅滩向东南方向扩展了约19 km。蕉门、洪奇门和横门水道出口后近乎平行地向东南呈弧形发展。但在其出口均形成了向东南的汊道，据相关研究，发生在弧形水道顶部的向东汊道都是分流泄洪冲刷而成的；主干水道都是位于西侧向南发展的水道，在沉积物的表现上东汊道沉积的是推移质细砂，西水道是悬移质絮凝的淤泥。

伶仃洋1977年以前的滩槽变化有如下特点。①伶仃洋内近百年来以淤积为主，平均淤积速率为0.02 m/a，但淤积并非连续、均匀的。②浅滩沉积速率以西滩为最大，约为0.02～0.04 m/a，其中北段为0.03～0.05 m/a，南段为0.01～0.03 m/a；中滩(矾石浅滩)平均为0.01～0.02 m/a，它的南段铜鼓浅滩平均为0.006～0.016 m/a；东滩平均为0.005～0.015 m/a。③伶仃水道(西槽)自1883—1964年全段淤积速率为0.062 m/a，－10 m等高线向海退缩，退至内伶仃岛以南，下移距离为25.6 km，平均每年约316 m。西槽淤退的另一表现为宽度缩窄；此外，深槽轴线向东移动，但到后期这一缩窄和东移的趋势明显减缓。④矾石水道（东槽）相对较稳定，但深槽也有所淤退和东移。

（2）岸线变化分析

岸线边界条件的变化会对周边水沙输移和水动力环境产生深刻影响，从而影响周边水域滩槽的冲淤变化。提取 1978 年、1988 年、1992 年、1995 年、1999 年、2003 年、2008 年遥感影像的岸线信息，并制作 40 多年来伶仃洋岸线变化图（见图 4.5-2），分析近期珠江河口岸线边界的变化。

近几十年来，由于近岸围垦开发、建港和建码头等活动的影响，伶仃洋水域面积由 1970 年代的 1 040 km^2，减少到 2008 年的 751 km^2；平面形态从上下宽阔水域逐渐向喇叭状转变，伶仃洋河口岸线形态发生了明显变化。珠江河口湾岸线围垦面积统计见表 4.5-1。具体表现如下。

①蕉门口岸线变化

鸡抱沙和仔沙均属蕉门口拦门浅滩，这两片浅滩近几十年的围垦工程活动，从时间及规模上可划分为五个阶段[见图 4.5-3(a)]：

第一阶段，全面实施抛石堤促淤阶段。在 20 世纪 80 年代中期，鸡抱沙及仔沙全面实施抛石堤工程，其目的是加速垦区滩面淤积。抛石堤线的区域范围，既包括西侧－1 m 以上的高滩部分，也包括东侧－2 m 以上滩面，局部为－3 m 左右的汊槽。

第二阶段，鸡抱沙垦区围垦成陆阶段。从 1986 年至 1992 年，鸡抱沙的围垦工程在抛石堤工程的基础上，完成堤岸加高等设施工程，使鸡抱沙垦区的总面积约达 15.5 km^2。

第三阶段，仔沙西部垦区成陆阶段。从 1992 年至 1995 年，完成了仔沙西部的围垦工程，于此期间，龙穴岛东南侧也基本围垦成陆。仔沙西部垦区（包括龙穴岛南垦区）围垦成陆的面积约 11.55 km^2。

第四阶段，仔沙东部垦区围垦成陆阶段。从 1995 年至 1999 年，仔沙东部垦区完成了堤岸加高及抛泥等工程。仔沙东部垦区的成陆泥沙主要结合广州出海航道整治工程，从附近航道挖沙吹填入围。仔沙东部垦区成陆面积约 7.16 km^2。

第五阶段，南沙港区工程围垦阶段。自 2003 年开始，南沙港区实施一期、二期等系列港区、码头围垦工程，蕉门口外岸线发生明显变化，蕉门延伸段进一步向南延伸。自 2003 年到 2008 年，该区围垦成陆面积 7.24 km^2。

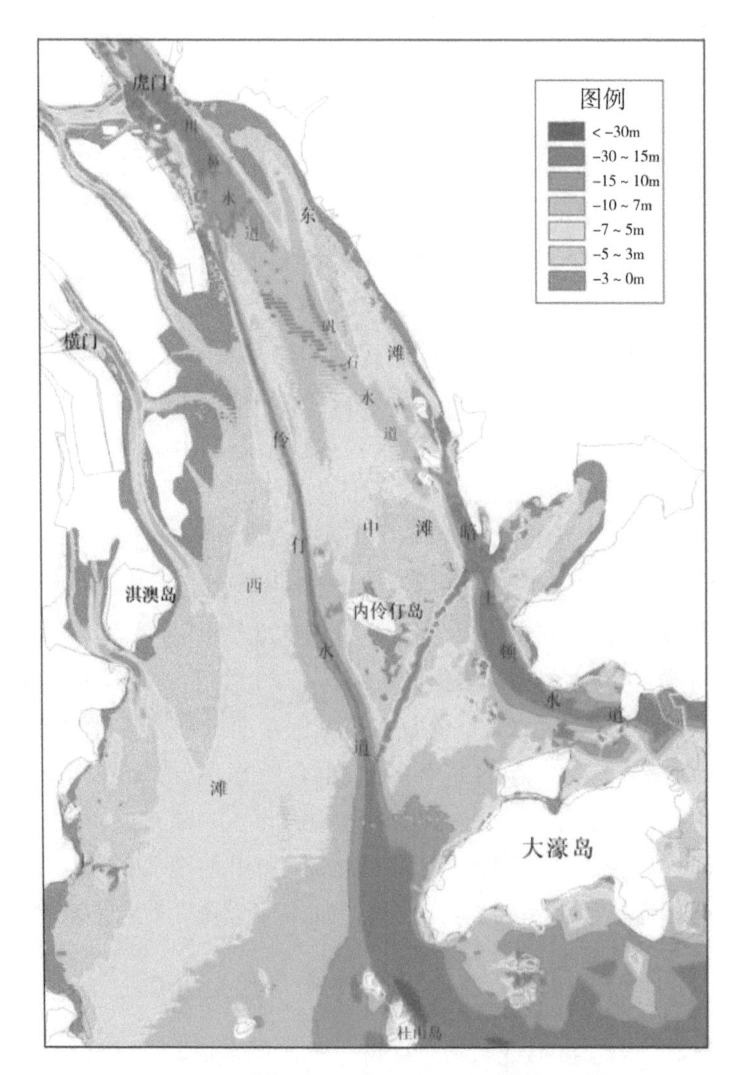

图 4.5-1　伶仃洋河口湾水下三滩两槽地貌格局

因此，近几十年内蕉门口外浅滩围垦总面积约为 42.46 km²，蕉门口外形成一主一支河道格局，且蕉门延伸段进一步南延。

②万顷沙尾浅滩岸线变化

在 20 世纪的 70 年代，万顷沙尾已发育形成宽阔的水下浅滩，由于泥沙来源及动力差异，尾滩的滩面西高东低。从 80 年代中期开始实施连片围垦开发，至 1999 年围垦工程基本停止，其间共围垦造陆的面积约 50.84 km²。总的来说，垦区的东、西两侧堤线，与整治规划治导线基本吻合；围垦后的垦区东堤线成为蕉门延伸段河道的右岸；垦区的西堤线成为洪奇门与横门北支汇合延伸河道的左堤岸[见图 4.5-3(a)]

③横门口外浅滩岸线变化

横门口外浅滩主要分布在横门岛之东侧及南侧和横门南槽之西侧滨岸浅滩。大规模的围垦工程主要发生在 20 世纪 90 年代以后，比蕉门和洪奇门的围垦开发迟 5～6 年。从 20 世纪 80 年代至 2008 年，横门岛东及岛南共围垦约 30.82 km^2；横门南槽之西侧滨岸浅滩共围垦面积约 47 km^2；淇澳岛周边围垦面积约 10 km^2。上述围垦工程实施以后，口门岸线及平面边界形态发生较大的变化，其中，原洪奇门与横门北支汇流区及汇合延伸槽道因围垦后转变为汇合延伸河道，使河道的右岸线向东南及南延伸约 11 km。而横门南支槽道也因围垦后转变为横门南槽河道，该河道的左岸向近南方向延伸约 7 km[见图 4.5-3(b)]。

④伶仃洋东岸边界变化

从 20 世纪 80 年代初至 2008 年，伶仃洋东部滨岸滩涂(交椅湾至赤湾)开发利用的总面积约 69.04 km^2。伶仃洋东部滨岸近几十年来一直处于开发热点岸段，其岸线围垦面积处于逐年增加状态，其中，围垦开发最快的时段是 1982—1992 年，围垦开发面积达 22.17 km^2；随后一段时间，伶仃洋东部围垦开发处于比较分散的状态，但 2003 年后，由于深圳西部沿岸开发建设工程迅速开展，伶仃洋东部岸线围垦开发建设主要集中在深圳机场、大铲湾港口、深圳湾等区域，使得东部局部岸线发生了明显变化，表现在 2003—2008 年深圳机场处岸线向外伸长约 2 km；大铲湾河湾几乎被围垦填平，变为半封闭河湾，深圳西部港区岸段进一步变顺直。

近几十年来伶仃洋的滩槽变化与人类一系列开发活动密切相关，前文已从岸线方面说明了近年来伶仃洋河床边界平面形态的变化。下面根据所收集的 1954 年、1970 年、1985 年、1999 年、2007 年、2009 年伶仃洋的水下地形资料，分析近五十年来伶仃洋滩槽变化特征。1954 年至 1985 年，伶仃洋开发利用活动很少，该时段地形主要反映以自然影响为主的滩槽演变状况；而 1985 年至 2009 年，主要反映的是以人为开发活动影响为主的滩槽演变状况。

表 4.5-1　珠江河口湾岸线围垦面积统计表　　　单位：km^2

区域	1978—1988 年	1988—1992 年	1992—1995 年	1995—1999 年	1999—2003 年	2003—2008 年	1978—2008 年
深圳湾	3.019	10.087	11.124	2.128	9.767	1.298	37.424
伶仃洋东岸	8.719	22.177	9.377	8.663	9.263	10.844	69.042
鸡抱沙-仔仔岛	8.549	6.992	11.549	7.158	0.972	7.242	42.462
万顷沙垦区	28.769	9.036	11.123	1.919	0.839	0.000	51.686
横门岛周边	0.851	10.255	12.333	0.000	5.071	2.313	30.820
横门南支西侧	6.558	11.925	11.225	3.788	13.506	0.000	47.002
淇澳岛垦区	2.843	3.126	2.055	1.076	0.959	0.000	10.059

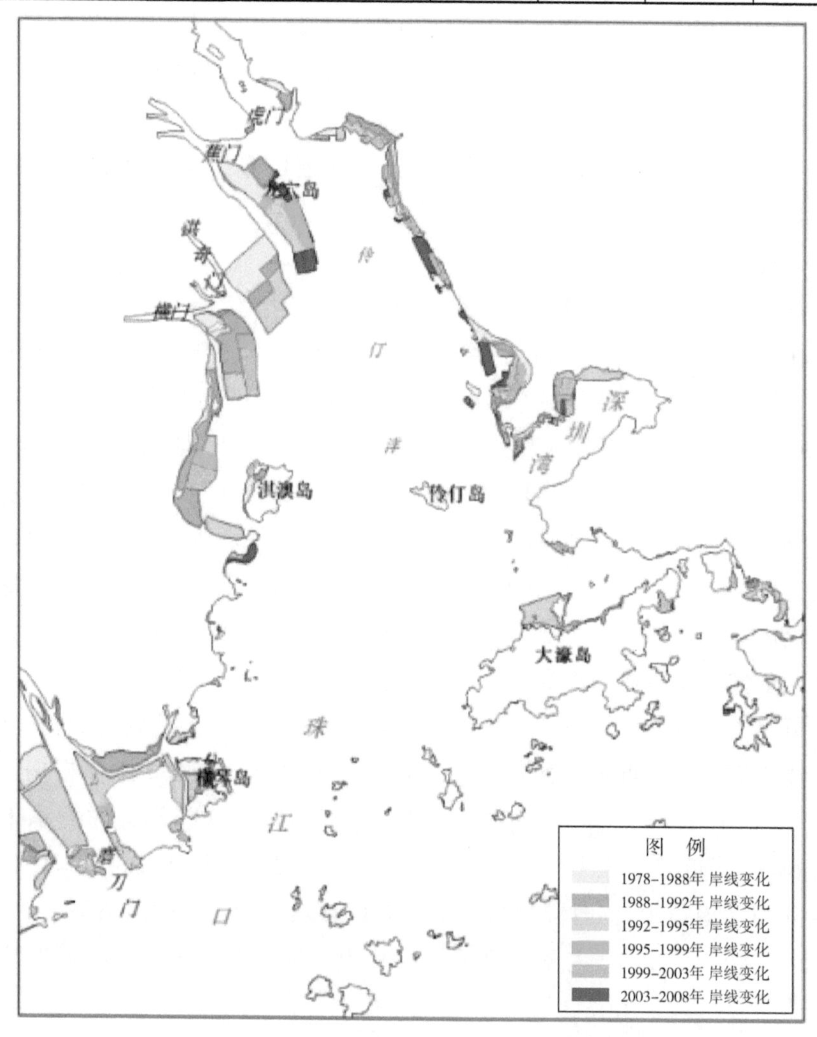

图 4.5-2　伶仃洋河口湾 1970—2008 年岸线变化图

图 4.5-3(a) 1988—2008 年蕉门、虎门附近水域岸线变化图

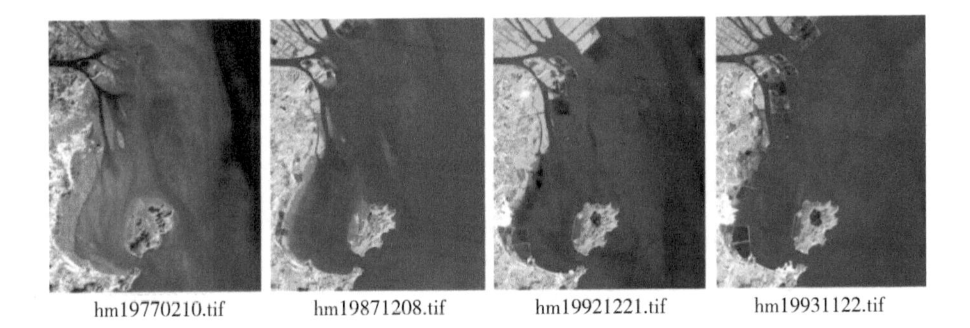

图 4.5-3(b) 1977—2008 年横门、洪奇门河口水域岸线变化图

(3) 冲淤变化

伶仃洋冲淤变化分析采用 1954 年、1970 年、1985 年、1999 年、2007 年、2009 年等年份的水下等高线变化图(图 4.5-4 至图 4.5-7)进行对比分析,表 4.5-2 为 1954 年以来伶仃洋浅滩面积变化表。1954 年以来伶仃洋滩槽平面变化特征如下。

①西滩冲淤变化

西滩向东、南扩展,扩展速度逐渐减缓,受滩涂围垦影响,其北部滩面面

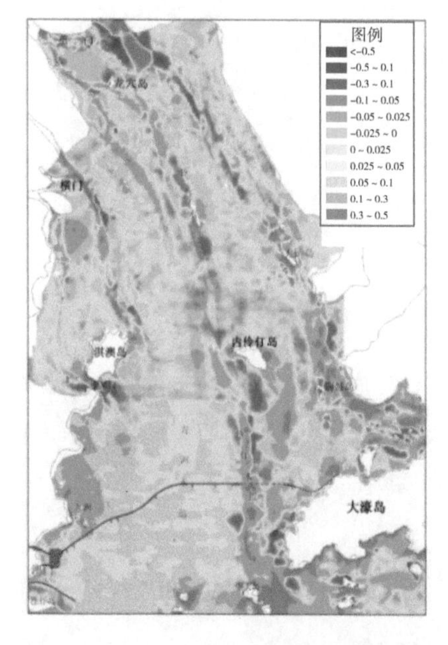

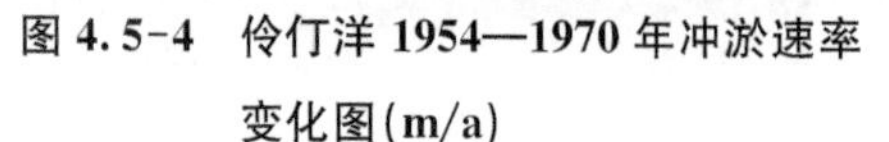

图 4.5-4 伶仃洋 1954—1970 年冲淤速率变化图(m/a)

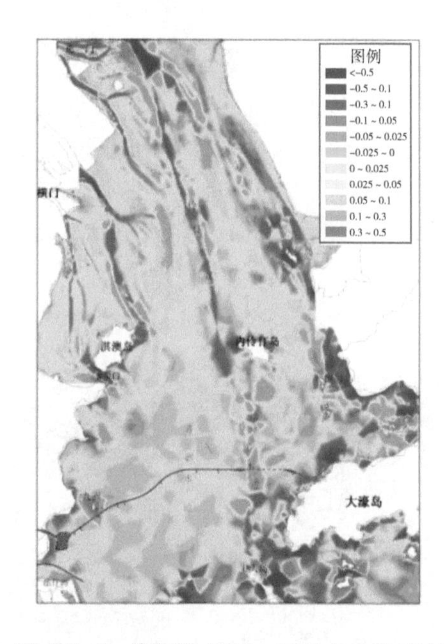

图 4.5-5 伶仃洋 1970—1985 年冲淤速率变化图(m/a)

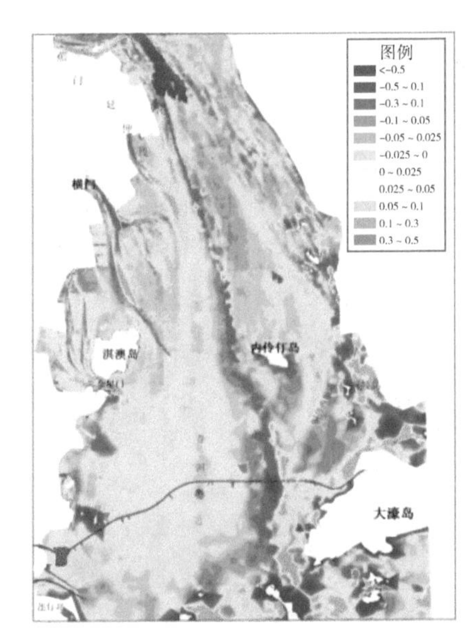

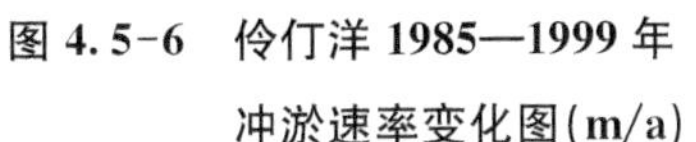
图 4.5-6　伶仃洋 1985—1999 年冲淤速率变化图(m/a)

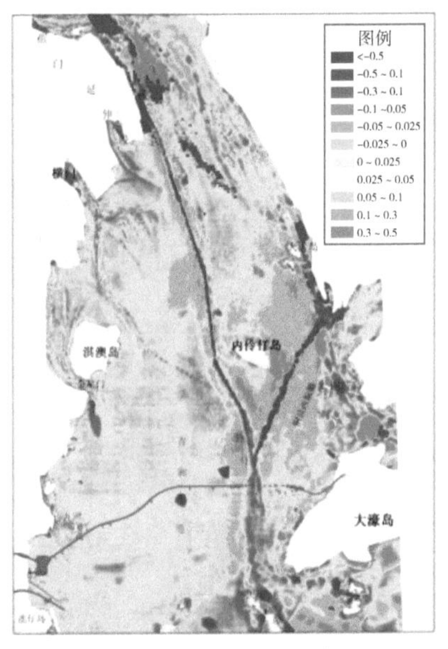

图 4.5-7　伶仃洋 1999—2007 年冲淤速率变化图(m/a)

积逐渐减少。在 1985 年以前,蕉门口原来沙洲浮生、槽沟密布,呈现非常复杂的滩槽格局(图 4.5-8)。自 1985 年以来,经过围垦整治工程后,原鸡抱沙、龙穴岛、仔沙等浅滩被围垦成陆,蕉门口外逐渐演变成现在横向以凫洲水道为主槽道,以北-南向的蕉门延伸段为支汊的水道格局。

1954—2007 年,蕉门延伸段尾闾浅滩一直保持向东南延伸之势。1954—1970 年,蕉门延伸段尾闾浅滩－3 m 等高线向东南推进速率为 0.079 km/a(见图 4.5-4);1970—1985 年,向东南推进速率为 0.141 km/a;1985 年后,蕉门尾闾浅滩向东南淤积速率有所放慢,1985—1999 年－3 m 等高线向东南推进速率为 0.084 km/a,而 1999—2007 年向东南推进速率为 0.065 km/a。

万顷沙尾闾浅滩向南向东发展为主,但受伶仃西槽强大涨落潮动力的影响,其横向发展逐步趋缓。－3 m 等高线向南、向东扩伸的平均速率分别为 0.072 km/a 和 0.029 km/a;1985—1999 年间,－3 m 线每年向东移 0.026 km;1999—2007 年,－3 m 线向东、向南扩伸速率为 0.018 km/a 和0.021 km/a。由此可见自 1985 年以后,该处浅滩向东发展速度逐渐变缓,局部还出现西退现象。其尾部浅滩向东南延伸明显(表 4.5-2)。

淇澳岛南侧－3～－5 m 间浅滩在 1970 年以后发展较快(见图 4.5-4、

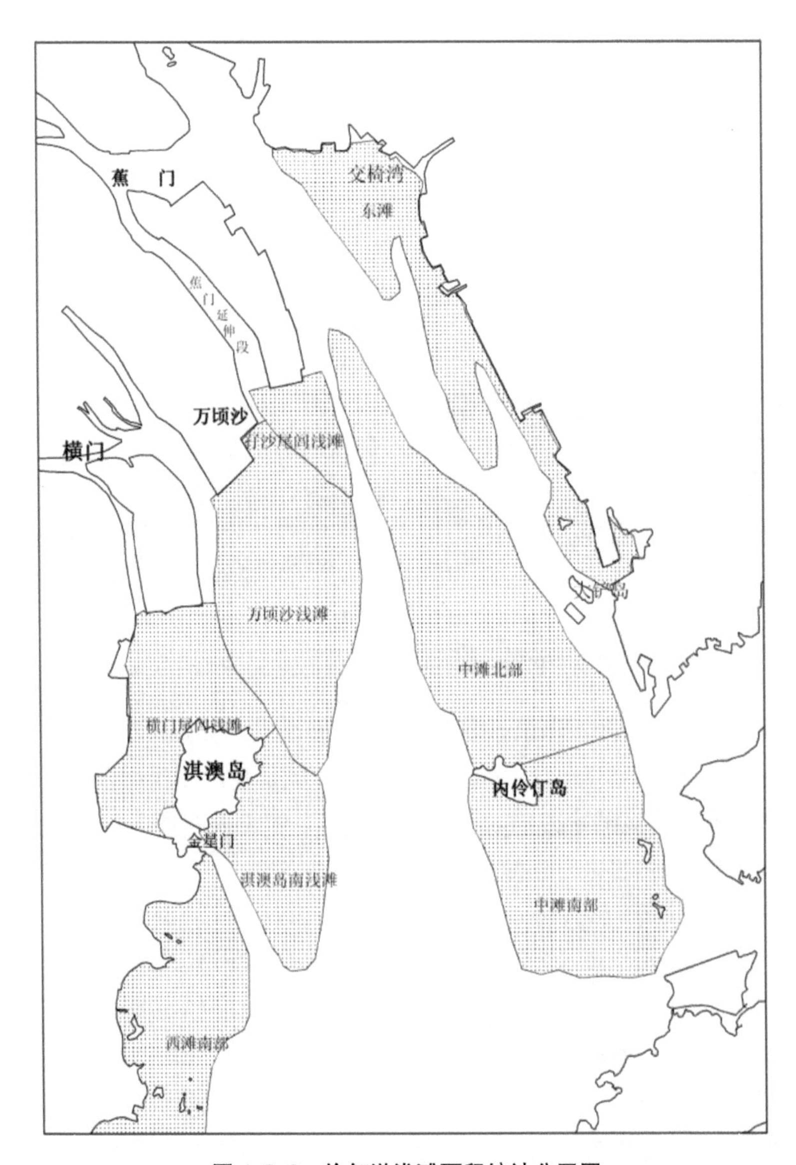

图 4.5-8　伶仃洋浅滩面积统计分区图

4.5-5)，1970—1985 年间，－5 m 等高线向东南推进速率为 0.395 km/a；1985—1999 年，每年向东南推进 0.283 km；1999—2007 年，向东南再推进 0.76 km，推进速率约为 0.09 km/a。由此可见，淇澳岛南侧－5 m 以浅浅滩总体呈向东南发展趋势，虽然 1970—1999 年该浅滩有比较快的发展，但近期发展速度明显放慢。

表 4.5-2 为 1954 年以来伶仃洋浅滩滩面面积变化情况表。由表可知，近几十年来，西部浅滩仍保持淤积扩张之势，但受围垦造陆工程影响，浅滩面积在不断减少。1954—1985 年，西滩 −5 m 以浅浅滩面积处于不断增加状态，浅滩发育集中在西滩北段，西滩滩面面积共增加了 114.84 km^2；该时期浅滩形成为自然演变的结果。1985 年后，由于西滩北部(淇澳岛以北西滩)受伶仃洋东四口门附近人类围垦、造港工程影响，西滩浅滩淤积扩张的速度明显低于围垦、造陆的开发速度，浅滩面积大大减少；同时受伶仃洋西航道升级浚深拓宽的影响，西槽动力加大，形成了沿西槽的动力切割带，阻碍西滩泥沙向东输送，西滩东扩速度明显减缓。而西滩南部(即淇澳岛以南西滩)−5 m 以浅浅滩面积仍保持增加态势，1985—1999 年，南部西滩面积增加 13.55 km^2；1999—2007 年间浅滩则增加 16.91 km^2。

表 4.5-2　1954 年以后伶仃洋浅滩面积变化表　　单位：km^2

区域	1954 年	1970 年	1985 年	1999 年	2007 年
	浅滩面积	围垦面积	围垦面积	围垦面积	围垦面积
东滩	133.25	0.00	4.48	14.62	11.61
中滩	130.06	0.00	0.00	0.00	0.00
西滩北	424.67	12.93	35.87	107.16	29.06
西滩南	12.57	0.00	0.00	1.42	3.01
区域	1954—1970 年	1970—1985 年	1985—1999 年	1999—2007 年	
	浅滩新增面积	浅滩新增面积	浅滩新增面积	浅滩新增面积	
东滩	8.88	−5.64	2.13	6.47	
中滩	38.97	68.10	−3.84	40.61	
西滩北	28.65	44.46	25.64	14.51	
西滩南	24.55	17.18	13.55	16.91	

注：除中滩按珠基 −7 m 以上滩面计，其余按 −5 m 以上滩面计。

②中滩冲淤变化

1954—1970 年间，中滩向南扩展，内伶仃岛南侧 −7 m 等高线向南扩展约 2.2 km(图 4.5-4)。1970—1985 年，中滩南段继续向南扩展，并与铜鼓浅滩相连，而中滩北段(拦江沙尾—矾石滩头)滩面大幅东扩。1985—1999 年，中滩的拦江沙尾与矾石滩头又得而复失，出现明显后退，这与 20 世纪 80 年代至 90 年代中期，鸡抱沙、龙穴岛、仔沙垦区的围垦造陆以及深圳宝安国际机场建设等人为活动有关。同一时期，中滩东南部—矾石浅滩与铜鼓浅滩断开；中滩北段滩头的加深及铜鼓西槽的发育，使得该时段浅滩虽继续淤高，但浅滩面积减少（表 4.5-3）。1999 年后，中滩矾石浅滩继续东扩，1999—2007 年，−5 m 等高线最大向东扩约 6.9 km，向南扩约 1.9 km；且受航道开挖影响，在矾石浅滩与铜鼓浅滩之间出现一条−10 m 以深深槽；在该期间，铜鼓浅滩−7 m 以上浅滩向西南伸展。

总的来说，中滩北段滩头在 1985—1999 年出现较大范围加深，中滩面积有所减少，其余时段中滩面积不断增加，中滩淤积、东扩趋势不变。

③东滩冲淤变化

自 1954 年以来，东滩−3 m、−5 m 等高线基本保持稳定，局部略有后退。但受伶仃洋东部一系列开发工程影响，东部岸线不断向海推进，东滩滩面不断减少(表 4.5-3)。

④东、西槽变化

西槽稳定，−10 m 以深深槽上下贯通；东槽有所缩窄，局部区域向北延伸。

西槽由于航道年年疏浚，−7 m 等深线较为稳定，1985 年后随着航道升级深槽水深不断加大，至 1999 年，西槽−10 m 以深槽道全线贯通。东槽受中滩东扩影响，槽宽有所缩窄，其中 1954—1985 年小铲岛西侧槽宽缩窄约 2 km，1985—1999 年缩窄约 1 km，1999 年后基本保持稳定。但 1999 年后，在大铲岛附近−10 m 等高线明显沿大铲岛东侧向北伸展至小铲岛东侧，东槽在大、小铲岛附近出现新的分支，这反映了在该时段东部贴岸涨潮动力的增强。

表 4.5-3 为 1954 年以来伶仃洋蕉门延伸段尾闾浅滩、万顷沙尾闾浅滩、横门浅滩、淇澳岛南侧浅滩、伶仃洋西侧南段浅滩、东滩、中滩(矾石浅滩)、铜鼓航道南浅滩的年冲淤厚度变化表。

由表可知，1954—1970 年，以伶仃洋西侧南段浅滩淤厚最大，年均淤积厚度在 0.08 m 左右；蕉门延伸段尾闾浅滩、铜鼓航道南浅滩，年均淤积厚度为 0.06 m左右；万顷沙尾闾浅滩、横门浅滩、淇澳岛南侧浅滩、中滩、东滩等浅滩，淤积速率不大，处于较弱淤积状态。从 1954—1970 年伶仃洋年冲淤速率变化图(图 4.5-4)可以看出，龙穴岛北侧、伶仃西槽中段及东槽处于冲刷状态，年冲刷厚度在 0.025～0.1 m 之间。

1970 年以后，伶仃洋滩槽分化格局日趋明显，槽道加深、浅滩淤积。

1970—1985 年，伶仃洋各浅滩仍以淤积为主，但各浅滩的淤长速度有所变化。万顷沙尾间浅滩区、横门浅滩区淤积速率比前期明显增快，年均淤积厚度分别达 0.039 m 和 0.032 m；蕉门延伸段尾间浅滩、淇澳岛南浅滩、伶仃洋西侧南段浅滩、铜鼓航道南浅滩及中滩，淤积速率有所减缓。同期，伶仃洋西槽、东槽仍以加深为主，年加深深度在 0.05～0.3 m 之间。

1985—1999 年，万顷沙垦区向南发展，鸡抱沙-孖仔岛围垦，伶仃洋西航道升级浚深拓宽，伶仃洋西滩整体淤积趋势变缓，淤积区集中在蕉门延伸段尾间浅滩和伶仃洋西侧南段浅滩。1985—1999 年，中滩淤厚较前期有所增加，淤积区主要集中在暗士顿水道西侧(矾石浅滩东部区域)，年淤积厚度小于 0.1 m。在该时期，铜鼓浅滩南侧香港国际机场正在兴建，受该工程挖砂、围垦等工程活动影响，铜鼓浅滩局部出现明显加深，致使该时段铜鼓浅滩总体冲淤速率出现负值；而近香港一侧则出现明显淤积。同期，由于伶仃洋东岸宝安国际机场实施动工修建，东滩附近水域在 1985—1999 年这段时间出现加深，总体平均加深速率为 0.003 m/a。

表 4.5-3　1954 年以后伶仃洋浅滩年厚度变化表　　单位：m/a

分区	1954—1970 年	1970—1985 年	1985—1999 年	1999—2007 年
蕉门延伸段尾间浅滩	0.062	0.041	0.018	0.022
万顷沙尾间浅滩	0.042	0.039	0.020	0.028
横门浅滩	0.029	0.032	0.022	0.015
淇澳岛南浅滩	0.026	0.011	0.031	0.016
伶仃洋西侧南段浅滩	0.081	0.014	0.004	0.034
中滩	0.047	0.040	−0.005	0.056
铜鼓航道南浅滩	0.067	0.031	−0.048	0.021
东滩	0.018	0.020	−0.003	0.041

注：除中滩按珠基−7 m 以上滩面计，其余按−5 m 以上滩面计，负值表示冲刷。

1999—2007 年，该时段的滩槽演变以人类干扰引起的变化为主。从整体看，除中滩中下段、铜鼓航道南浅滩、万顷沙尾间浅滩区，受河口采砂洗沙及围垦吹填的影响，淤积速率较前期有较大增长外，其余浅滩区淤积速率均有所减缓。其中淤积最剧烈的区域集中在虎门出口川鼻深槽、伶仃西槽两侧以及深圳西部港区主航道两侧浅滩，年均淤积厚度 0.1 m 以上；而加深最剧烈的区域集中在深圳西部港区航道、伶仃洋西槽、凫洲水道出口段以及中滩上段的不规则深挖区，年均加深厚度达到 0.5 m。这些剧烈淤积或加深区域的出现，主要与人为工程开挖以及开挖引起的回淤有关。

1954—2007 年伶仃洋的滩槽演变大致可以分为三个时段：①1954—1970 年以自然演变为主的自然演变期；②1970—1985 年人为活动干预的初期；③1985—2007 年人为活动干预频繁期。

由于 1954—1970 年伶仃洋的岸线边界与现状相差甚大，它只能反映较早时期岸线形态下伶仃洋的冲淤特征；1985—2007 年，由于受人类活动干扰频繁，其演变特征更多的是人为干扰的结果，并不能完全反映伶仃洋的演变规律；而相较其余两个时段，1970—1985 年滩槽演变特征更能体现近期在自然因素作用下伶仃洋的总体冲淤变化特征。

图 4.5-4 至图 4.5-7 为 1954—1970 年、1970—1985 年、1985—1999 年、1999—2007 年伶仃洋水域年冲淤厚度分布图。由图可知，在 1954—1970 年，除伶仃水道所经区域外，均处于弱淤状态，平均淤积厚度约0.05 m/a。

4.5.2 磨刀门河口

从 20 世纪 80 年代中期开始，磨刀门整治工程的实施使磨刀门、澳门岸线显著变化，口门内外河势变化表现出新的特点。根据磨刀门 1983—2005 年岸线变化的阶段特征，磨刀门岸线变化可以初步分为三个阶段：整治前（1983 年以前）、整治期（1984—2000 年）、整治后近期（2001—2005 年）。

（1）岸线变化特征

1978—2014 年磨刀门岸线变化如图 4.5-9 所示。由此可见，1978 年以来磨刀门河口向外延伸约 16.5 km，磨刀门及澳门附近水域围垦面积约 151 km^2，磨刀门河口整治工程实施以来内海区围垦面积最大。

1978 年之前磨刀门河口为一个宽阔的内海湾，至 1988 年鹤洲北片的围垦使得河口向海延伸 3.75 km，1988—1995 年鹤洲南片及左岸大杧岛附近的围垦使得河口向海延伸约 9.0 km，至 1995 年磨刀门水道一主一支的格局基本形成，内海区不复存在。1995—2005 年岸线主要变化在大井角至石栏洲一带，该区域的围垦使得原东南向支汊消失，河口位置进一步向海延伸。表 4.5-4 为磨刀门水域围垦面积与岸线伸长统计表。

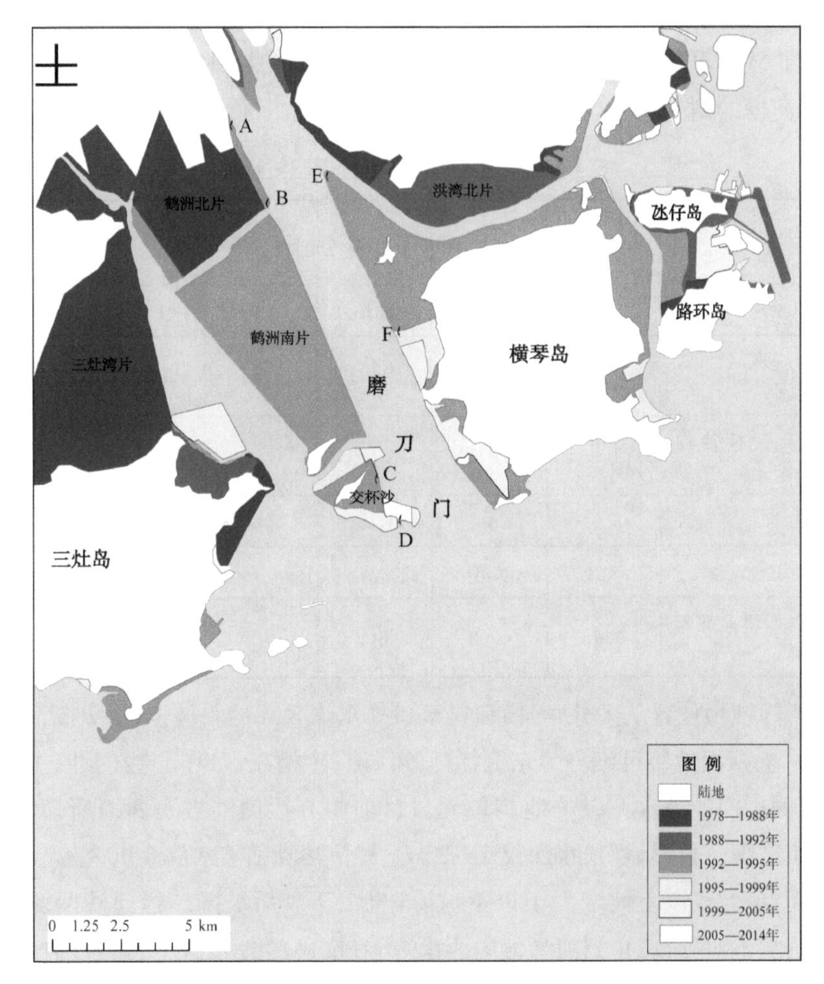

图 4.5-9 1978—2014 年间磨刀门岸线变化图

(2) 滩槽冲淤演变分析

根据磨刀门河口水动力及地貌特征,可将磨刀门河口划分为两个亚区:口门内河槽段、口外拦门沙段。

主槽从挂定角至横洲,支汊从挂定角至马骝洲。本段河槽是在磨刀门整治工程之前原内海区的横洲主槽的基础上形成的,河宽 2 200~2 300 m,水深 6~7 m。磨刀门水道冲出灯笼沙七尾围,进入内海区,水流在内海区漫滩,流速降低,挟沙能力降低,较粗粒径的泥沙在磨刀门和原泥湾门口门间分流沙咀的基础上,堆高聚积成鹤洲—交杯沙天然堤。内海区泥沙不断淤积,滩槽分化，主流冲刷出一条汛期泄洪的横洲主槽。磨刀门东、西导堤建设之后，内海区的“软边界”转变为人工导堤控制的“硬边界”，横洲主槽水流集中，流速增大，河槽冲刷更激烈。

表 4.5-4　磨刀门水域围垦面积统计表　　面积单位：km^2

区域＼年份	1978—1988	1988—1992	1992—1995	1995—1999	1999—2005	2005—2014
三灶岛及三灶湾	37.04	3.26	3.15	0.00	3.08	0.00
鹤洲北垦区、鹤洲南片及交杯沙	18.36	0.00	31.27	1.08	0.78	0.58
鹤洲及交杯沙向外海	3.75(A-B)	0.00	9.0(B-C)	0.00	3.71(C-D)	0.00
洪湾北片	3.07	9.17	1.23	0.00	0.00	0.00
横琴岛填海	0.00	0.00	22.99	2.74	3.97	0.28
横琴岛西岸向北延伸长度	0.00	0.00	6.378(E-F)	0.00	0.00	0.00

拦门沙坝位置从大井角-横洲口至口外水深 8 m 的斜坡位置，纵断面长约 12 km，横断面地貌可细分为东侧拦门沙浅滩、主槽东汊、中心拦门沙、主槽西汊、西侧拦门沙等次一级的地貌单元。目前中心拦门沙被东西槽所切割，呈一类似规则三角形，坝顶水深仅 1～2 m。拦门沙坝前坡水深 5 m 左右位置是一个拐点，此点以上坡降大于以下坡降，也大于坝后坡降。拦门沙两侧沙体形状明显不对称，三角洲前缘偏向西南方，在交杯沙外发育了 4 列沙脊，与河口输出水流成较大的锐角。

20 世纪 90 年代初，磨刀门河口治理工程完成后，磨刀门广阔的内海湾不复存在，两侧导堤将河道固化。根据横洲水道断面形态比较分析(图 4.5-10)，整治工程后口门内河道主要呈现以下演变特征。

①河道浚深，过水断面面积扩大，宽深比变小。表 4.5-5 是 1994 年至 2011 年磨刀门河口段(以断面 M07、M08 为代表)河道特性统计表，由表可见，磨刀门整治工程完成后，河道向窄深方向发展，宽深比变小，过水面积增大(图 4.5-11)。出现这种情况的主要原因是：在整治工程完成后河道束窄，流速明显增大，水流挟沙能力加大，河道下切浚深表现得很明显，河道宽深比减小。

②河道深泓普遍下切，河道中下段出现逆比降。图 4.5-12 是不同年代挂定角至大横琴深泓变化图。从深泓高程的沿程变化来看，大约在距离挂定角 5 km 以下河道出现逆比降。这是由于河口地区径流受到潮流的顶托发生壅水，泥沙落淤，此段可认为是拦门沙内坡。

从时间变化来看，2000 年到 2005 年，距离挂定角 4 km 以上河段深泓冲刷最小，拦门沙内坡深泓显著下降，主要是由于整治工程后河口径流和落潮流流束集中，使拦门沙外推，拦门沙内坡遭受侵蚀，人为采砂则加剧这一趋势。在采砂集中段的深泓下降幅度很大。2005 年后河道深泓表现为整体下降。

图 4.5-10　横洲水道断面位置示意图

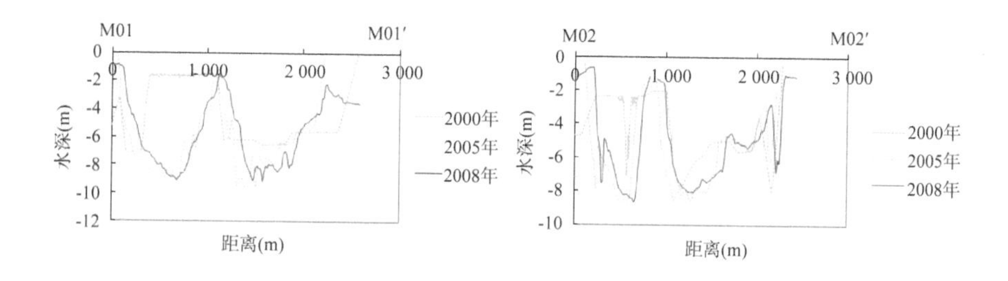

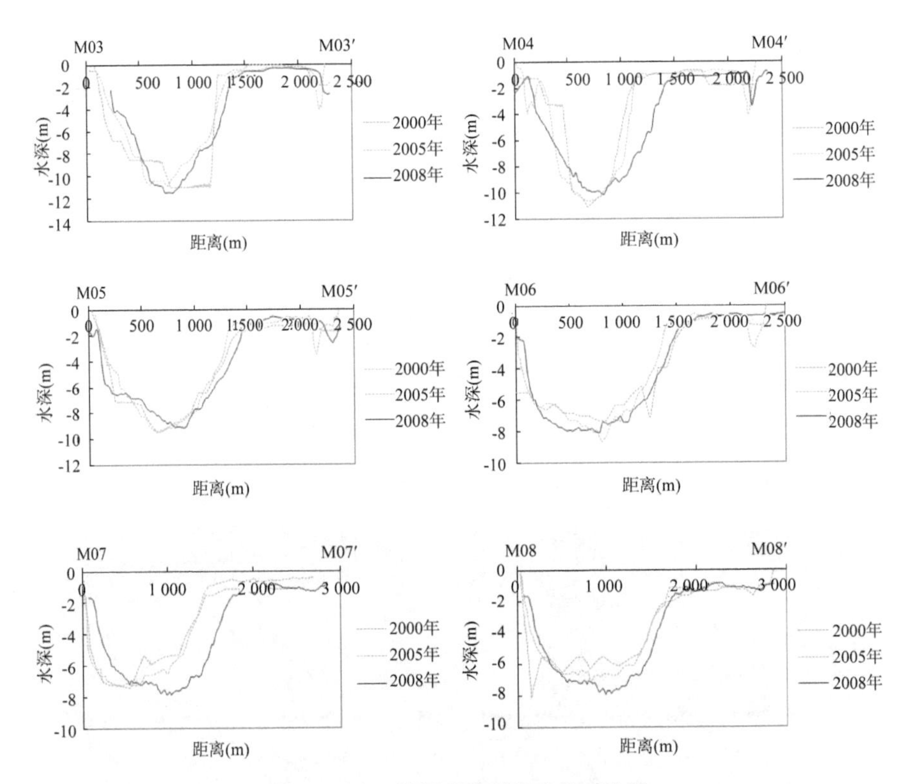

图 4.5-11 横洲水道断面变化对比图

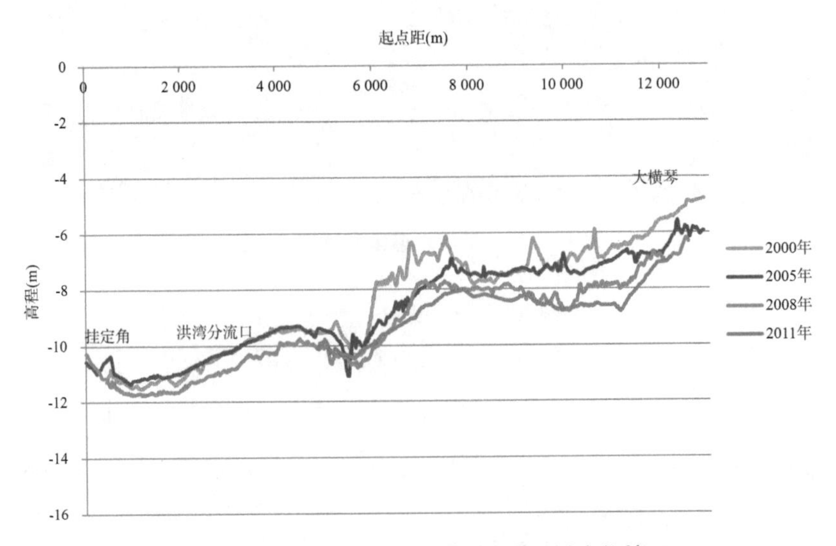

图 4.5-12 2000—2011 年横洲水道深泓变化情况

③河道向冲积河流方向发展，滩槽分异明显。随着磨刀门河口及其口内水道的向海快速延伸，河流段-近口段-河口段动力体系亦随之下移。河道向冲积河流方向发展，表现为河道上段部分断面形态出现从 V 形向 W 形转变，如图 4.5-10 所示断面 M01、M02；河道东部深槽与西部浅滩分异趋于明显，滩槽高差增大，2000 年、2005 年和 2008 年 M06 断面平均滩槽高差分别为 7.0 m、7.4 m 及 7.8 m，呈逐年增加的趋势。

④鹤洲冲口下游西侧浅滩不断扩展，以缓慢淤积为主。由断面 M03 至 M06 变化可以看出，鹤洲冲口下游西侧浅滩在 2005 年前以淤积为主，2005 年之后下游断面 M05、M06 西侧浅滩仍以淤积为主，上游断面 M03、M04 西侧出现一定冲刷。

鹤洲冲口下游西侧浅滩不断淤积的原因有两个：a. 灯笼山上下沙沙尾浅滩向下游方向快速延伸，已越过洪湾水道入口，居于磨刀门水道河床断面中间位置，具有较明显的“导流”效应。沙尾浅滩阻碍灯笼山左汊断面下泄径流顺畅地进入磨刀门水道主槽（横洲水道），同时增强了洪湾水道的径流动力，并由此使鹤洲冲口以下的磨刀门水道主流偏东岸，导致西岸浅滩在原磨刀门内海区水下天然堤的基础上继续淤浅，因水流冲刷能力不足而连片展布。b. 下游交杯一、二、三沙不断向陆并岸发育过程中形成反向沙嘴，束窄口门河槽，促进了上游西滩的淤积。

表 4.5-5　磨刀门河口口门内深槽段河道特性表

年份	水面线	过水面积 (m^2)	宽度 B (m)	水深 h (m)	宽深比 ($\sqrt{B}/h$)
1994 年	珠基 0 m	8 402.46	2 048.35	4.09	11.07
	−2 m	4 423.58	1 811.82	2.40	17.74
	−5 m	159.72	688.39	0.29	90.47
2000 年	珠基 0 m	9 789.01	2 803.04	3.49	15.17
	−2 m	5 200.48	1 513.42	3.45	11.28
	−5 m	1 261.85	1 165.72	1.10	32.04
2005 年	珠基 0 m	9 656.85	2 749.89	3.51	14.94
	−2 m	5 569.61	1 461.20	3.83	9.98
	−5 m	1 654.48	1 148.16	1.45	23.37

续表

年份	水面线	过水面积 (m^2)	宽度 B (m)	水深 h (m)	宽深比 ($\sqrt{B}/h$)
2008 年	珠基 0 m	11 145.54	2 805.00	3.97	13.34
	−2 m	6 515.11	1 567.45	4.16	9.52
	−5 m	2 315.05	1 219.22	1.90	18.38
2011 年	珠基 0 m	10 212.45	1 938.12	5.27	8.35
	−2 m	6 666.31	1 526.17	4.43	8.82
	−5 m	2 687.39	1 159.91	2.32	14.68

(3) 口外拦门沙演变

河口拦门沙处于河流入海的关键部位，是海陆相互作用的产物，在这个区域，水沙变化和河床变化甚为剧烈。作为西江最重要的出海口，在 20 世纪 80 年代以前，磨刀门年平均径流量 923 亿 m^3，占珠江八大口门的 28.3%；多年平均输沙量为 2 341 万 t，占珠江河口总输沙量的 30.4%，悬沙中径 0.017 mm，其中 80%～90%是黏土和粉砂。近几十年来，由于人类活动影响显著以及上游来水来沙的变化和海洋动力的作用，拦门沙表现出了不同的演变特点，其总的趋势是拦门沙不断向外海推移。在 20 世纪初，拦门沙到达横洲-大井角峡口，30 年代开始外移至小香洲附近，平均每年外移约 99 m。拦门沙推出峡口后，由于外海波浪和沿岸流的作用增强，其推移速度略有减缓[65]。从 1983 年开始动工实施的磨刀门口门治理开发工程，使得河道深槽被束窄和固定，从而提高了水流的挟沙力，使径流对拦门沙的影响作用增强，拦门沙脊逐渐向西南方向发展，现今拦门沙的位置已经移动到了交杯沙—石栏洲一线以南。

应用 1997 年、1994 年 4 月、2000 年 5 月，2005 年 9 月、2007 年 4 月和 2011 年 12 月 6 套磨刀门口门大比例尺地形图，通过数字化建立 DEM 模型，在此基础上分析磨刀门历史演变特征。

在 1984 年之前，拦门沙区尚未分汊，上游主槽呈 NW-SE 向直接入海，主槽水深在−4 m 左右。1984—1994 年间东汊开始发育，至 1994 年东汊初步形成，2000 年形成一主一支的格局，经 2005 年百年一遇大洪季冲刷，东、西汊向海推进显著，至 2011 年东、西汊进一步拓宽、加深，中心拦门沙体由于挖沙作用，范围显著减小(图 4.5-13)。目前西汊为主汊，东汊为支汊。对比 4 m、5 m 等深线变化，如图 4.5-14 和图 4.5-15 所示，东、西汊演变特征如下。

①东、西汊不断向海延伸和拓宽。1977 年，磨刀门整治工程前，磨刀门具

有广阔的内海区，具有较强的纳潮能力，口门区潮流活动强烈，口外滩槽呈“三滩两槽”格局。“两槽”指的是龙屎窟深槽和横洲出口主槽，“三滩”指的磨刀门出口东部石栏洲浅滩、中部交杯沙浅滩以及西部三灶岛东浅滩。该时期，横洲出口主槽水深较浅，5 m 深槽仅延伸至小香洲西附近，其一3 m 主槽自小香洲开始分汊，一条主汊向东南偏南直通外海；一条分汊向东，分布在小香洲—石栏洲东侧，与外海尚未贯通(图 4. 5-14)。至 1994 年，横洲出口深槽在石栏洲、小香洲围垦后，原经石栏洲东侧延伸的东分汊消失，同时在石栏洲西侧又形成了新的二级分汊，这是河流一种自动调整的结果。

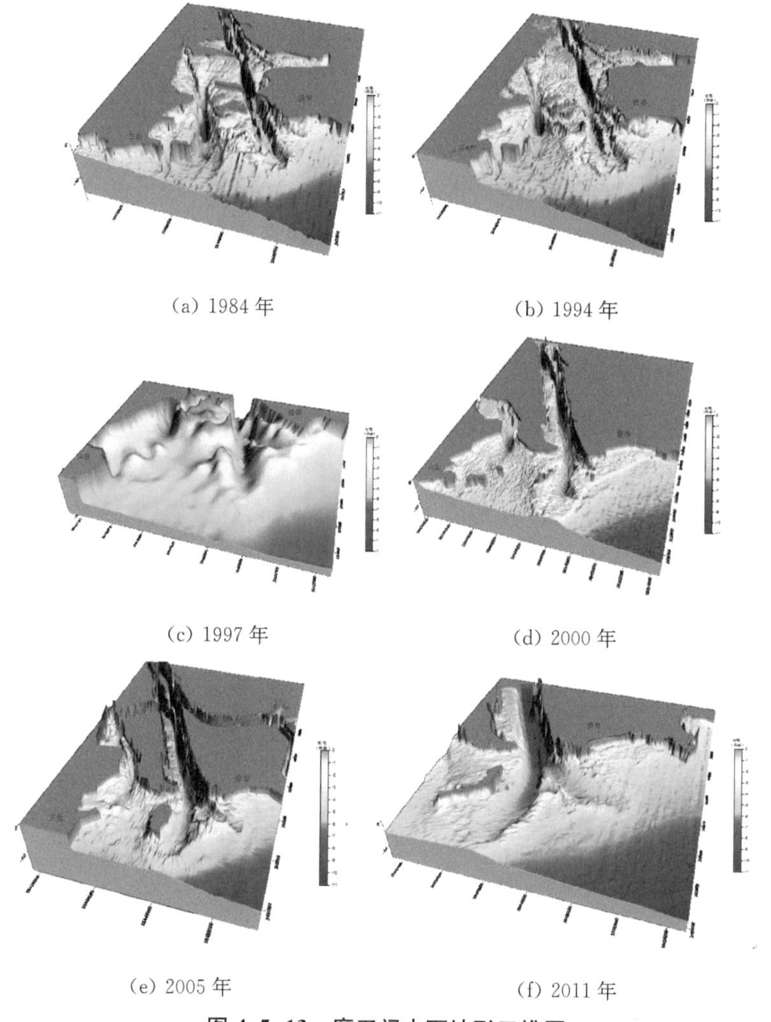

(a) 1984 年　(b) 1994 年

(c) 1997 年　(d) 2000 年

(e) 2005 年　(f) 2011 年

图 4. 5-13　磨刀门水下地形三维图

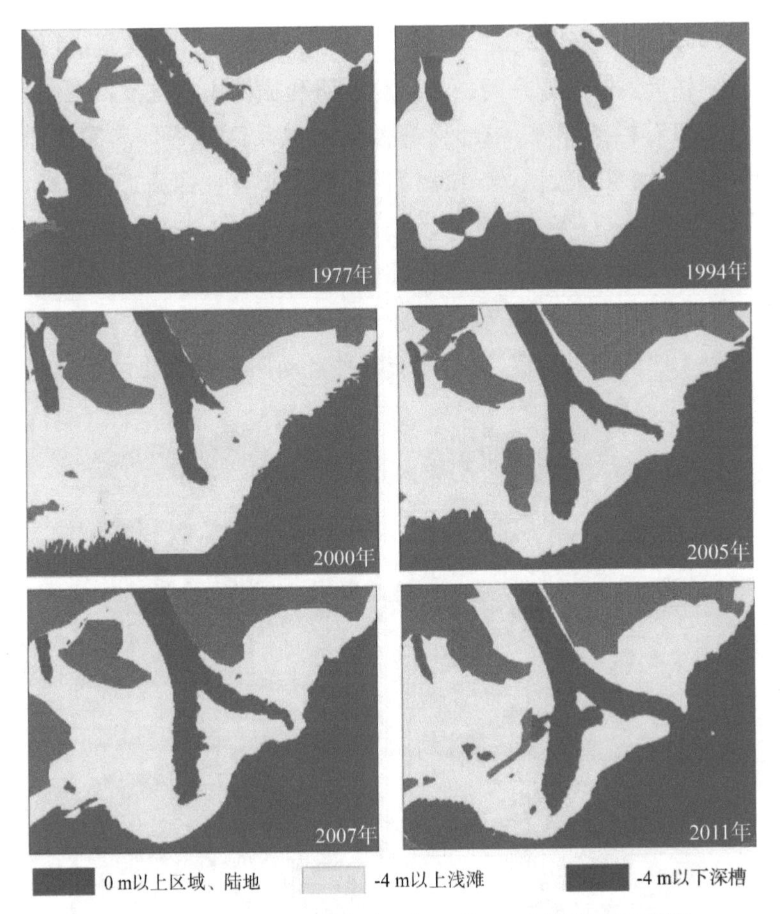

图 4.5-14 1977—2011 年磨刀门口外 4 m 深槽发育过程图

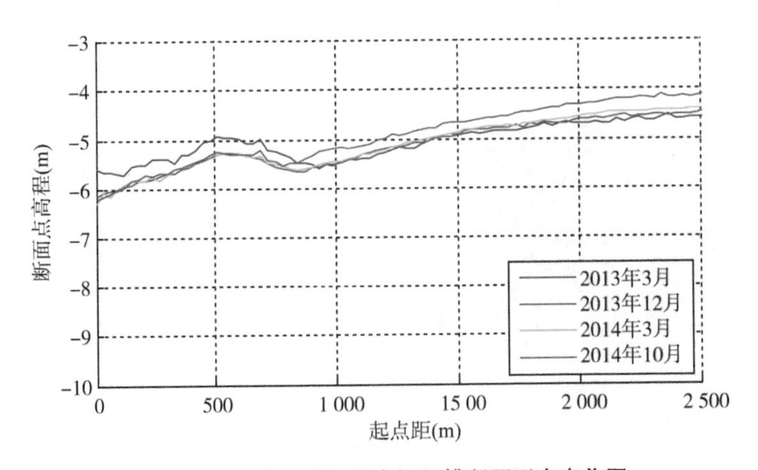

图 4.5-15 磨刀门口外东汊深槽断面形态变化图

磨刀门整治工程实施完成后，横洲口门下泄径流动力逐渐加强，口外东西汊向海推进速度加快，深槽宽度增大。1994 年后东、西汊－5 m 深槽向海推进距离和深槽宽度变化如表 4.5-6 所示。

表 4.5-6　1994—2011 年东、西汊－5 m 深槽平面形态变化统计表

时间 \ 区域	西汊			东汊		
	延伸长度（m）	延伸速率（m/a）	宽度增加（m）	延伸长度（m）	延伸速率（m/a）	宽度增加（m）
1994—2000 年	580	82.9	169	170	24.3	158
2000—2005 年	710	118.3	116	2000	333.3	210
2005—2007 年	150	37.5	90	－140	－35.0	－40
2007—2011 年	872	218.0	35	135	33.8	－20

1994—2000 年，西汊向海延伸速率 82.9 m/a，宽度增加 169 m；东汊延伸速率 24.3 m/a，宽度增加 158 m，该时期西汊发育速度明显强于东汊。2000—2005 年，西汊向海延伸速率 118.3 m/a，宽度增加 116 m；东汊延伸速率 333.3 m/a，宽度增加 210 m，该时期东汊发育速度明显增加，且东汊强于西汊，这与“05・6”大洪水的冲决作用密切相关。2005—2007 年，西汊向海延伸速率 37.5 m/a，宽度增加 90 m；东汊延伸速率－35.0 m/a，宽度减少 40 m，该时期内，上游无大洪水发生，东汊在波浪作用下向陆退缩显著。2007 年至 2011 年，在“08・6”大洪水的作用下，东、西汊发育速度明显加大，西汊和东汊向海延伸速率分别为 218.0 m/a、33.8/a，西汊宽度增加 35 m，东汊宽度减少 20 m。

②西汊逐渐向西偏转，东汊走向有一定摆动。表 4.5-7 是东、西两汊走向变化统计表。由表可以看出，1994 年后西汊逐渐向西偏转，共偏转约 16°，由 1994 年的 SE 向转为目前的正 S 向。东汊在 2007 年之前向西偏转为主，2000—2007 年向西偏转 15°，之后向东偏转，至 2011 年走向基本与 2000 年保持一致，即由南偏东向入海。

表 4.5-7　1994—2011 年东、西汊－5 m 深槽走向统计表　单位：°

区域 \ 时间	1994 年	2000 年	2005 年	2007 年	2011 年
西汊	164	173	175	179	180
东汊	—	129	131	134	128

西汊不断向西偏转的原因有以下几个方面：a. 科氏力作用，横洲主槽道

水流出口门后在科氏力作用下产生向右偏转的趋势；b. 伶仃洋西南沿岸流的影响，外海伶仃洋落潮流大多数时间向西南流动，在西南沿岸流的带动下，西汊落潮流向西偏转；c. 上游小香洲—石栏洲段－3 m 深槽的封堵，在 20 世纪 90 年代后期本区域的围垦使得－3 m 支汊消失，迫使动力轴线向西偏转。

③西汊向海延伸速度平稳，东汊发育具有季节性特征，受波浪作用明显[66]。西汊为磨刀门入海主汊，其分流量占上游流量的 60%左右，较强的径流动力保证了西汊即使在没有大洪水的作用下仍保持稳定的冲刷，因此西汊发育比较平稳。

东汊目前分流比为 40%左右，其发育与大洪水密切相关，在东汊快速向海延伸的时间段，均有较大洪水发生，分别是“98 · 6”“05 · 6”“08 · 6”大洪水。在大洪水的情况下，由于上游洪水量超出西汊的过流能力，多余洪水从东汊分流，东汊发生冲决；同时在 6—8 月东南沿岸流的作用下，东汊分流作用也会增强，因此东汊快速向海延伸。

在中枯水情况下，西汊基本能满足上游径流的快速下泄；东汊分流量减少，径流动力减弱，外海波浪动力相对增强，东侧拦门沙和中心拦门沙前端由于波浪辐聚受到冲刷，再悬浮泥沙在东汊落淤形成沙嘴，进而封堵东汊，使得深槽前端淤浅，2013—2014 年东汊的断面变化说明了这一点。在洪季大洪水作用下，该沙嘴受到冲刷，深槽进一步向海延伸，表现出东汊的季节性变化特征。

4.5.3 黄茅海

黄茅海水域承接潭江和西江来水，是珠江三角洲西侧的入海口湾，为潮汐优势性河口湾，具体结构及成因分析研究见文献[67]，沉积结构总体上也呈现“三滩两槽”结构(图 4.5-16)。

(1) 岸线变化分析

黄茅海、鸡啼门是滩涂资源丰富的河口湾，促使浅滩淤长的物质来源于经虎跳门、崖门、鸡啼门等下泄的洪季上游水沙，以及口外涨潮流带来的伶仃洋及磨刀门落潮时输出的黏性悬沙。受水域内悬沙自然落淤环境变化及人为活动影响，近几十年来黄茅海两岸岸滩淤涨速率表现出不均衡性，这说明各个区域的岸滩处于不同的生长、发育阶段，岸滩的稳定性直接关系到这两个河口湾的发展趋势。因此，了解黄茅海、鸡啼门近几十年来的岸线变化过程，有助于研究黄茅海、鸡啼门水动力环境的变化和河势发展趋势。

本次研究从20世纪70年代至2018年的系列卫星遥感影像中选取1978、1988、1992、1995、1999、2003、2009、2018年的影像数据，利用水域岸线快速自动矢量化新技术，分析提取出各代表年黄茅海岸线，制成岸线演变成果图(见图4.5-17、4.5-18)，并对滩涂围垦成陆引起的岸线延伸长度和相应的造地面积进行了统计(表4.5-8)。

图4.5-16 黄茅海整体河势图

从整体上看，1978 年至 2018 年黄茅海围填面积共计 142.17 km^2，东、西两岸分别围填 90.04 km^2、52.13 km^2，按 1978 年岸线长度计算，东、西岸岸线平均向海延伸 1 597 m、962 m。大规模的围填显著改变了黄茅海的平面形态，使得黄茅海河口湾由之前的“宽喇叭”河口湾转变为“窄喇叭”形状，湾口位置也由之前的大杧岛附近向南延伸至荷包岛以南。各局部区域的岸线变化特征分析如下。

①西部岸线

黄茅海西部浅滩是指从崖门水道与虎跳门水道的交汇点至白排岛之间交汇水流与西航道以西的浅滩区（见图 4.5-17，A—C 区）。

20 世纪 80 年代中期，在崖门口出口段西岸崖南镇附近、虎跳门出口至虎山段实施抛石堤，开始了围垦造地工程。此举的目的是使西岸在落潮时形成大片的屏蔽区，在此区形成一个落淤良好的淤积区。顺应黄茅海这种淤积趋势，至 1992 年以后，西岸实施大规模围垦工程，从 1992 年至 1995 年，该区围垦面积达 2.22 km^2。到 1995 年后，围垦力度加大，在黄茅海西岸都有不同程度的围垦，近期保持较低的围垦水平。从 1978 年至 2018 年在西岸共围垦造陆面积为 52.13 km^2。上述围垦工程实施以后，西岸岸线发生了较大变化，岸线平均向海推移约 962 m。西岸的不断外移使得崖门水道过水断面不断缩小。

②东滩与三虎以上东岸线

东滩指的是东槽以东、三虎以上沿岸边缘分布的大片浅滩（见图 4.5-17，D—E 区）。从 20 世纪 70 年代末开始，该区域实施围垦开发工程，至 1992 年围垦工程基本停止，期间共围垦造陆的面积约 16.76 km^2。由于围垦工程的实施，滩坡淤积显著。大规模的围垦使得该区域浅滩消失殆尽，且岸线直面崖门深槽，滩涂淤积生长的动力条件不复存在，近期该区域以冲刷为主。

③大海环浅滩岸线

大海环浅滩是东滩三虎以下至南水十八螺嘴之间水深小于 2 m 的大面积滩地。大海环原为黄茅海东部有较宽的潮汐通道、与鸡啼门水道连通的弧形小海湾。20 世纪 50 年代至 60 年代平沙农场大规模围垦，加上鸡啼门通道的控制，使大海环遂成为内凹的弧形边滩。20 世纪 80 年代后期，南水至虎山之间建成大堤，这使东岸从虎山至南水的大海环段形成良好的淤积区。但 1990 年南水-高栏大堤建成，阻挡了鸡啼门落潮直接来沙，大海环淤积趋缓。

由于从 20 世纪 70 年代末开始该区就被不断围垦，至今原大海环浅滩已经消失。

从 20 世纪 80 年代初至 2009 年期间，大海环浅滩围垦造陆的总面积约 53.50 km^2，岸线向外延伸约 1.53 km（见图 4.5－17，E—F 区）；2009 年至 2018 年，大海环部分岸段保持稳定不变。多年的围垦，已使大海环从内凹的弧形边滩变成了较为平直的边滩。

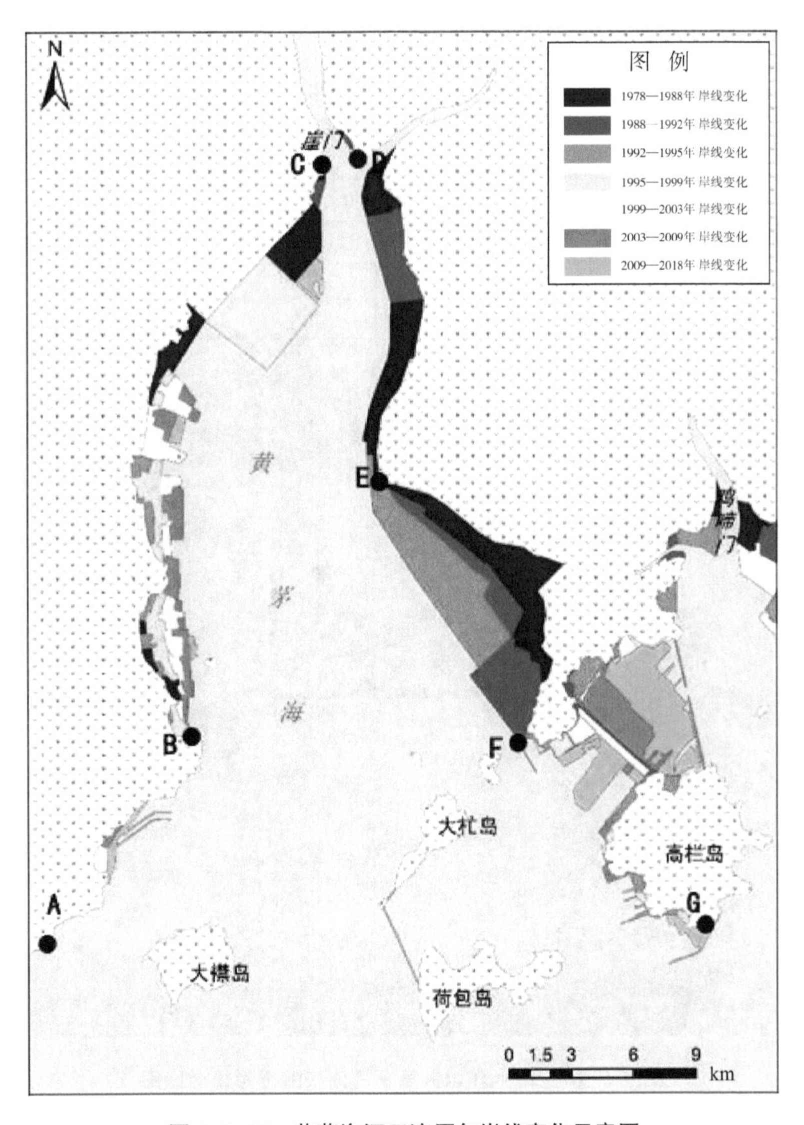

图 4.5－17　黄茅海河口湾历年岸线变化示意图

④黄茅海东岸高栏港区附近岸线

自1990年南水-高栏大堤建成后，珠海市在南水-高栏岛周边水域实施了系列港口、航道、围垦工程建设，1988年至2018年期间，该区共围垦造陆总面积约19.29 km²，是近年来黄茅海东岸岸线开发利用较为活跃的区域。

表4.5-8　1978年以来黄茅海近岸围垦面统计表　　单位：km²

区域＼年代	1978—1988	1988—1992	1992—1995	1995—1999	1999—2003	2003—2009	2009—2018	1978—2018
黄茅海西岸(C—B)围垦	2.95	5.17	2.22	24.43	8.34	4.58	2.27	49.96
黄茅海西岸(B—A)围垦	0.00	0.00	0.00	0.00	0.72	0.00	1.45	2.17
崖门及虎跳门(C—D)围垦	0.00	0.00	0.44	0.00	0.05	0.00	0.00	0.49
黄茅海东岸(D—E)围垦	10.76	6.00	0.00	0.00	0.00	0.00	0.00	16.76
黄茅海东岸(E—F)围垦	16.91	13.64	18.81	0.00	0.00	4.14	0.00	53.50
高栏港(F—G)围垦填海面积	0.00	0.82	0.48	1.45	2.55	6.98	7.01	19.29

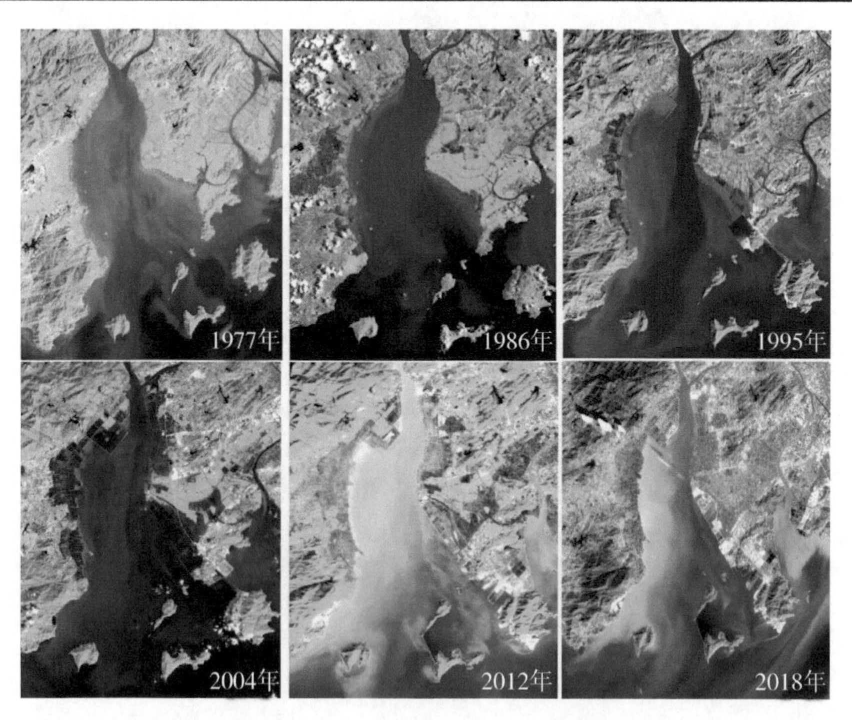

图4.5-18　1978年以来黄茅海河口遥感影像对比图

（2）滩槽冲淤

本次研究收集到了黄茅海水域1977年、1989年、2003年、2010年左右、2019年共计5个年代的地形数据，其中2019年只有工程区附近数据。分别建立各年代数字高程模型(DEM)，以此分析黄茅海水域冲淤演变特征。

图4.5-19为黄茅海水域1977—2010年等深线平面变化图，图4.5-20为黄茅海水域1977—2010年冲淤速率平面分布图。总体来看，黄茅海1989年前以淤积为主，1989—2003年滩淤槽冲，2003年后以冲刷为主。

黄茅海河床冲淤演变主要呈现如下特征。

①崖门深槽向南发展，深槽宽度有所增加。1977年至1989年，深槽在横向上变化不大，纵向上有所淤积，淤积部位主要集中在深槽上段，年淤积速率在0.05～0.1 m/a之间。1989年以后，由于西岸的大面积围垦，深槽过水断面缩窄，径流动力加强，槽道出现冲刷；1989—2003年，深槽以冲刷为主，加深幅度在0.05～0.1 m/a之间，局部达0.3 m/a；2003—2010年，受崖门出海航道开挖整治影响，崖门深槽自北向南与东槽5 m深槽上下贯通，7 m深槽与东槽呈贯通之势，东槽东侧出现新的5 m深槽，可能与本区域涨潮动力增加有关，如图4.5-20所示。从总体上看，1977年至2011年，崖门深槽向南发展，深槽宽度有所增加。

②东槽由淤转冲，且与崖门深槽上下贯通，东槽东侧出现新的深槽。1977—1989年东槽5 m等深线位置变化不大，横向上有所萎缩，下段缩窄约500 m；整个东槽以淤积为主，年均淤积速率处于0～0.04 m/a之间(见图4.5-19)。

1989—2010年受珠海深水航道开挖影响，东槽5 m以深槽道与崖门5 m以深槽道上下贯通，7 m深槽向上游延伸，深槽向纵深发展；东槽上段东侧出现新的5 m深槽(东东槽)，主要由本区涨潮流动力增强所致。

③2003年之前拦门沙浅滩向南淤积扩展，近期出现冲刷。1977—1989年，拦门浅滩淤积明显，淤积速率呈自西向东递减，西侧淤积厚度在0.5～1 m之间，局部在1 m以上，平均淤积速率约0.06 m/a；东侧淤积厚度在0～0.5 m之间，平均淤积速率约0.002 m/a，5 m等深线平均向海推进约1.1 km。1989—2003年，拦门沙浅滩仍以淤积为主，淤积区域主要集中在黄茅岛附近水域以及中口5 m等深线北侧，淤积厚度在0.25～0.5 m之间，淤积速率在0.02～0.04 m/a之间，5 m等深线平均向海推进约1.6 km。2003年

后,拦门沙浅滩出现局部冲刷,且冲刷幅度较强,部分区域冲刷速率在0.05 m/a以上,5 m等深线平均向陆退缩约0.2 km。

④东滩3 m等深线位置变化不大。受人类围垦工程影响,原黄茅海东部浅滩现已基本成为围垦区域,最明显的变化是原大海环浅滩变为平直边滩,3 m以浅浅滩范围大幅减小,如图4.5-19(a)所示。

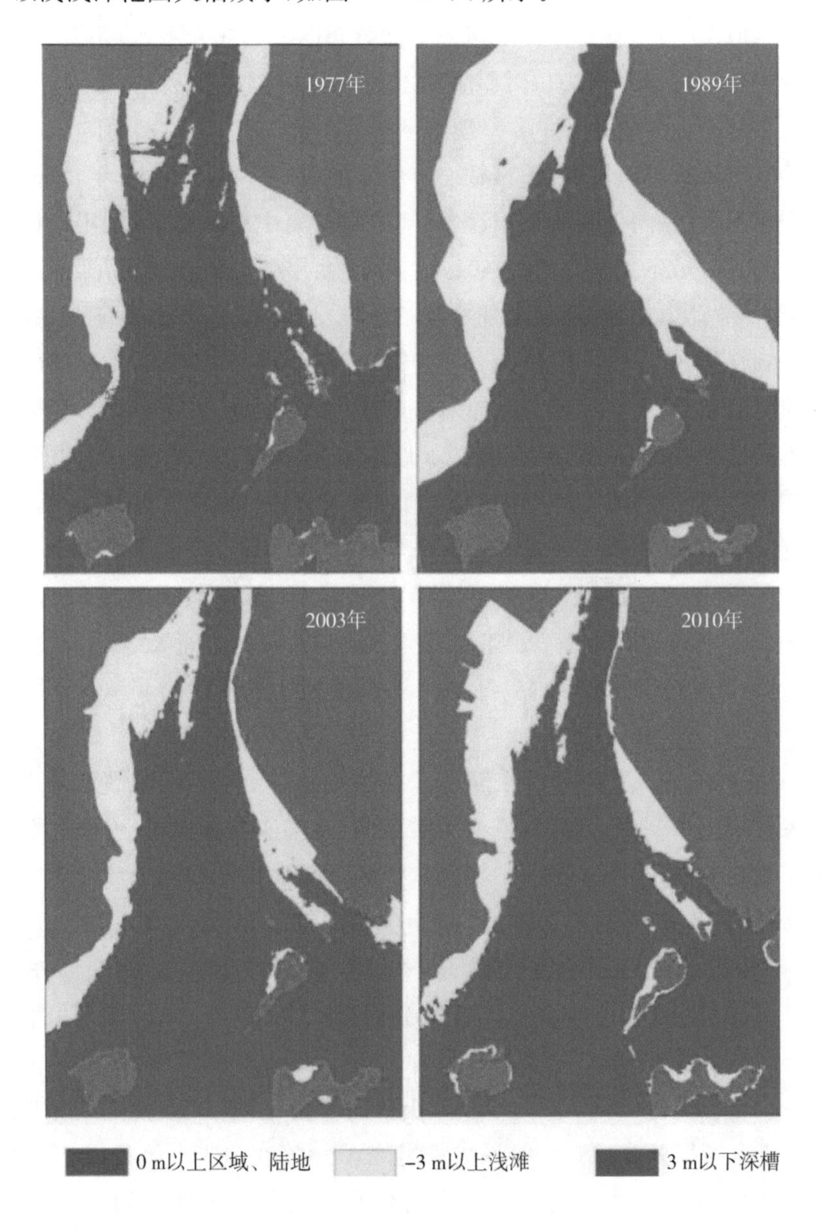

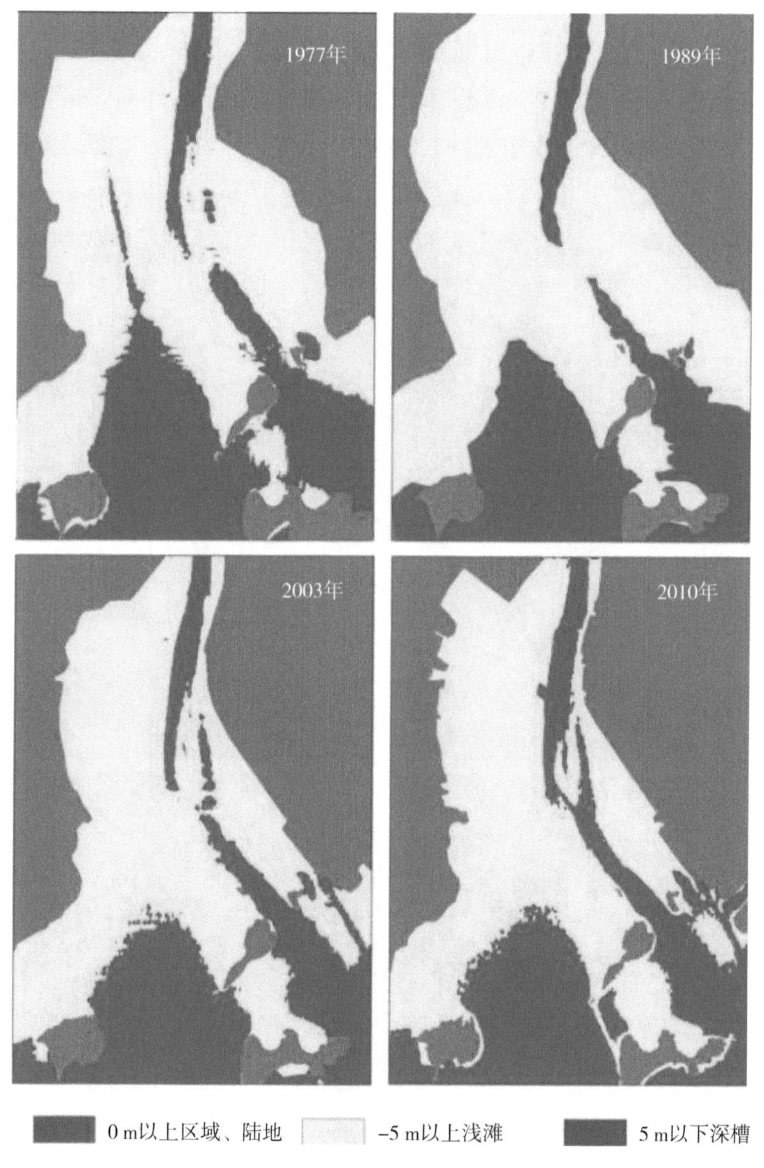

图 4.5-19(a)　1977—2003 年黄茅海等深线对比图

⑤西滩向东南发展趋势变缓，局部滩面 3 m 等深线向岸退缩。1977—2003 年，西滩以淤积为主，浅滩呈明显向东南发展趋势，3 m 等深线向海推进约 1.2 km。其中，以 1977—1989 年西滩向东南发展最快，年平均淤积速率约 0.06 m/a。1989—2003 年，西滩趋向稳定，3 m 等深线略向东南向扩展；整个滩

面以微淤为主，局部微冲，主要淤积区域集中在黄茅岛附近水域，年均淤积速率在 0.025～0.3 m/a 之间；滩面中部微冲，冲刷速率在 0.025～0.1 m/a 之间。

2003—2010 年，西滩 3 m 以浅滩面出现减少，表现在局部 3 m 等深线向岸后退，整体滩面以微冲为主，冲刷速率在 0.025 m/a 左右。西滩上部出现一淤积带，淤积强度大于 0.025 m/a[见图 4.5-19(b)]。

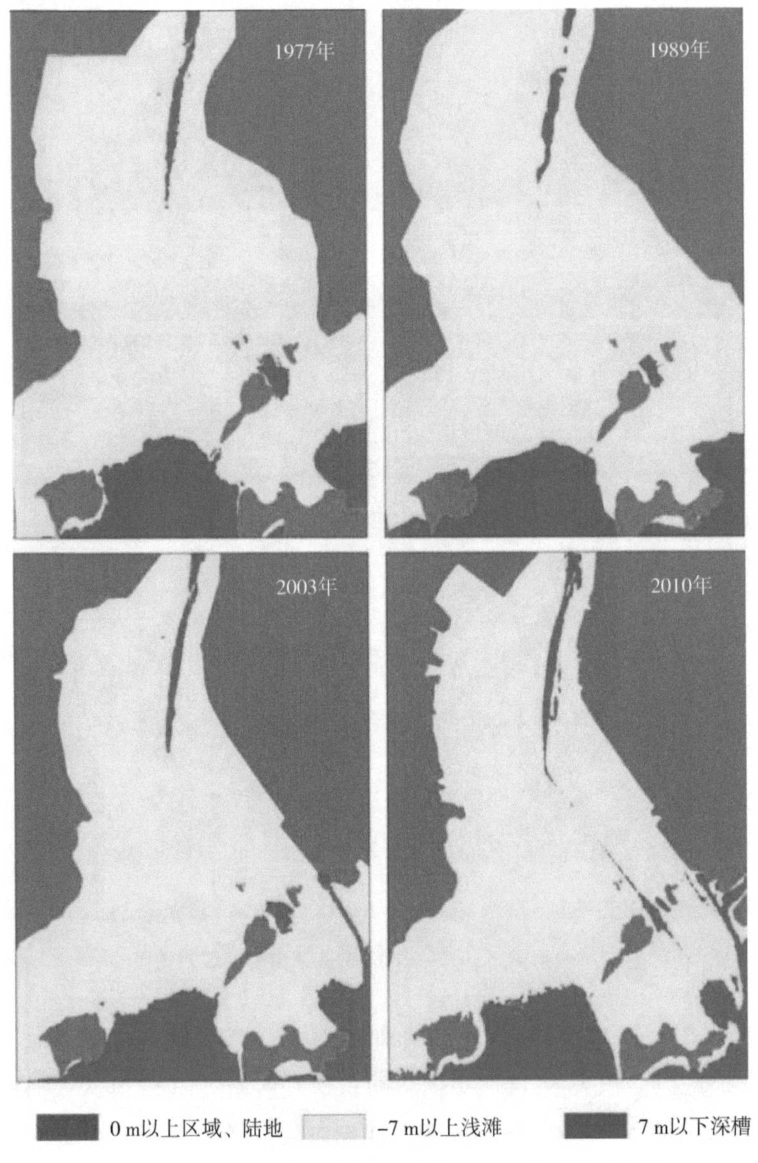

图 4.5-19(b) 1977—2003 年黄茅海 7 m 等深线对比图

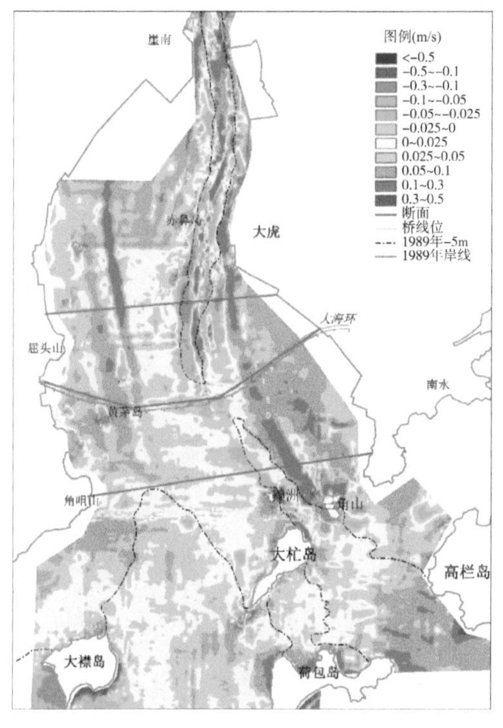
图例(m/s)
<-0.5
-0.5~-0.1
-0.3~-0.1
-0.1~-0.05
-0.05~-0.025
-0.025~0
0~0.025
0.025~0.05
0.05~0.1
0.1~0.3
0.3~0.5
断面
桥线位
1989年-5m
1989年岸线
大虎
南水
大杧岛
高栏岛
大襟岛
荷包岛

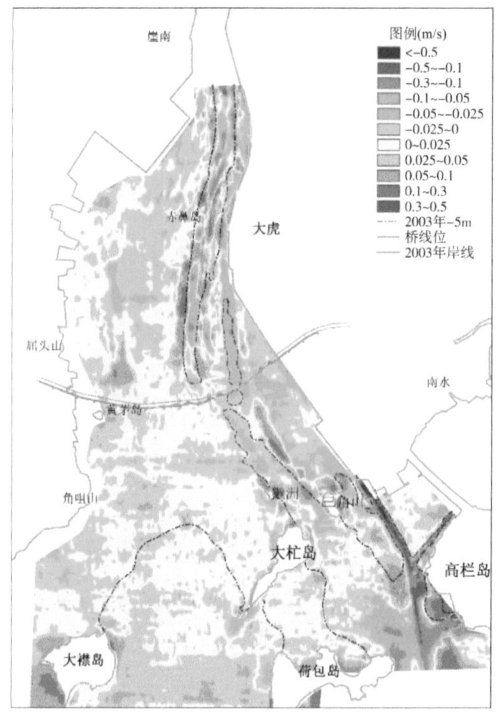
图例(m/s)
<-0.5
-0.5~-0.1
-0.3~-0.1
-0.1~-0.05
-0.05~-0.025
-0.025~0
0~0.025
0.025~0.05
0.05~0.1
0.1~0.3
0.3~0.5
2003年-5m
桥线位
2003年岸线
大虎
南水
大杧岛
高栏岛
大襟岛
荷包岛

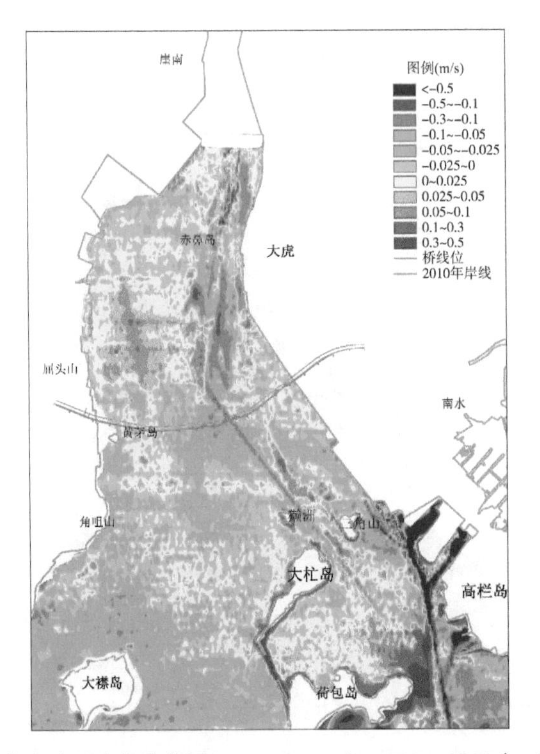

图 4.5-20　黄茅海冲淤速率分布图(1977—1989 年;1989—2003 年;2003—2010 年)

5

珠江河口发育演变趋势

影响珠江河口滩槽发育演变的自然因素主要包括地质构造、地形（岛屿）、潮流、径流输水输沙、科氏力效应、咸潮上溯等，主导因素是潮波、径流及其来沙。人类活动的干预因素有滩涂大面积围垦、河网联围筑闸、航道整治及河道采砂造成的河网水沙分配变化、港口开发与航道疏浚、口门治导、桥梁建设，等等。人类活动不仅能直接改变水下地形，还可以通过改变动力条件而间接长久地影响水下地形冲淤积演变，这已经成为影响珠江河口地形地貌演变的重要因素。本章在综合分析河口水动力特性变化的基础上，对珠江河口总体发育趋势进行研判。

5.1 水动力变化趋势

应用数值模拟技术，进行已建工程实施前后水动力变化模拟分析，近期工程及规划治理工程在第 2 章中已有介绍。规划工程建设后累积效应，主要从潮位、潮量及流速等几个方面进行分析。

(1) 潮位特征变化分析

虎门、崖门等潮汐优势型河口潮位变化趋势为高潮位降低，低潮位抬高，潮差减小。

磨刀门、蕉门、洪奇门、横门、鸡啼门、虎跳门等河流优势型河口，其潮位变化趋势为高、低潮位抬高，低潮位抬高幅度大于高潮位抬高幅度，潮差减小。

珠江河口主要涉水建设项目可以分为跨河布置的桥梁工程和临河布置的码头及围垦工程两大类。从各类型工程对潮位的影响特征来看，桥梁密度较大的河口水域，桥梁对河道壅水有较明显的叠加作用；码头及围垦工程基本沿岸布置，未阻碍主要的行洪通道，总体上来看，对潮位变化影响相对较小，其工程影响主要体现在对近岸流态的改变。

八大口门潮位变化幅度以蕉门为最大，其次为洪奇门、横门及磨刀门。

洪水条件下，已建工程影响下南沙、冯马庙和横门口门站的高高潮位分别抬高了 3.5 cm、2.7 cm、1.3 cm；低低潮位分别抬高 4.5 cm、3.2 cm、2.0 cm；磨刀门灯笼山站高、低潮位分别抬高 0.4 cm、3.8 cm。

已建及规划建设项目实施后，洪水条件下，南沙、冯马庙和横门口门站的高高潮位分别抬高 7.7 cm、4.7 cm、3.6 cm，低低潮位值分别抬高 14.7 cm、8.8 cm、8.1 cm；磨刀门灯笼山站高、低潮位分别抬高 2.4 cm、11.5 cm。

由图 5.1-1 至图 5.1-4 的统计结果分析可知，各口门区域不同工程类型引起的潮位变化特征为：虎门、蕉门、洪奇门、横门、磨刀门、鸡啼门及伶仃洋水域，桥梁工程对潮位变化作用所占比重大于码头及围垦工程所占比重；虎跳门及崖门水道因围垦、码头工程规模及数量明显大于桥梁工程，因而码头及围垦工程对潮位变化作用所占比重更大。

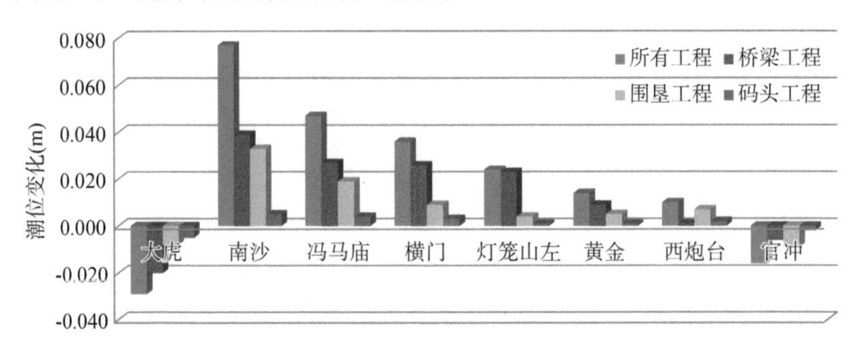

图 5.1-1　已建及规划工程影响下高高潮位变化统计（“98・6”洪水，八大口门）

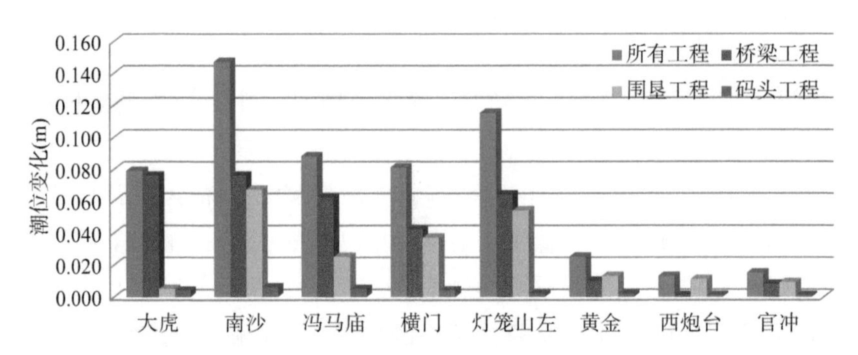

图 5.1-2　已建及规划工程影响下低低潮位变化统计（“98・6”洪水，八大口门）

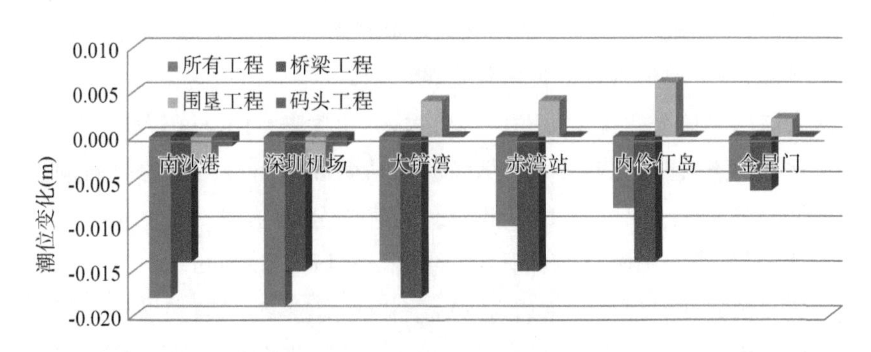

图 5.1-3　已建及规划工程影响下高高潮位变化统计（“98・6”洪水，内伶仃洋）

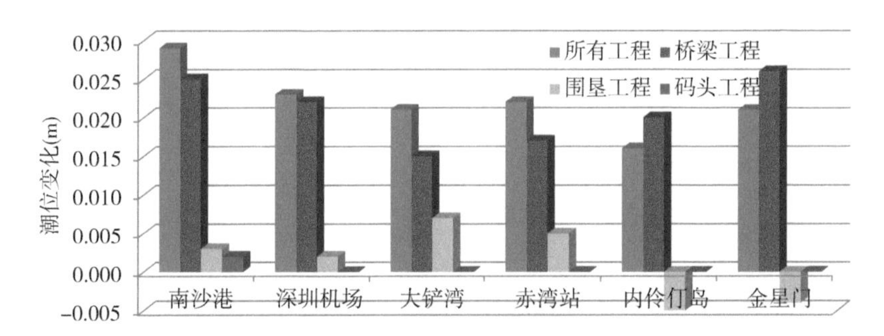

图 5.1-4 已建及规划工程影响下低低潮位变化统计（“98·6”洪水，内伶仃洋）

(2) 潮量变化分析

珠江流域洪水经八大口门向外海宣泄，各口门位置因河口湾形态、口门间互动、工程方案布置特征等因素的综合影响，口门泄洪量受工程建设影响的变化规律有所差异。

已建工程实施后各口门潮量的变化趋势与已建及规划工程实施后的变化趋势基本相同（图 5.1-5 至图 5.1-6），即各口门泄洪量变化规律有所差异、总体纳潮量减少、涨潮量相对变化率基本上大于落潮量。

已建及规划工程实施后潮量变化幅度略大于已建工程实施后。伶仃洋—虎门—狮子洋潮汐通道潮量减小幅度较大，自延伸区至口门区潮量减小3%～5%，黄茅海湾口断面潮量变化不大，黄茅海湾口断面潮量减少0.3%～0.6%。

(3) 流速、流态变化分析

已建及规划方案工程实施后，各口门区水域主槽水流依然平顺。口门外海区涨落潮流速主要呈减弱的趋势。伶仃洋水域东西两侧，由于码头及围垦

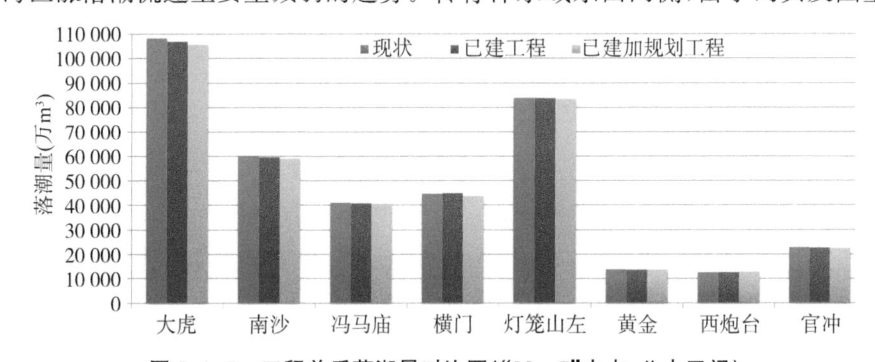

图 5.1-5 工程前后落潮量对比图（“99·7”中水，八大口门）

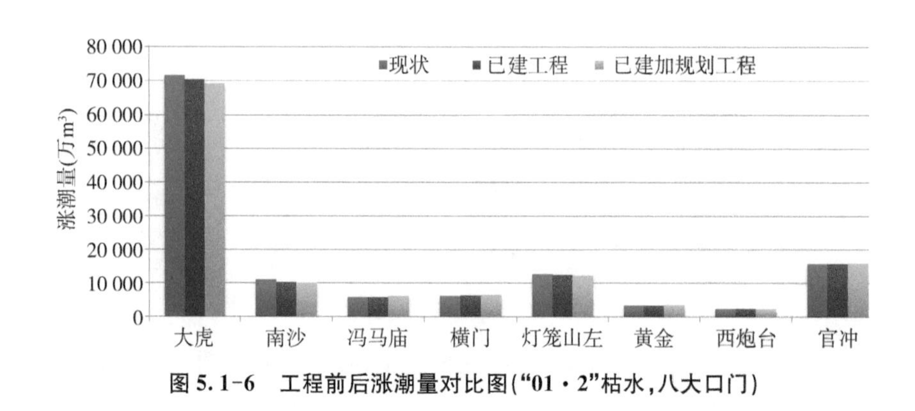

图 5.1-6　工程前后涨潮量对比图("01·2"枯水,八大口门)

工程的布置,浅滩向外发展,上溯与下泄的潮流流向在沿岸有向东、向西偏移的趋势。伶仃洋水域流速变化较大的区域主要分布在规划的跨江大桥沿线。

5.2　总体河势

综合计算分析结果,珠江河口建设项目对防洪影响的程度及规律,与各口门水文情势、水动力特性、工程布局与密度等因素息息相关。不同的口门及水域,对工程建设所引起的潮位、潮量等水动力条件的变化,呈现出不同的敏感性。

(1) 珠江河口开发总体可控,局部地区壅高明显。通过对比涉水工程引起的各口门站点高潮位的抬高幅度与各频率设计洪水位差值,涉水工程建设所引起的水位壅高基本不会导致水位从一种洪水频率变为更高一阶的洪水频率。因此,总体而言已建涉水工程的建设对珠江河口防洪的影响基本是可控的。但同时应关注到,在规划大型涉水工程建设后,蕉门、洪奇门、横门等水域高高潮位抬高幅度较大,下阶段需加强管理,对规划方案进一步优化,同时采取相应的补救措施,以最大限度降低涉水工程群建设对河口行洪的影响。

(2) 总体河势稳定,部分河段需严控工程开发建设。近年来,在珠江河口实施的系列涉水建设工程,大部分是在经过科学评估、系统论证后修建的,总体上对珠江河口整体河势影响不大。对于部分工程密度较高的水域,如伶仃洋—虎门—狮子洋潮汐通道,其码头岸线占用率、围垦面积都在各口门中居于首位,港珠澳大桥、深中通道等大型跨江桥梁也主要位于该区域,工程的开发占用了较多的过水面积，势必增大其水流阻力，可能会对河势产生一定的影响，应加强监测。另外工程建设密度较大的横门南支流、凫洲水道、小虎西水道等，河势变化也相对较大，对于以上河段需严格控制开发建设速度及密度。

（3）不同工程类型对水动力影响程度存在差异。比较跨河的桥梁工程、临河布置的码头围垦工程对水动力影响可知，在桥梁密度较大的虎门、蕉门及伶仃洋等水域，桥梁对河道壅水有较明显的叠加作用，大型跨河桥梁工程对潮位变化影响明显；围垦工程及码头基本沿岸布置，其工程影响更多体现在对近岸流态及河势的改变。

5.3 伶仃洋滩槽演变趋势

5.3.1 水沙来源

伶仃洋上游承接北江、东江、流溪河及西江部分来水来沙，通过东四口门汇入河口湾内，西江、北江、东江分别占珠江水量的78.2%、12.8%和8.5%，流溪河仅占0.5%。虎门主要为东江、流溪河和珠江正干出口，部分经流为北江水；蕉门和洪奇门的径流主要为北江干流水，部分为西江水；横门为西江东出海口。

由于上游水土流失，伶仃洋上游的来沙量显著减小。以西江、北江为例，据统计，西江上游马口站20世纪60年代至90年代的多年平均输沙量为7 477万t，21世纪以来减少至2 387万t，减幅为68.1%；北江上游三水站20世纪60年代至90年代的多年平均输沙量为961万t，21世纪以来减少至585万t，减幅为39.1%，这表明进入2000年后伶仃洋上游来沙量减少将近一半。

根据历史矿物学沉积来源分析显示，西滩、西槽泥沙主要来源为西江和北江；中滩来源为西江、北江，也受东江和流溪河泥沙的双重影响；东滩则主要是涨潮带来的细颗粒泥沙淤积而成。上游来沙的减少主要为西江来沙减少，同时下游输沙增多。

5.3.2 泥沙输移

20世纪90年代，伶仃洋水域围垦工程的开展，使伶仃洋逐渐形成大喇叭形河口形态，水流更加顺畅，川鼻水道缩窄，水流集中，挟沙能力增强，川鼻水道和西槽冲刷变强。同时万顷沙和鸡抱沙区域的围垦，加强了虎门潮汐通道的落潮动力，却削弱了其涨潮动力，使动力中心向下游移动。上述原因使得从内伶仃洋向外输出的泥沙增多，不利于海域来沙的向内输移，减少了内伶仃洋的淤积，这也是2000年后西滩由淤转冲的原因之一。东槽主要受潮流作用，径流作用较弱，下游的暗士顿水道是主要的涨潮流通道，具有冲刷的特性；北段是下泄径流和涨潮流的交汇区，容易淤积，但由于2000年后东槽北段开展了大规模挖沙活动，因此东槽北段表现出大幅度冲刷。此外，广州出海航道的整治也加强了西槽的动力和冲刷强度。

2010年后，伶仃洋东槽北段采砂坑回淤显著，与此同时在中滩形成新的巨型采砂深坑，并与西槽深槽几乎连成一片，使伶仃洋中滩的地形地貌发生重大异变，引起滩槽动力调整，伶仃洋的演变出现由自然控制向人为因素主导的演化过程，采砂活动成为海底侵蚀变化的主要因素。由于采砂区水深较大，阻力较小，两侧浅滩的潮流流向出现向采砂区偏转、水流归槽现象，采砂坑与其所处的横断面流速均有所减小，流态紊乱，不利于径流携带泥沙下泄。在伶仃洋西滩，由于入海泥沙持续减少，致使含沙量进一步降低，口门下泄水流挟沙力增强，西部口门外的浅滩出现高滩冲低滩淤，西滩向东南扩展的趋势。受入海泥沙减少及采砂坑储沙效应影响，排入外海泥沙相应减少，外伶仃大范围冲刷，外伶仃涨潮流沿西槽集中上溯。

5.3.3 滩槽演变

按照目前的冲淤规律，中滩采砂坑的存在使得西槽下段下泄动力减弱，西滩继续向东南部扩展，水沙越过西槽在伶仃航道及矾石浅滩采砂坑内回淤，不利于航槽的潮流稳定，同时航槽回淤速度加快。上游来沙在采砂坑沉积，在一定时间对内外伶仃洋冲淤都产生影响，比较不利的情况是，短期内外伶仃将继续冲刷，潮流集中上溯，金星门涨潮沟趋于萎缩消失。

伶仃洋上窄下宽的喇叭状平面形态，使得上段（内伶仃洋）水流集中，挟沙力增强，同时考虑近期上游来沙量锐减、河口潮汐动力增强等因素，伶仃洋尤其内伶仃洋淤积趋缓，局部滩面出现冲刷。分地貌单元来看，随着西侧三个径流型河口向海延伸，伶仃洋西滩径潮交汇区向下游移动，淤积中心随之下移，西滩中上部（内伶仃部分）淤积整体减缓，冲刷区集中在高滩部分，低滩部分仍将保持淤积。西滩南部淤积将有所增加，金星门涨潮沟将保持萎缩状态。中滩挖沙导致东、西槽在中滩中部基本贯通，西槽下泄径流在东、西槽贯道段北端向东分散，流态紊乱，不利于径流携带泥沙下泄，西三口门泥沙向东扩散范围增加，西槽不稳定因素增加。由于中滩挖深，更多西三口门下泄泥沙越过西槽在中滩沉积，因此中滩尤其采砂深坑淤积强度会有所增加。东槽主要受潮流作用为主，由于潮流动力的增强，再加上航道疏浚等人为因素，今后将保持稳定。

5.4 磨刀门滩槽演变的趋势分析

5.4.1 水沙来源

磨刀门作为西江最重要的出海口，是珠江河口主要的水沙通道，悬沙中值粒径 0.017 mm，其中 80%～90%是黏土和粉砂。近几十年来，由于人类活动影响显著以及上游来水来沙的变化和海洋动力的作用，口外拦门沙表现出了不同的演变特点。以磨刀门口外拦门沙的七个统计区域不同年代冲淤量变化情况表征河口区冲淤变化状态，以相应时间段内马口站年均输沙量代表上游来沙情况，分析磨刀门河口冲淤量与上游来沙量之间的相互响应关系。

河口区不同时间段内冲淤量及相应时间段内来沙量统计如表 5.4-1 所示，冲淤量变化与累积输沙量随时间的变化趋势如图 5.4-1 所示。河口区冲淤量与上游来沙量存在着显著的相关性，相关系数为 0.75。1977—1994 年，年均输沙量在 8 004 万 t，此时河口区呈现淤积状态；1994—2000 年，输沙量显著减少，减幅达 42.3%，河口区随之由淤转冲，年均冲刷量在 27 万 t；2000—2005 年，输沙量进一步减少，减幅 61.5%，冲刷量增加近 9 倍，体现出河床冲淤随输沙量减少逐渐调整的过程。2005 年后，尤其是 2011 年前后，磨刀门发生大规模采砂活动，导致中心拦门沙下切 3 m，人为活动对短期的地形演变产生较大冲击，目前拦门沙主体依然存在，受上游来沙减少影响，拦门沙浅滩恢复时间将难以估量。

表 5.4-1　1977—2019 年年均来水来沙及冲淤特征统计表

时期	输沙量（万 t）	径流量（m^3/s）	含沙量（kg/m^3）	来沙系数（kg/s）	冲淤量（万 t）
1977—1994 年	8 004	7 255	0.37	5.04E-05	94
1994—2000 年	4 620	7 309	0.23	3.15E-05	−27
2000—2005 年	3 080	6 531	0.14	2.17E-05	−276
2005—2011 年	1 827	6 134	0.09	1.45E-05	−306
2011—2019 年	2 322	7 489	0.10	1.30E-05	−115

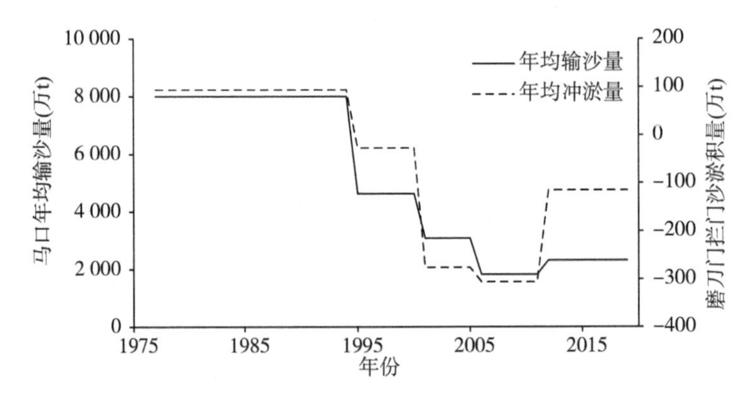

图 5.4-1　磨刀门统计区冲淤变化与累积输沙量响应关系

5.4.2　泥沙输移

磨刀门河口直面南海，波浪对口门塑造作用强烈。河口外径流作用和波浪作用相互错开，洪季径流作用占主导，枯季波浪作用占优。

20 世纪 90 年代至 21 世纪初，磨刀门入海深槽始终呈分汊状态，如 1994 年经石栏洲东侧延伸的分汊被封堵后，在石栏洲西侧又形成了新的二级分汊，这是河流对边界条件及上游径流的变化而产生的一种自我调整。口门外深槽主汊偏南，支汊偏东，磨刀门河口在汛期为河流优势型，当洪潮遭遇时，特别是暴潮增水后，决口与分汊自我调整比降，成为使洪水快速下泄的最快、最好的办法。因此，在洪水尤其是大洪水时，东、西汊均不断向海延伸、拓宽。枯季时，东汊走向与 SE 向浪几乎垂直，东侧拦门沙由于波浪辐聚受到冲刷，再悬浮泥沙迁移较远，在东汊落淤形成沙嘴，阻碍了东汊的发育；西汊与 SE 向浪有一定交角，同时受到中心拦门沙的屏蔽作用，波浪对西汊的改造作用相对较小，这是西汊平稳向海延伸，而东汊发育具有明显季节性特征的主要原因。同时在SE向浪压迫作用下，东、西汊走向按顺时针方向向西南发生偏转，1994—2011年西汊向西偏转约16°。

口外拦门沙区，在大洪水时表现为内坡冲刷，外坡淤积，拦门沙整体向海推进。枯季波浪对口门的修饰作用很明显，波浪冲刷拦门沙斜坡，使之侵蚀后退，岸坡侵蚀产生的泥沙由越冲浪横向向陆、向上搬运，使滩顶加高。在没有大洪水的情况下，拦门沙表现为外坡前缘东侧侵蚀，西侧和滩顶堆积。在SE向浪和西南沿岸流的共同作用下，中心拦门沙的走向亦被改造成NE—SW向。

随着西汊的不断向西南偏移，口外沉积中心随之向西转移，西侧交杯四沙成为河流泥沙和海域来沙的主要沉积区，在SE向浪的作用下泥沙发生越冲沉积作用，使得交杯四沙不断发育壮大并向岸靠拢。

东部拦门沙斜坡的继续侵蚀后退，将使东支汊入海区成为最薄弱的地段，下一次（或几次）大洪水来临时，东汊会得到发展，沉积中心亦可能向偏东方向转移，在波浪作用下，又发生东汊道西移及其拦门沙浅滩泥沙向西转运的现象。这样冲决（东汊道），转移；再冲决，再转移；如此反复进行。这是磨刀门河口在径流、波浪交互作用下的基本特征。

5.4.3　滩槽演变

目前拦门沙受采砂影响趋近消失，虽然拦门沙主体依然存在，但口外深槽原一主一支的分汊格局被改变，东汊萎缩消失，深槽有向西发展之势。

中心拦门沙区在大水年的时候，将整体向外推移，在枯季及小水年时表现为内、外坡冲刷，滩顶淤高，拦门沙形态逐渐扩展延伸。在SE向浪和西南沿岸流的作用下，中心拦门沙体将不断向SW向发育，走向呈NE—SW向。随着拦门沙的发育，口外主支汊格局相应形成，东西汊将再次发展。采砂活动导致中心拦门沙下切显著，今后将是泥沙淤积的主要区域，中心拦门沙位置取决于大洪水发生频率，在大洪水作用下将整体向海移动。随着中心拦门沙区域的不断淤积，今后磨刀门口外仍可能恢复一主一支的格局。

5.5 黄茅海滩槽演变的趋势分析

5.5.1 水沙来源

黄茅海上游的径流主要来自西江虎跳门及潭江崖门分流。近年来在强烈人类活动作用下，珠江八大口门的分流比发生了较大变化，由表5.5-1可见，虎跳门和崖门的流量在珠江八大口门中的分配比均有明显的变化，20世纪90年代分配比均显著减小，而进入2010年后又有所恢复。由于上游西江来沙量的不断减少，导致黄茅海的泥沙来源大幅减少，径流的挟沙力相对增强，因此90年代后黄茅海淤积强度减小，拦门沙向南淤积扩展；2000年后分配比有所恢复，但黄茅海整体大幅冲刷，拦门沙区也表现为冲刷。这说明冲淤速率和口门分配比并不相符，黄茅海的冲淤演变不仅受上游来水来沙影响，航道疏浚等人类活动对黄茅海的演变也影响巨大。

表5.5-1 黄茅海冲淤演变及分配比变化

年份	冲淤量（万 m^3）	冲淤厚度（m）	冲淤速率（m/a）	年代	西炮台水量分配比（%）	黄冲水量分配比（%）
1977—1989年	16 313	0.36	0.03	80年代	6.2	6
1989—2003年	2 347	0.05	0.01	90年代	3.9	4.7
2003—2019年	−20 460	−0.45	−0.05	2010—2018	4.9	6.1

5.5.2 泥沙输移

20世纪90年代黄茅海水域围垦工程的开展，使水域过水断面缩窄，水流集中于主槽下泄，同时纳潮量减少，使得落潮流动力增强，所以西滩淤积程度减弱。黄茅海拦门沙的基本成因是其位于上溯流与下泄流控制区域之间的过渡带，为明显的动力较弱的区域，泥沙较易在此处沉积。由于径流动力相对增强，因而黄茅海下泄流控制区扩大，上溯流控制区减小，过渡区下移。东岸岸线围垦后变得更为平顺，从而改善了沿岸的涨落潮流态，水流更加顺畅，大大减轻了东滩和大海环浅滩上多处因回流和缓流造成的淤积，涨潮流动力的增强使海域带来的泥沙沉积北移。高栏—南水连岛大堤建成后，东槽主要受到东口潮汐射流作用，涨潮流动力强劲，改变了该区域轻度淤积的水动力环境，东槽冲刷增强。

2000年后随着入海泥沙的持续减少，尤其是在崖门出海航道整治后，主槽下泄动力增强，所以整体冲刷显著增强，同时西滩向东南淤展，造成西槽北段出现萎缩。2011年荷包-大杧连岛大堤修建后阻断了大杧岛与荷包岛之间水流西部的过流通道，使得其间的水流无法进行交换，进入两岛之间的泥沙容易沉积，在风浪作用下泥沙被带入大杧-荷包岛东侧。与此同时，东槽东侧的航道开挖，使东槽涨潮流向东扩散，水流分为两股上溯，东槽潮动力相对减弱，有利于泥沙淤积。两方面原因导致大杧-荷包岛间水域浅滩向东扩展，使得该区域成为黄茅海淤积最严重的区域。

5.5.3 滩槽演变

自1970年代以来，黄茅海西滩一直保持淤积趋势。1989年以后，大规模围垦工程的实施，使得两边岸线向外延伸加剧。水域面积减少，导致海湾纳潮量减少，整个海湾的潮流动力有所削弱。而崖南镇附近岸线的延伸，则阻挡了下泄水流往西滩输排，在西滩上形成一个滞流区，在该区内水流动力减弱。这两个因素的影响，是黄茅海西滩泥沙进一步淤积的主要原因。但近期随着上游来沙量减少，银湖湾A区建设后水流更为集中，同时崖门入海航道竣深后动力加大，北部滩面出现明显冲刷，黄茅海西滩的泥沙淤积态势有所停滞，西滩向东南发展态势趋于缓慢。未来在崖门入海航道保持稳定前提下，西滩发展态势很大程度上取决于上游来沙量大小，在来沙量继续减少的情况下，不排除西滩淤积将呈逐渐减少趋势。东岸岸线围垦后变得更为平顺，再加上东航道的浚深，水流更加顺畅，大大减轻了东滩和大海环浅滩上多处因回流和缓流造成的淤积；高栏—南水连岛大堤建成后，东槽和东滩泥沙来源减少，主要受潮流作用为主，涨潮流动力强劲，今后东槽将保持稳定，东滩将处于冲淤平衡或轻微冲刷的状态。

6

珠江河口水安全风险分析

河口水安全风险包括洪水、风暴潮、咸潮等多方面，其致灾主要因素取决于径流、潮流、风暴潮动力及其相互作用，本章采用珠江河口及河网整体二维数学模型，选取洪、中、枯及风暴潮等水文过程，分析珠江河口防洪、防风暴潮及咸潮方面面临的安全风险。

6.1 河口泄洪情势

采用“05・6”典型洪水水文条件，通过珠江河口整体二维水动力数学模型，计算在1999年地形和现状地形条件下，珠江三角洲西江、北江主干河道水面线(以下简称“1999年地形水面线”和“现状地形水面线”)的变化情况，以此分析珠江河口洪水情势的变化。

6.1.1 分流比

“05・6”典型洪水水文条件下，珠江河网及八大口门洪水分流比成果如图6.1-1和表6.1-1所示，横向支汊的净泄量成果如表6.1-2所示。从表中可看出，河网区一级节点马口分流比因西江下切幅度大而呈现增大趋势，三水相应减小；二级节点天河受马口来流增大影响导致分流比加大，南华相应减小；口门区虎门、蕉门、横门和崖门的分流比下降，下降幅度较大的是虎门和蕉门，分别为2.30%、3.11%，上、下横沥以及亭角的来流减少是蕉门分流比下降的主要原因；洪奇门、磨刀门、鸡啼门和虎跳门的分流比增加，增加幅度较大的是洪奇门和磨刀门，分别为2.43%、3.31%，其中磨刀门分流比的增加主要是受西江主干分流比增加的影响。口门来流及主支汊演变的非均匀性导致口门主支汊泄洪分配比也发生了一定变化，其中横门出口主支汊分流变化较为明显，横门北汊分流比增加了5.66%，达到了64.43%；横门南汊相应减少为35.57%。蕉门出口主支汊分流较为稳定，凫洲水道分流约占70%，蕉门延伸段分流约占30%；磨刀门出口主支汊分流比变化幅度为1.74%，现状地形条件下，交杯沙水道分流比为87.71%，洪湾水道分流比为12.29%。

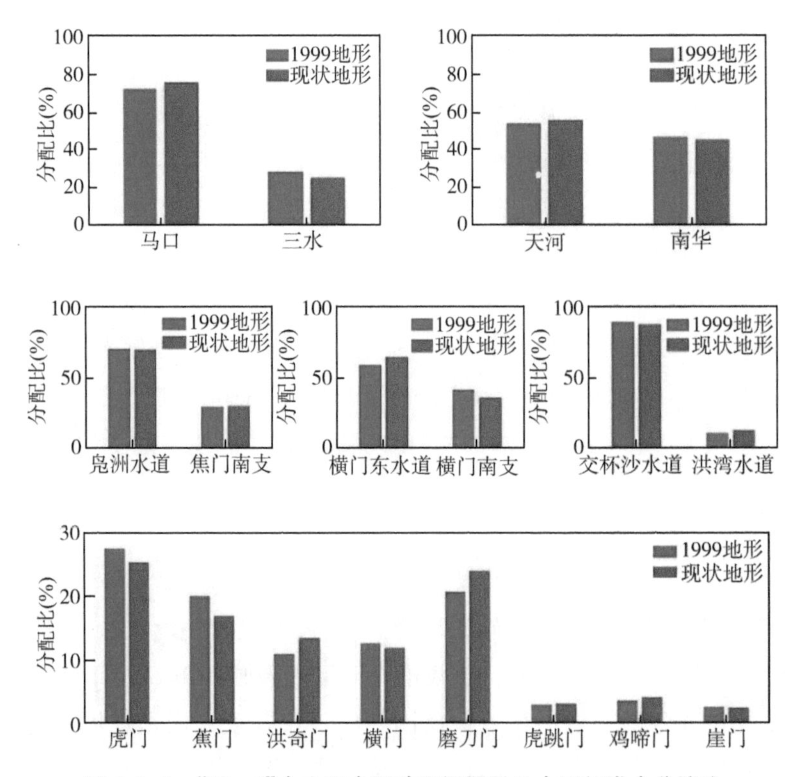

图 6.1-1 "05·6"水文组合下珠江河网及八大口门洪水分流比

表 6.1-1 "05·6"水文组合下珠江河网及八大口门洪水分流比变化 单位:%

区域	断面	1999 地形	现状地形	变化
八大口门	虎门	27.51	25.21	−2.30
	蕉门	19.92	16.81	−3.11
	洪奇门	10.82	13.25	2.43
	横门	12.52	11.80	−0.72
	磨刀门	20.59	23.90	3.31
	鸡啼门	2.84	2.88	0.04
	虎跳门	3.39	3.89	0.50
	崖门	2.41	2.26	−0.15
一级	马口	72.11	75.38	3.27
	三水	27.89	24.62	−3.27

续表

区域	断面	1999 地形	现状地形	变化
二级	天河	53.57	55.16	1.59
	南华	46.43	44.84	−1.59
蕉门	凫洲水道	70.38	69.91	−0.47
	蕉门延伸段	29.62	30.09	0.47
横门	横门北汊	58.77	64.43	5.66
	横门南汊	41.23	35.57	−5.66
磨刀门	交杯沙水道	89.45	87.71	−1.74
	洪湾水道	10.55	12.29	1.74

表 6.1-2 "05·6"水文组合下珠江横向支汊净泄量变化

断面	1999 地形(万 m^3)	现状地形(万 m^3)	变化比(%)
小榄	35 309	33 913	−3.95
容桂水道	52 919	56 329	6.44
海尾	41 347	42 699	3.27
南头	64 247	61 563	−4.18
马鞍	56 442	53 636	−4.97
乌珠	6 955	7 145	2.73
黄沙沥	13 962	12 611	−9.68
上横	41 760	41 635	−0.30
下横	73 183	55 445	−24.24
亭角	37 537	34 064	−9.25

6.1.2 洪水位

近年来珠江三角洲河网区的堤防基本按照广东省水利厅于 2002 年颁布的《西、北江下游及其三角洲网河河道设计洪潮水面线(试行)》进行达标加固。本次分析将"98·6"和"05·6"洪水条件下,"1999 年地形水面线"和"现状地形水面线",与广东省水利厅 2002 年颁布的堤防设计水面线 1%、2%(以下称"颁布 1%水面线"、"颁布 2%水面线")进行比较。据此分析近年水情变化和地形变化对珠江三角洲堤防承受能力的影响。

(1) 西江主干河道

"98・6"和"05・6"典型洪水水文条件下,水面线计算成果如图 6.1-2 和 6.1-3 所示。从图中可看出,"现状地形水面线"与"1999 年地形水面线"相比,西江干流水道与西海水道水面线呈现降低趋势,磨刀门水道水面线呈现上段降低、下段升高的趋势。由于西江干流水道(马口—天河)现状地形较 1999 年地形河床沿程大幅下降,平均下切幅度为 3.30 m,相应马口—天河水面线下降幅度明显,沿程下降 0.49～1.39 m。西海水道现状地形较 1999 年地形河床沿程平均下降 1.63 m,水面线下降幅度缩窄。磨刀门水道上段"现状地形水面线"较"1999 年地形水面线"略有降低,下段水面线以上升为主,灯笼山水位上升 0.15 m。

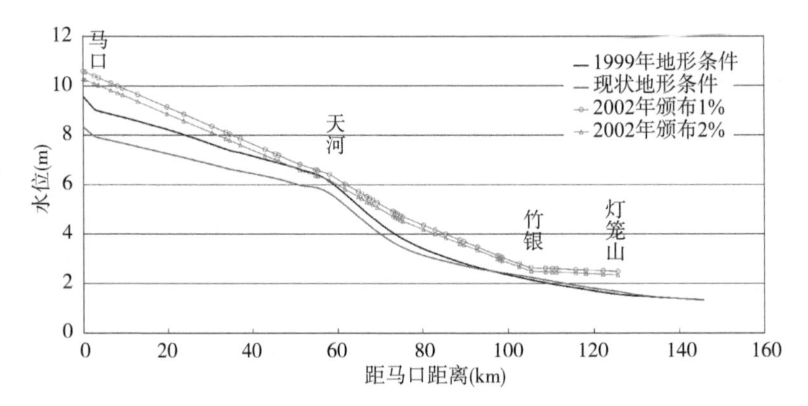

图 6.1-2 "98・6"洪水西江干流水面线和 2002 年颁布水面线比较图

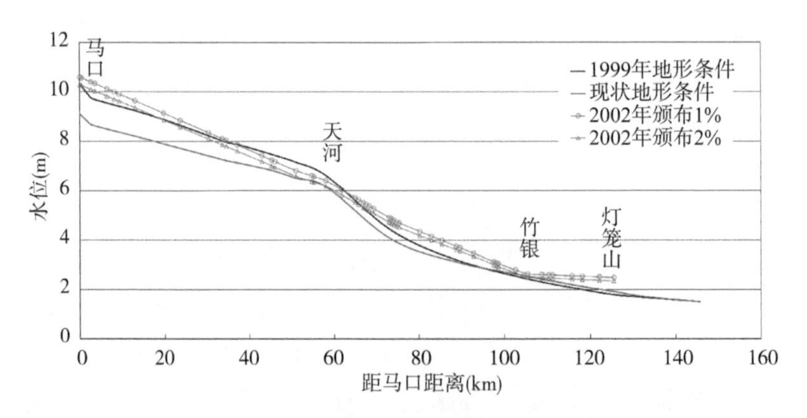

图 6.1-3 "05・6"洪水西江干流水面线和颁布水面线比较图

"98・6"典型洪水水文条件下,与 2002 年颁布的现状水面线相比,西江主干河道“1999 年地形水面线”整体低于“颁布 2%水面线”，天河上段与“颁布 2%水面线”基本持平；而西江主干河道“现状地形水面线”则大幅下降，均低于“颁布 2%水面线”，且上段降幅明显。

“05・6”典型洪水水文条件下，与 2002 年颁布的现状水面线相比，西江干流水道(马口—天河)上段“1999 年地形水面线”低于“颁布 2%水面线”，下段高于“颁布 1%水面线”；西海水道和磨刀门水道“1999 年地形水面线”均低于“颁布 2%水面线”；而西江主干河道“现状地形水面线”则大幅下降，基本低于“颁布 2%水面线”，且上段降幅明显。

“现状地形水面线”与“1999 年地形水面线”相比，西江主干河道水面线呈现上段降低、下段升高的趋势。上段地形下切幅度较大造成洪水位下降，而下段地形下切影响相对较小，且受归槽洪水影响导致水位升高。

(2) 北江主干河道

北江干流水道(三水—三多)现状地形较 1999 年地形河床平均下降 2.28 m，相应三水—三多水面线沿程下降 0.51～1.24 m，最大水面线降幅在三水附近。顺德水道现状地形较 1999 年地形河床平均下降 0.81 m，水面线沿程下降，降幅从上游往下游呈递减趋势。沙湾水道现状地形较 1999 年地形河床平均下降 0.65 m，水面线呈先下降而后不变的趋势。

如图 6.1-4 所示，“98・6”典型洪水水文条件下，与 2002 年颁布的水面线相比，北江干流水道(三水—三多)“1999 年地形水面线”低于“颁布 2%水面线”，顺德水道“1999 年地形水面线”高于“颁布 2%水面线”，沙湾水道“1999 年地形水面线”高于“颁布 1%水面线”，出口段低于“颁布 2%水面线”。北江干流“现状地形水面线”基本低于“颁布 2%水面线”，沙湾水道腹部“现状地形水面线”略高于“颁布 1%水面线”。

如图 6.1-5 所示，“05・6”典型洪水水文条件下，与 2002 年颁布的水面线相比，北江主干河道近三水段“1999 年地形水面线”低于“颁布 2%水面线”，紫洞以下河道“1999 年地形水面线”均高于“颁布 1%水面线”。北江干流水道(三水—三多)“现状地形水面线”低于“颁布 2%水面线”，顺德水道“现状地形水面线”高于“颁布 2%水面线”，沙湾水道“现状地形水面线”高于“颁布 1%水面线”。

“现状地形水面线”与“1999 年地形水面线”相比，北江主干河道水面线呈现降低趋势，但顺德水道及沙湾水道“现状地形水面线”基本高于“颁布 1%水面线”，腹部防洪压力较大。

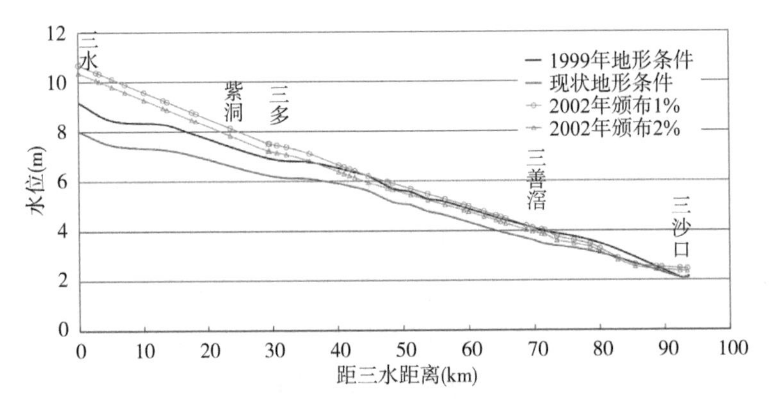

图 6.1-4 “98·6”洪水北江干流水面线和颁布水面线比较图

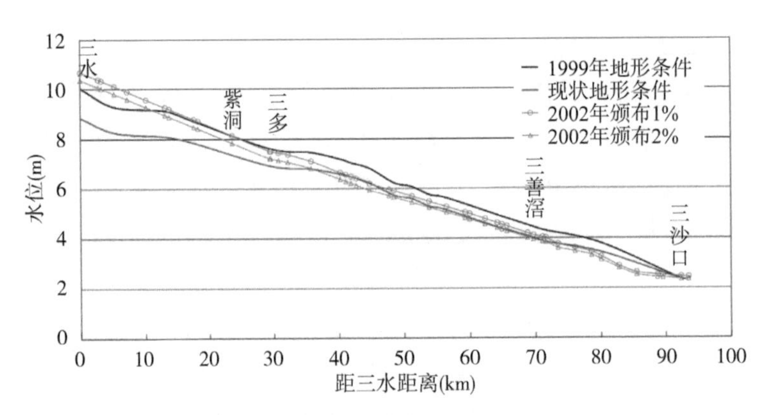

图 6.1-5 “05·6”洪水北江干流水面线和颁布水面线比较图

6.1.3 西北江三角洲腹部水位壅高转移特征

大规模的河床下切引起洪水位普遍降低，但由于沿程下切程度不同、过水断面差异以及节点分流变化等影响，原本在河网区存在的水位壅高问题并未得到有效缓解。其中北江三角洲腹部水位壅高问题依然持续，西江三角洲腹部水位壅高更加显著。

河道的沿程过水断面差异，加上不均衡下切导致关键节点分流变化、河道水流加快，珠江三角洲腹部地区的北江干流下段、顺德水道下段、沙湾水道上段、西海水道中下段等洪水位显著高于上下游河段，称为异常壅高。20 世纪末，当北江干流上段洪水位 10～20 年一遇，口门段 30 年一遇时，霞石—三善滘段接近 50 年一遇，而三多的上段接近 100 年一遇。西江干流上段洪水位 10～20 年一遇，口门段不足 5 年一遇，但北街上下游段达到 50～100 年一遇。

由于河道大规模下切，上游河段水位下降幅度较大，现状西江、北江上部 20 km 以内河段洪水位均不足 5 年一遇，但腹部水位壅高，其中北江霞石—三善滘段洪水位依然维持 30～50 年一遇，西江北街上下游段洪水位在 50～100 年一遇。而珠江三角洲腹部堤围，如南顺第二联围、顺德第一联围、容桂联围、五乡联围等现状防洪标准仅为 20～50 年一遇(表 6.1-3)。

因此，根据设计条件下河网区特征水位调整情况，参照河网区主干河道已有水面线成果，划分了河道壅水风险区并量化其范围及可能存在的具体位置。其中西江河道壅水风险区主要为西海水道中段，北江壅水风险区主要为沙湾水道上段(图 6.1-6 至图 6.1-9)。

表 6.1-3(a)　北江干流洪水形势表

名称	与上游距离(km)	99 年水位(m)	重现期(a)	现状水位(m)	重现期(a)	99 年过水面积(m^2)	现状过水面积(m^2)
三水	0	9.59	10～20	8.38	<5	2 620	3 969
	10	8.71	10～20	7.51	<5	3 457	5 465
	16	8.10	10～20	7.09	<5	3 363	5 125
紫洞	21	7.35	10～20	6.85	5～10	3 949	4 411
	26	7.12	50～100	6.68	20～30	3 080	3 920
三多	29	7.00	20～30	6.55	10～20	2 872	3 736
	38	6.00	20～30	5.81	10～20	2 163	2 456
霞石	64	4.34	50	4.29	30～50	4 303	4 253
三善滘	68	3.98	30～50	3.91	30～50	4 291	4 734
三沙口	77	3.39	30	3.36	20～30	2 951	3 076

表 6.1-3(b)　西江干流洪水形势表

名称	与上游距离(km)	99 年水位(m)	重现期(a)	现状水位(m)	重现期(a)	99 年过水面积(m^2)	现状过水面积(m^2)
马口	0	9.48	10～20	8.44	<5	9 602	16 435
	7	8.98	10～20	7.88	<5	9 787	13 992
	15	8.53	20	7.68	<5	18 043	24 602
	24	7.89	10～20	7.20	5～10	9 758	18 566

续表

名称	与上游距离(km)	99 年水位(m)	重现期(a)	现状水位(m)	重现期(a)	99 年过水面积(m^2)	现状过水面积(m^2)
甘竹	48	6.33	20～30	6.11	10～20	15 933	19 231
天河	55	5.95	20～30	5.85	20～30	8 164	20 586
北街	69	4.97	50～100	5.00	50～100	2 650	3 883
大敖	87	3.48	20～30	3.53	30～50	4 115	4 954
竹银	104	2.32	20	2.42	30	6 028	7 391
灯笼山	124	1.73	＜5	1.78	＜5	10 362	11933

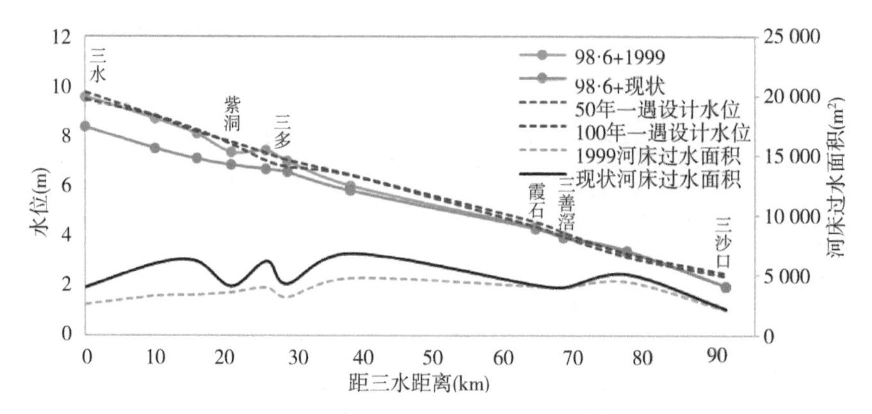

图 6.1-6　北江干流河床过水面积(珠基 0 m)及洪水位沿程变化图

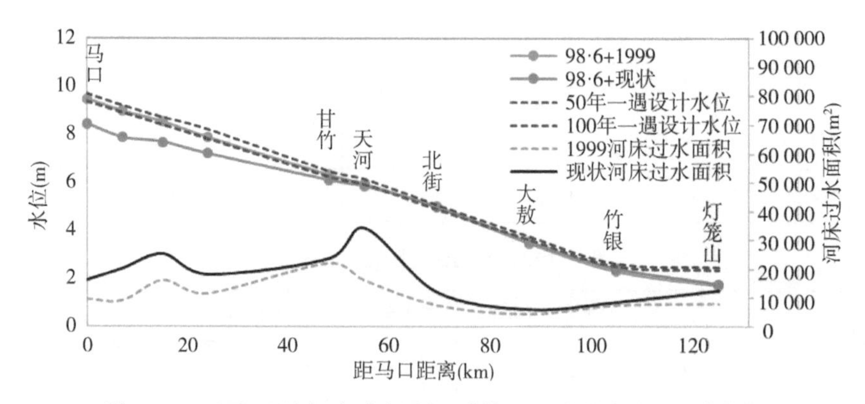

图 6.1-7　西江干流河床过水面积(珠基 0 m)及洪水位沿程变化图

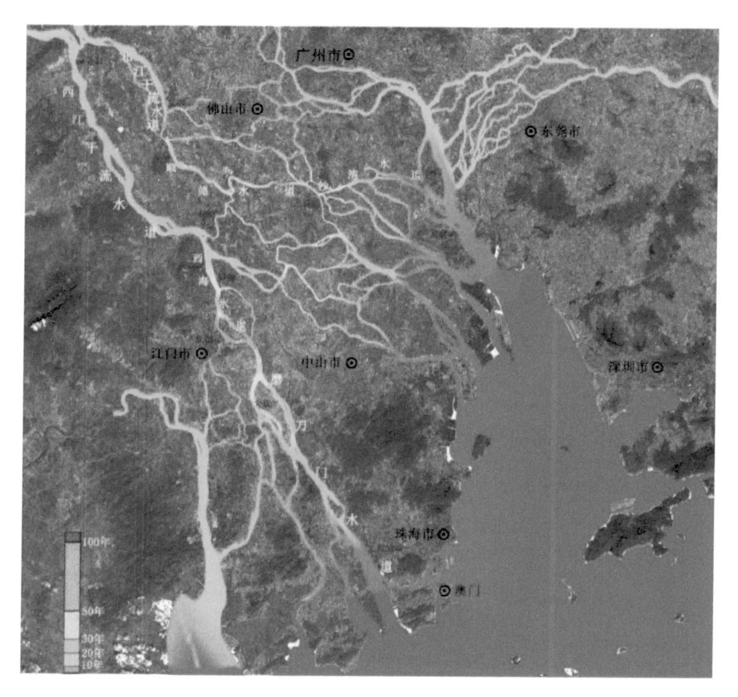

图 6.1-8　1999 年区域洪水重现期云图

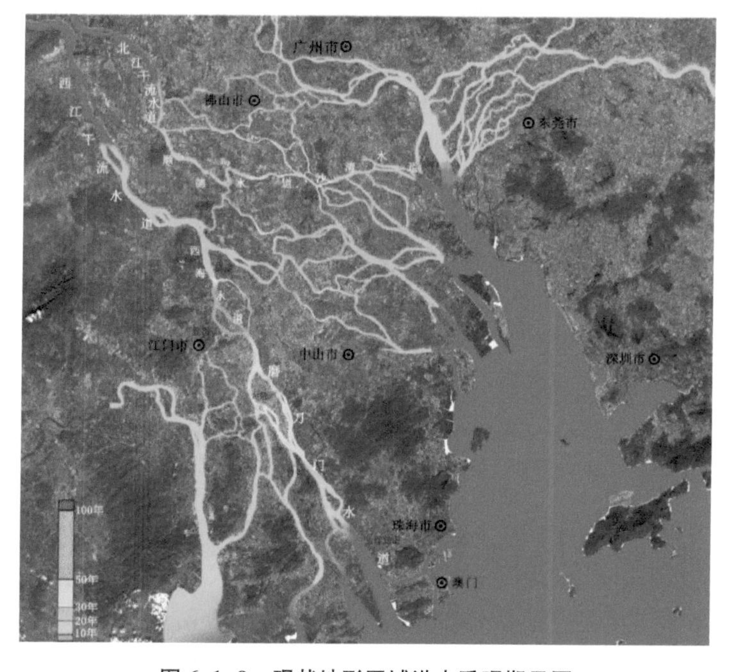

图 6.1-9　现状地形区域洪水重现期云图

6.1.4 西北江三角洲主要河段水位壅高风险识别

依据2002年《西、北江下游及其三角洲网河河道设计洪潮水面线(试行)》(以下简称"水面线")成果进行分析,珠江三角洲西江、北江下切幅度分别为3.3 m、2.3 m;通过建立珠江三角洲河网区数学模型进行不同边界条件计算,所取西江、北江典型断面水位均呈现下降趋势,其中西江下降0.05~0.76 m,北江下降0.13~0.67 m,珠江三角洲西江、北江水位变化与地形变化呈现正相关特征(表6.1-4)。

表6.1-4 不同边界条件下珠江三角洲西江、北江典型断面水位 单位:m

频率	地形年份	河段												
		北江(三角洲)						西江(三角洲)						
		三水	三多	甘竹出口	霞石	三善滘	三沙口	马口	甘竹	天河	江门	大敖	竹银	灯笼山
2%	1999年	9.34	6.80	5.51	4.31	3.98	2.38	9.51	6.23	5.85	4.78	3.62	2.58	2.34
1%		9.66	7.18	5.69	4.55	4.18	2.49	9.83	6.47	6.03	4.92	3.77	2.71	2.48
0.5%		9.96	7.42	5.90	4.70	4.31	2.58	10.18	6.70	6.23	5.08	3.92	2.83	2.62
2%	2016年	8.67	6.49	5.38	4.15	3.80	2.38	8.75	5.96	5.63	4.66	3.48	2.54	2.34
1%		9.08	6.83	5.56	4.34	4.04	2.48	9.11	6.17	5.82	4.84	3.63	2.67	2.48
0.5%		9.39	7.07	5.77	4.47	4.17	2.58	9.43	6.39	6.02	5.02	3.76	2.81	2.62

(1) 现状珠江三角洲可承泄流域50年一遇来水。

将现状地形条件下水位计算成果与2002年水面线设计成果对比,各典型断面现状水位基本小于设计2%水位,现状珠江三角洲可承泄流域50年一遇来水。

(2) 现状马十三100年一遇来流条件下,珠江三角洲存在部分区域水位大于50年一遇设计水位。

① 采用2002年水面线成果中100年一遇设计流量进行计算,北江霞石以下约9.9 km河道、小榄、鸡鸦水道约18.1 km、西江磨刀门水道入口处下约14.0 km河道水位高于设计50年一遇水位;

② 采用2017年设计流量复核成果中100年一遇设计流量进行计算,北江霞石以下约5.1 km河道、小榄、鸡鸦水道约10.4 km、西江磨刀门水道入口处下约15.3 km河道水位高于设计50年一遇水位(图6.1-10)。

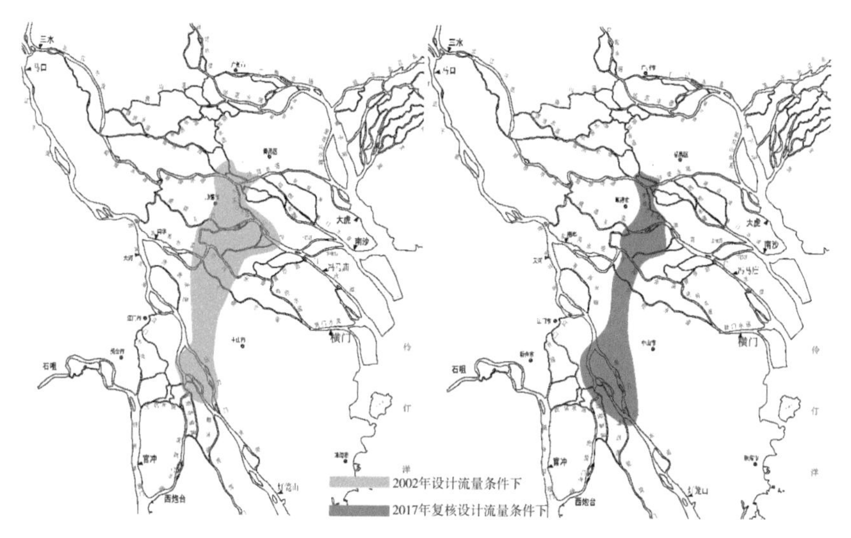

图 6.1-10　不同时期 100 年一遇设计流量条件下大于 50 年一遇设计水位区域示意图

6.2　河口纳潮情势

本节采用构建的珠江河口及河网整体二维数学模型，考虑典型枯水水文条件（“17・12”组合），对比分析河口演变导致的珠江河口控制站点高低潮位及涨落潮量的变化，以此分析珠江河口纳潮情势的变化。

6.2.1　潮量变化

与 1999 年地形相比，现状地形条件下，一级节点马口和三水涨潮量显著增大，增加幅度均超过 150%，其中马口增加幅度大于三水；受西江下切幅度大于北江影响，马口的落潮量增大，而三水的落潮量减小。

二级节点天河和南华涨潮量和落潮量均呈增大趋势，其中天河的落潮量增加幅度大于南华，天河、南华分别增加 17.76%、9.04%；而南华的涨潮量增加幅度大于天河，天河、南华的涨潮量分别增加 31.02%、54.06%。

口门区涨潮量和落潮量变化存在差异，虎门站上游河道有所淤积，导致大虎断面涨落潮量均呈减小趋势；汇入蕉门水道的横向支汊以及从沙湾水道分出的榄核涌、西樵水道和骝岗水道均出现淤积趋势，导致南沙涨落潮量呈减小趋势；横门水道涨潮量增加，落潮量减小；洪奇沥水道整体下切 1.61 m，导致万顷沙断面涨落潮量均呈增大趋势，增加幅度均超过70%；西四口门站点涨落潮量均呈增大趋势。

口门主支汊涨落潮量也发生变化，南沙断面涨落潮量减小，且凫洲水道过流面积增加大于蕉门南支，因此凫洲水道涨潮量增大、落潮量减小，蕉门延伸段涨落潮量均减小；横门北汊下切幅度远大于横门南汊，横门北汊涨落潮量均增大，南汊涨落潮量均减小；交杯沙水道涨落潮量变化均不大。

6.2.2 潮位变化

与1999年地形相比，现状地形条件下，口门区大虎、万顷沙和灯笼山高高潮位下降，其他口门控制站高高潮位抬高；西江下切幅度大导致灯笼山高高潮位下降幅度达到−0.1 m；南沙、西炮台和官冲高高潮位抬升，幅度不超过0.03 m。虎门上游河道明显淤积导致大虎站低低潮位升高，口门区其他各站低低潮位均呈降低趋势，黄金站低潮位下降明显，达到0.20 m(见表6.2-1和表6.2-2)。

表6.2-1 “17·12”枯水大潮涨落潮量情势变化

区域	断面	涨潮量			落潮量		
		1999地形(万m^3)	现状(万m^3)	变化比(%)	1999地形(万m^3)	现状地形(万m^3)	变化比(%)
一级	马口	1 126	3 140	178.86	27 973	31 647	13.13
	三水	333	882	164.86	6 936	5 699	−17.83
二级	天河	2 617	3 429	31.03	16 938	19 946	17.76
	南华	3 287	5 064	54.06	14 760	16 094	9.04
八大口门	大虎	109 308	103 583	−5.24	117 895	110 555	−6.23
	南沙	18 769	18 309	−2.45	25 180	22012	−12.58
	万顷沙	4 097	7 029	71.56	7 328	12 684	73.09
	横门	5 734	6 052	5.55	11 665	11 502	−1.40
	灯笼山	12 297	12 713	3.38	22048	26 830	21.69
	黄金	2 769	3 064	10.65	3 954	3 969	0.38
	西炮台	3 857	4 145	7.45	5 029	5 636	12.07
	官冲	21 840	23 176	6.12	23 887	24 787	3.77
蕉门	凫洲水道	17 229	18 424	6.94	22011	20 277	−7.88
	蕉门延伸段	3 625	2 419	−33.26	5 256	4 280	−18.57

续表

区域	断面	涨潮量			落潮量		
		1999 地形（万 m^3）	现状（万 m^3）	变化比（%）	1999 地形（万 m^3）	现状地形（万 m^3）	变化比（%）
横门	横门北汊	4 163	5 708	37.11	8 058	9 733	20.79
横门	横门南汊	2 488	1 835	−26.25	4 990	3 973	−20.38
磨刀门	交杯沙水道	15 683	15 382	−1.92	26 045	26 292	0.95
磨刀门	洪湾水道	691	280	−59.48	2 077	3 906	88.06

表 6.2-2 “17·12”枯水大潮高、低潮位情势变化 单位：m

区域	站点	高高潮位			低低潮位		
		1999 地形	现状	水位变化	1999 地形	现状	水位变化
河口区	大虎	2.05	2.02	−0.03	−1.92	−1.91	0.01
河口区	南沙	1.93	1.95	0.02	−1.02	−1.15	−0.13
河口区	万顷沙	1.87	1.86	−0.01	−0.88	−1.07	−0.19
河口区	横门	1.83	1.83	0	−0.96	−1.09	−0.13
河口区	灯笼山	1.51	1.41	−0.1	−0.8	−0.86	−0.06
河口区	黄金	1.56	1.56	0	−0.91	−1.11	−0.2
河口区	西炮台	1.78	1.8	0.02	−1.16	−1.17	−0.01
河口区	官冲	1.73	1.76	0.03	−1.18	−1.28	−0.1

6.2.3 河口潮流界变化

本节采用构建的珠江河口及河网整体二维数学模型，考虑上游不同来流情形，对比分析 1999 年地形条件及 2016 年地形条件下珠江河口潮流界变化（图 6.2-1）。

珠江河口潮流界变化受上游径流及外海潮流双重影响。数学模型计算上边界取在西江的高要站、北江的石角站、白坭河的老鸦岗站、东江的博罗站和潭江的石咀站。上游边界取多年平均流量、多年洪季平均流量 2 组水文条件，下边界采用具有典型代表性的完整的半月潮过程，分别计算 1999 年和 2016 年地形条件下珠江河口的潮流界变化情况。表 6.2-3 为珠江三角洲各水文站相关特征流量情况。

根据《珠江流域主要水文设计成果复核报告》（2018 年 5 月），西江下游高要站多年平均流量为 7 250 m^3/s，汛期平均流量为 11 400 m^3/s；北江石角站多年平均流量为 1 350 m^3/s，汛期平均流量为 2 040 m^3/s；东江博罗站多年平均流量为 782 m^3/s，汛期平均流量为 1 190 m^3/s，枯期平均流量为 369 m^3/s。

表 6.2-3　珠江三角洲各水文站相关特征流量情况表　　单位：m^3/s

水文站名称	年平均流量	汛期平均流量(5月—10月)	下边界
高要	7 250	11 400	典型半月潮过程
博罗	782	1 190	
石角	1 350	2 040	

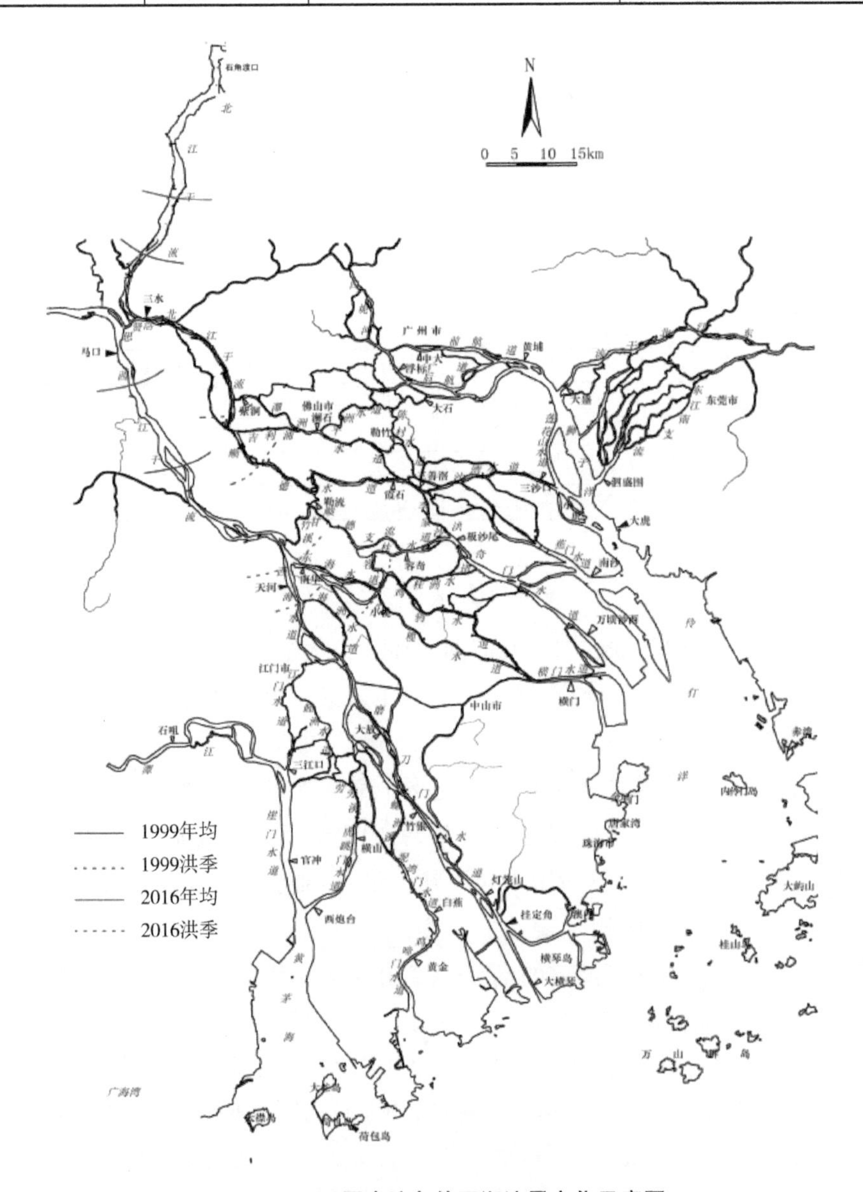

图 6.2-1　不同来流条件下潮流界变化示意图

潮流界随潮汐涨落存在日周期及半月周期性变化，对于潮流界的统计，以半月潮周期内潮水上溯最远距离的外包线作为潮流界位置进行分析（表6.2-4）。

（1）西江潮流界

年平均来流条件下，西江潮流界在1999年位于西江干流水道中段附近，距离磨刀门出海口约120 km；2016年西江潮流界上移至马口水文站下游约5 km位置，距离磨刀门出海口约137.5 km，潮流界往上游移动约17.5 km。汛期平均来流条件下，西江潮流界在1999年位于天河水文站下游约4 km位置，距离磨刀门出海口约84 km；2016年西江潮流界位于天河南华节点处，距离磨刀门出海口约91 km，潮流界往上游移动约7 km。

（2）北江潮流界

年平均来流条件下，北江潮流界在1999年位于三水水文站上游约14.5 km处，距离沙湾水道出海口约109.5 km；2016年北江潮流界上移至三水水文站上游约27 km处，距离沙湾水道出海口约121 km，潮流界往上游移动约12.5 km。汛期平均来流条件下，北江潮流界在1999年位于三多水文站下游约7.5 km位置，距离沙湾水道出海口约58 km；2016年北江潮流界位于三多水文站上游约3.5 km处，距离沙湾水道出海口约69 km，潮流界往上游移动约11 km。

表6.2-4　珠江河口潮流界变化情况表

河道名称	计算水文条件	地形年份	距出海口距离(km)	变化值(km)
西江主干	年平均	1999年	120	上移17.5
		2016年	137.5	
	汛期平均	1999年	84	上移7
		2016年	91	
北江主干	年平均	1999年	109.5	上移12.5
		2016年	121	
	汛期平均	1999年	58	上移11
		2016年	69	

6.3　珠江河口风暴潮情势

近年来，影响珠江河口的强台风频次呈增加趋势，本节在对珠江河口热带气旋统计分析的基础上，选取具有典型代表性的台风过程，采用珠江河口及河网整体二维风暴潮数学模型，对风暴潮的产生、发展及消亡全过程进行模拟，分析超标准风暴潮影响，划分珠江河口风暴潮风险区划。

6.3.1 影响珠江河口热带气旋统计

基于中国气象局发布的1949—2019年热带气旋数据，统计了西北太平洋热带气旋频数、影响珠江河口的热带气旋的频数，分析了年代、年际、年内的频数变化，以及近十年的发展趋势。

(1) 热带气旋数量统计

1949—2019年，西北太平洋热带气旋总生成个数为2 347个，平均每年33.1个。近10年来频数有所升高。影响珠江河口的热带气旋平均每年为6个。

影响珠江河口的热带气旋总频数呈现明显的年际波动，最多达到11个。不同级别热带气旋频数的长期变化趋势存在差异，其中热带低压频数呈长期减少趋势，热带风暴频数呈长期增加趋势。

按年代统计了1950—2019年共7个年代的热带气旋频次，统计结果表明，20世纪60年代发生的西北太平洋热带气旋频数最多(表6.3-1)，达到411个，占总比的17.51%。之后至21世纪00年代逐渐减少，最小值发生在21世纪00年代，仅为274个，占总比的11.67%。通过对71年资料分析表明，西北太平洋热带气旋频数整体呈下降趋势，近10年频数有所升高。

热带气旋频次年代统计分析表明，影响珠江河口的热带气旋与西北太平洋热带气旋频数变化趋势比较一致。20世纪50年代至70年代影响珠江河口的热带气旋频数变化相对平稳，每个年代影响个数为64～65个，之后逐渐减少，至21世纪00年代仅为47个，21世纪10年代略有增加，达到48个。

西北太平洋热带气旋频数(图6.3-1)在20世纪60年代及70年代初期较大，其中1967年达55个为最多，之后逐渐减少，最小值发生在2010年，仅为18个。值得注意的是，近10年来，西北太平洋热带气旋呈增加趋势，增加趋势约为0.86个/a。

1949—2019年，影响珠江河口热带气旋的总个数为406个，平均为5.8个/a，占西北太平洋热带气旋总数的17.30%。整体上看，影响珠江河口的热带气旋与西北太平洋热带气旋频数年际变化趋势一致。但是影响珠江河口的热带气旋年际变化幅度极大，最多的频数达到11个，年份为1953年、

1967年、1974年；最少的年份为1969年，仅为1个；其次为2005年、2007年及2015年，均为2个。近几年来，影响珠江河口的热带气旋较多，2017年、2018年连续两年每年有6场热带气旋影响该地区，其中2018年包括2场超强台风。

表6.3-1　不同年代热带气旋频数及比例

年代	西北太平洋热带气旋		影响珠江河口热带气旋	
	频数(个)	比例(%)	频数(个)	比例(%)
1950s	352	15.00	65	16.01
1960s	411	17.51	64	15.76
1970s	381	16.23	65	16.01
1980s	333	14.19	62	15.27
1990s	309	13.17	55	13.55
2000s	274	11.67	47	11.58
2010s	287	12.23	48	11.82
总计	2 347	100	406	100

在1949—2019年统计时段内，影响珠江河口的热带气旋以强热带风暴、台风居多，分别达101个、87个，年均分别为1.42个、1.23个。热带低压、热带风暴、强台风及超强台风的频数相对较小，分别为67个、53个、54个及52个，平均每年均在1.0个以下。值得注意的是，影响珠江河口的热带气旋中，台风以上级别的总频数达193个，年均达2.72个，占总比的46.62%(表6.3-2)。

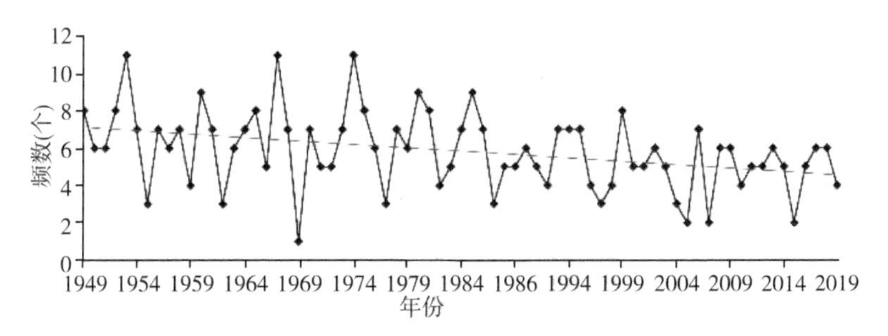

图6.3-1　1949—2019年热带气旋频数及长期变化

影响珠江河口的热带气旋呈现明显的月际变化特征，最早的初台在4月，最晚的终台在12月，影响频数从4月至8月逐月递增，从8月至12月逐月递减，但影响主要集中在7月—9月，占全年总频次的69.57%（表6.3-3）。

通过对1949—2019年热带气旋的统计分析可知，影响珠江河口的初台多发生于5月底或6月初，已记录的最早的初台为“0801”号热带气旋“浣熊”（发生于2008年4月14日—19日）；终台多发生于10月底或11月初，已记录的最晚的终台为8124号热带气旋“Lee”（发生于1981年12月22日—29日）。统计时段内，发生在4月的初台以及发生在12月的终台强度较大，均达到台风以上级别，值得引起注意。

表6.3-2　各级别热带气旋频数及比例

	热带低压	热带风暴	强热带风暴	台风	强台风	超强台风	台风以上	总计
频数(个)	67	53	101	87	54	52	193	414
年均(个/a)	0.94	0.75	1.42	1.23	0.76	0.73	2.72	5.83
比例(%)	16.18	12.80	24.40	21.01	13.04	12.56	46.62	—

表6.3-3　各级别热带气旋时间分布

月份 \ 等级	热带低压	热带风暴	强热带风暴	台风	强台风	超强台风	台风以上级别	总计	频率(%)
1月	0	0	0	0	0	0	0	0	0.0
2月	0	0	0	0	0	0	0	0	0.0
3月	0	0	0	0	0	0	0	0	0.0
4月	0	0	0	2	1	0	3	3	0.7
5月	4	1	3	5	2	0	7	15	3.6
6月	12	17	11	10	8	3	21	61	14.7
7月	11	14	23	19	8	12	39	87	21.0
8月	21	12	34	23	9	12	44	111	26.8
9月	14	8	20	21	14	13	48	90	21.7
10月	5	1	5	7	7	10	24	35	8.5
11月	0	0	5	0	3	2	5	10	2.4
12月	0	0	0	0	2	0	2	2	0.5

从年内分布来看，除1月、2月、3月无影响珠江河口的热带气旋外，其余月份均有。热带气旋频次从4月开始逐渐增加，至8月达到最大值，而后从8月开始至12月，热带气旋频次又逐渐减少。7月—9月为热带气旋多发月份，共288个，占全年总频次的69.57%。表6.3-3列出了各级别热带气旋的

年内时间分布,可以看出热带低压、强热带风暴、台风年内分布规律与热带气旋总频次分布规律基本一致,即在8月达到最大频次。而热带风暴、强台风和超强台风年内分布规律与总频次分布存在差异,其中强台风与超强台风频次最大月份均为9月,分别为14个与13个。台风以上级别在9月达到最大值48个。

(2) 登陆点位置及强度统计

从登陆位置来看,珠江河口及其以西区域登陆的热带气旋频次(占比71.02%)远大于珠江河口以东区域登陆频次(占比28.98%)。

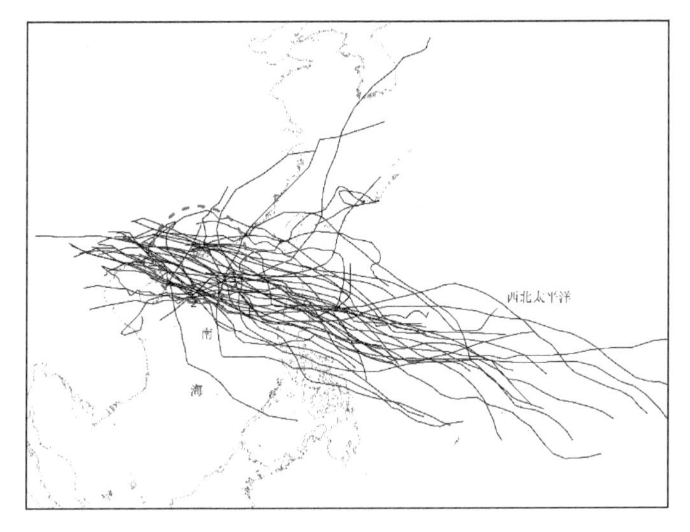

图6.3-2 2000—2019年影响珠江河口热带气旋移动路径示意图

影响珠江河口的登陆热带气旋,按登陆点位置分在珠江河口登陆、珠江河口以东登陆和珠江河口以西登陆进行统计(表6.3-4)。其中,珠江河口以西登陆的热带气旋频数最大,达到217个,占比52.42%,其次为珠江河口以东登陆,频数为120个,占比28.98%,直接在珠江河口登陆的共86个,占比18.60%。热带气旋登陆珠江河口时强度在台风以上级别为30例,其中台风级别有21例,强台风级别有5例,超强台风4例,其中2例出现在近5年,分别为1713号超强台风"天鸽"和1822号超强台风"山竹"。表6.3-5列出了热带气旋登陆珠江河口时强度的年代变化,台风以上级别的频数在20世纪60年代达到最大值6个,在80年代即下降到最低值2个,随后增加,在21世纪10年代达到4个。

受岸线走向影响,在珠江河口登陆的热带气旋容易多次登陆,所带来的大风、暴潮、暴雨通常给登陆点附近带来巨大损失。如1604号台风“妮妲”，于2016年8月2日3时35分在广东省深圳市大鹏半岛登陆，登陆时中心附近最大风力达14级(42 m/s)，中心最低气压为965 hPa；4时在深圳市大梅沙第二次登陆，之后横穿伶仃洋，于7时40分在广州市龙穴岛再次登陆，之后深入内陆强度逐渐减弱直至消失。

表 6.3-4　登陆珠江口的热带气旋登陆分区及强度统计(1949—2019)

登陆强度	珠江河口以西	珠江河口	珠江河口以东	总计
热带低压	40	15	12	67
热带风暴	30	10	13	53
强热带风暴	47	22	32	101
台风	39	21	27	87
强台风	31	5	18	54
超强台风	30	4	18	52
台风以上级别	100	30	63	193
总计	217	77	120	414
占比	52.42%	18.60%	28.98%	—

表 6.3-5　在珠江河口登陆的强度年代变化

年代	热带低压	热带风暴	强热带风暴	台风	强台风	超强台风	台风以上级别
1950s	5	1	3	2	0	0	2
1960s	1	2	2	6	0	0	6
1970s	1	1	5	2	1	1	4
1980s	2	1	2	2	0	0	2
1990s	2	2	5	2	1	1	4
2000s	2	1	2	3	1	0	4
2010s	1	1	3	2	2	0	4
2020s	1	1	0	2	0	2	4
综合	15	10	22	21	5	4	30

(3) 风暴潮极值潮位分析

在珠江河口及其以西区域登陆的西进型或西北型热带气旋，受北半球热带气旋风场逆时针旋转及珠江河口岸线影响，在天文潮的不同阶段均可造成珠江河口严重的风暴潮灾害，值得引起注意。

影响珠江河口的热带气旋多以生成于西北太平洋的西进型或西北型移动路径热带气旋为主，该类热带气旋具有强度大、持续时间长的特点，且大多在珠江河口或珠江河口以西区域登陆。由于北半球热带气旋的风场呈逆时针旋转，加上珠江河口岸线影响，在珠江河口及其以西区域登陆的西进型和西北型移动路径热带气旋，可造成珠江河口强风暴潮灾害，如8309号“艾伦”、9316号“贝姬”、0814号“黑格比”、1604号“妮妲”、1713号“天鸽”、1822号“山竹”等均属于该类型热带气旋。一般认为，风暴潮最大增水出现时间适逢天文大潮期或天文潮高潮时，则可能引发珠江河口严重的风暴潮灾害，如0814号强台风“黑格比”于2008年9月24日6时45分在珠江河口以西的茂名市登陆，灯笼山站风暴潮最大增水为1.92 m，发生时间为9月24日3时左右，此时与天文潮高潮时接近（澳门内港站高潮时为4时左右），受此影响，灯笼山站最高潮位达2.73 m（珠江基面，下同）；1713号超强台风“天鸽”于2017年8月23日12时50分在珠海市登陆，澳门内港站风暴潮最大增水为2.66 m，发生时间为8月23日12时左右，此时与天文潮高潮时接近（澳门内港站高潮时为11时左右），受此影响，澳门内港站最高潮位达3.63 m。事实上，发生在天文潮小潮期的、在珠江河口及其以西区域登陆的西进型和西北型移动路径热带气旋同样可能引发巨大的风暴潮灾害，1822号超强台风“山竹”于2018年9月16日17时在珠江河口登陆，此时即为天文潮的小潮平潮期，巨大的风暴潮增水引发了珠江河口东四口门多个站点风暴潮位超历史极值。

6.3.2 典型台风暴潮过程

在对影响珠江河口热带气旋统计分析的基础上，选取对珠江河口影响严重的3场典型台风暴潮过程，即0814号“黑格比”、1713号“天鸽”以及1822号“山竹”进行模拟与分析，探讨珠江河口风暴潮增水特征及规律。

(1) 1822号超强台风“山竹”分析

台风“山竹”于2018年9月16日（农历八月初七）17时登陆黄茅海西侧，登陆时珠江河口口门区各控制站处于天文潮小潮期低高潮的落潮阶段，最大风暴潮增水影响时刻各控制站天文潮位在－0.25～0.25 m之间。但由于“山竹”台风强度强，登陆时中心附近最大风力15级，且大风区影响范围广，7级风圈半径达 400 km，10 级风圈半径 200 km，12 级风圈半径 80 km，各级风圈半径均远远大于 1713 号台风“天鸽”，造成珠江河口多站潮位超历史极值，高潮位持续时间长。大虎、南沙、万顷沙、横门、黄金、三灶最高潮位分别达到 3.15 m、3.20 m、3.23 m、3.22 m、3.13 m、3.44 m。

为分析“山竹”期间风暴潮位分布特征，本次研究计算了“山竹”台风影响下的河口风暴潮增水，图 6.3-3 为典型时刻“山竹”风暴潮增水及风场分布图。9 月 16 日 15 时及之前时刻，台风中心位置位于黄茅海以东，黄茅海水域风向偏南，造成黄茅海水域减水，此时伶仃洋水域受东向风场控制，伶仃洋西岸、三灶湾、鸡啼门受向岸风影响，已开始增水。随着台风中心位置的西移，黄茅海水域处于台风中心右半区，增水逐渐明显，但受前期减水效应的影响，后期增水整体幅度不大，黄茅海水域风暴潮位相对不高。伶仃洋西岸海湾、三灶湾、鸡啼门口外海湾基本朝东南向，9 月 16 日 17 时至 18 时，台风风向为东南向，几乎正对上述海湾湾口，为风暴增水最有利的风向，受强劲而持续向岸风的作用，大量海水涌入湾内，增水幅度大。相应地，伶仃洋东岸受离岸风影响，增水幅度小于西岸，但受风暴潮增水沿伶仃洋向上游传播影响，伶仃洋东岸交椅湾附近水域最大增水幅度也在 3.0 m 以上。

(2) 1713 号超强台风“天鸽”分析

台风“天鸽”短时间内风速加强快，引发的风暴潮增水与天文高潮位叠加，造成澳门内港站潮位超历史极值。

根据澳门各气象观测站数据，2017 年 8 月 23 日上午 9 时起风速明显加大，9 时至 12 时 3 小时内，风速由 70 km/h 增至 120 km/h，风向呈东至东南向，近岸加速现象异于常态。由于澳门水道水面较宽(宽度为 1 750 ～2 500 m)，其出口为东至东南向，大量海水随强劲风速从伶仃洋直接涌入澳门水道，进入澳门水道的潮流，一部分继续向西沿洪湾水道上溯，一部分进入湾仔水道。由于洪湾水道全长 11 km，与磨刀门水道相通，河宽平均仅为 440 m，因此大部分从澳门水道涌入的风暴潮流沿湾仔水道北上。而湾仔水道为一盲肠河段，总长约 4 km，河宽大部分在 500～800 m 之间，大量海水涌入湾仔水道造成该水域水位急剧升高，在 1 小时内升高 1.5 m。同时“天鸽”登陆时恰逢天文高潮位，导致澳门内港站风暴潮位超历史极值，达到 3.63 m。

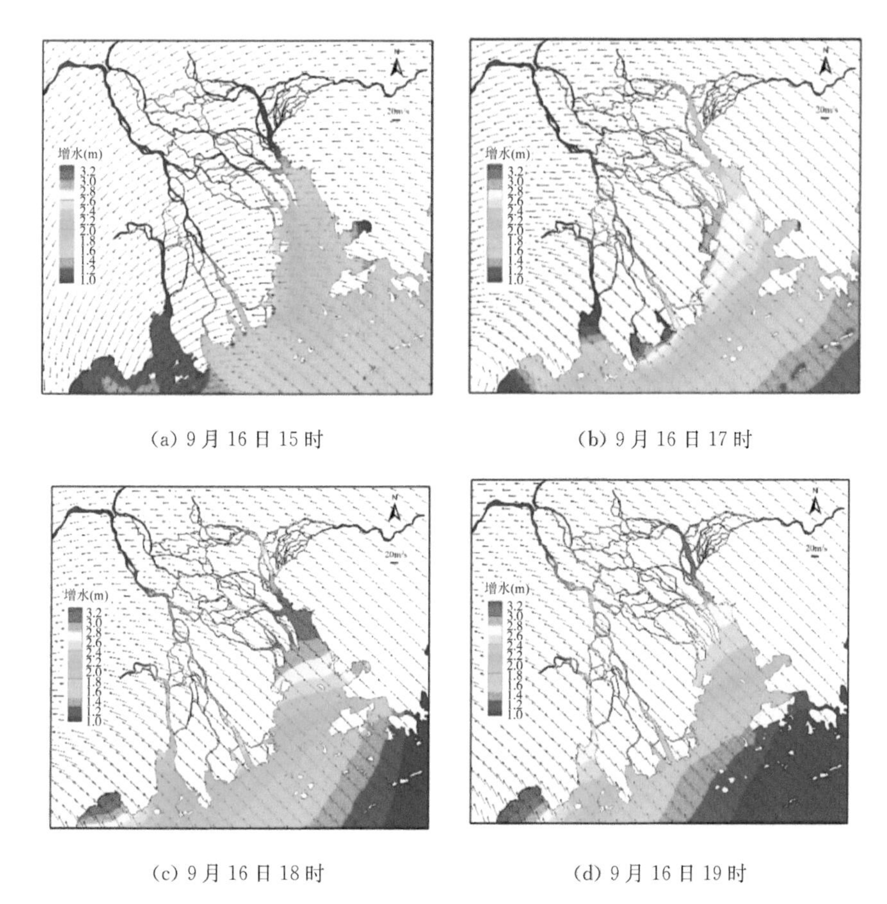

(a) 9月16日15时　　(b) 9月16日17时

(c) 9月16日18时　　(d) 9月16日19时

图6.3-3　1822号超强台风“山竹”风暴潮增水及风场分布

为分析“天鸽”期间风暴潮位分布特征，本次研究计算了“天鸽”台风影响下的河口风暴潮增水，图6.3-4为典型时刻“天鸽”风暴潮增水。8月23日12时，台风中心位置位于磨刀门出口以南水域，伶仃洋水域受东向风场控制，伶仃洋西岸及澳门水道受强劲向岸风影响，猛烈增水，三灶湾、鸡啼门、黄茅海等水域处于台风中心左半区，受离岸风影响，呈风暴减水特征。随着台风中心位置的西移，三灶湾、鸡啼门、黄茅海等水域受偏南向风控制，增水明显，但由于此时珠江河口西四口门处于天文潮落潮阶段，接近天文潮低低潮位，极值风暴增水造成西炮台、官冲等站潮位的剧烈拉升，但由于此时该水域处于天文潮的低潮位阶段，叠加后的风暴潮位不高，三灶、黄金、西炮台、官冲站的潮位分别为2.55 m、2.57 m、2.13 m与2.07 m。此时珠江河口东四口门处于天文潮初落阶段，天文潮位仍较高，与偏南向风导致的风暴潮增水叠加，大虎、南沙、万顷沙、横门等站出现了较高的潮位，分别为 3.11 m、3.12 m、2.86 m 与 2.87 m，但相比于台风“山竹”，此次增水退水较快，潮位过程呈“高瘦”形态，整体幅度小，高潮位持续时间不长。

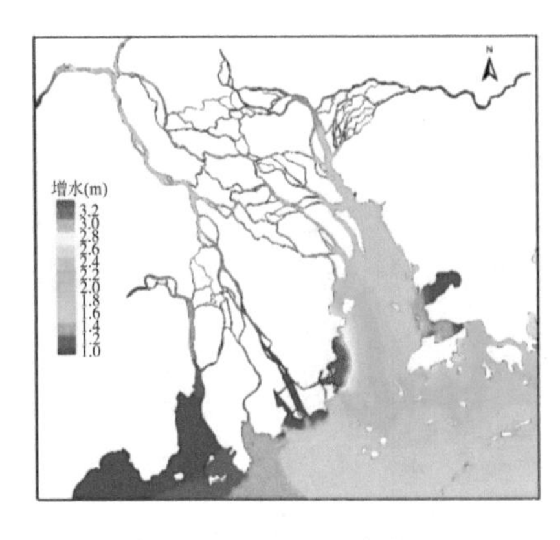

(a) 8 月 23 日 12 时

(b) 8 月 23 日 13 时

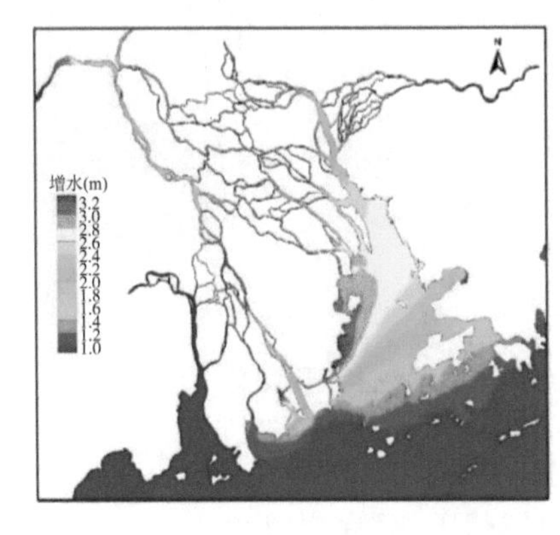

(c) 8 月 23 日 14 时

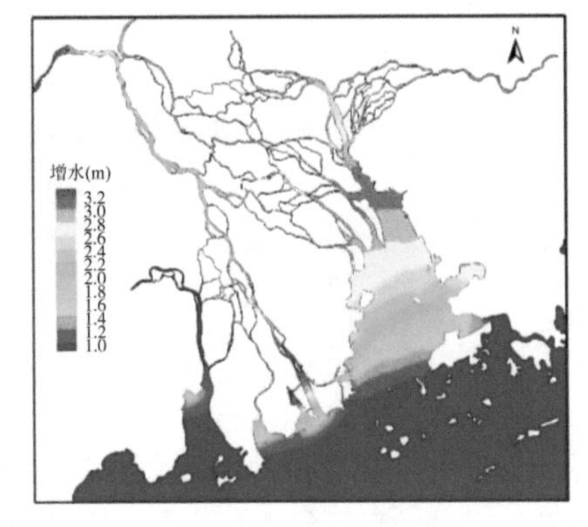

(d) 8 月 23 日 15 时

图 6.3-4　1713 号超强台风“天鸽”风暴潮增水

(3) 0814 号强台风“黑格比”分析

“黑格比”台风路径为典型的西北向路径，登陆地点在广东茂名，珠江河口处于台风行进路线的右半圆区，受持续东南向风的影响，珠江河口一直处于相对缓慢增水过程中。“黑格比”台风从开始发生风暴潮增水至达到最大增水，时间普遍在 7～8 小时，而“山竹”台风大概是 4～5 小时，“天鸽”台风引发的最大风暴潮增水普遍在 2 小时内即达到极值。

为分析“黑格比”期间风暴潮位分布特征，本次研究计算了“黑格比”台风影响下的河口风暴潮增水，图 6.3-5 为典型时刻“黑格比”风暴潮增水及风场分布图，珠江河口西四口门离台风中心距离较东四口门近，风力相对强劲，风暴潮增水幅度大于东四口门。同时，“黑格比”风暴潮极值增水发生时恰逢天文潮高潮位，但由于该场台风引发的八大口门增水幅度介于 1.91～2.38 m，明显低于“山竹”“天鸽”，因此潮位仅在西四口门的西炮台、官冲站超历史极值，其潮位分别为 2.95 m、2.84 m。

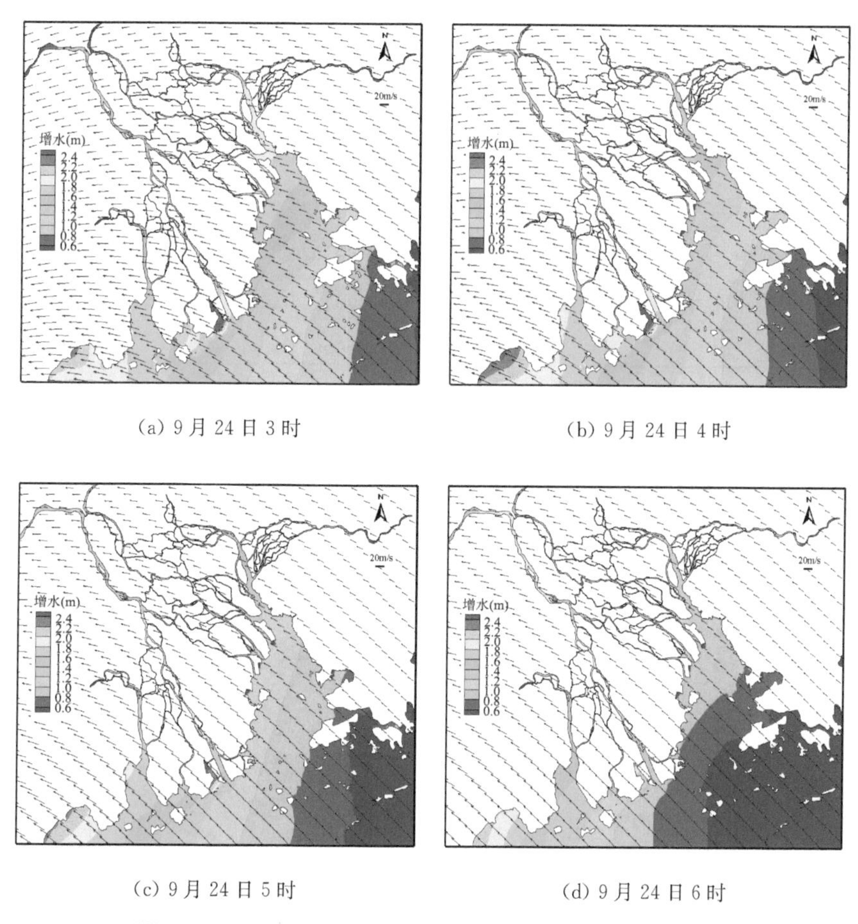

(a) 9 月 24 日 3 时　　(b) 9 月 24 日 4 时

(c) 9 月 24 日 5 时　　(d) 9 月 24 日 6 时

图 6.3-5　0814 号强台风“黑格比”风暴潮增水及风场分布

6.3.3　超标准风暴潮影响

根据珠江河口潮汐的特点，一个月中大约有 8 天为大潮期，每天存在两涨两落，风暴潮极值增水与天文潮高潮位遭遇的概率较大，一旦遭遇通常会引发严重的风暴潮灾害。通过对影响珠江河口的典型台风暴潮过程分析可知，1713 号超强台风“天鸽”影响珠江河口时遭遇天文潮高潮位，而 1822 号超强台风“山竹”遭遇天文潮的低潮位，仍造成了珠江河口众多站点潮位超历史极值，因此，本节对于超标准风暴潮的计算考虑“山竹”极端风暴潮增水遭遇“天鸽”期间的天文潮高潮位（图 6.3-6）。由于“山竹”造成的东四口门代表性站点大虎与西四口门代表性站点灯笼山最大增水出现时间均在 2018 年 9 月 16 日 18:00 左右，在超标准风暴潮影响计算时考虑该时刻与天文潮高潮位遭遇。

表 6.3-6 列出了计算得到的超标准风暴潮最高潮位值以及实测的“天鸽”“山竹”最高潮位，由表可见，所有站点的最高风暴潮位均出现大幅度的上升。与“山竹”最高潮位相比，口门区、口外区及河网区重要控制站点潮位增加幅度为 0.92～1.47 m，整体平均增加幅度为 41%；与“天鸽”相比，除内港站、大九洲站增加幅度较小外，其他河口重要控制站点潮位增加 1.07 ～1.83 m，整体平均增加幅度为 56%。

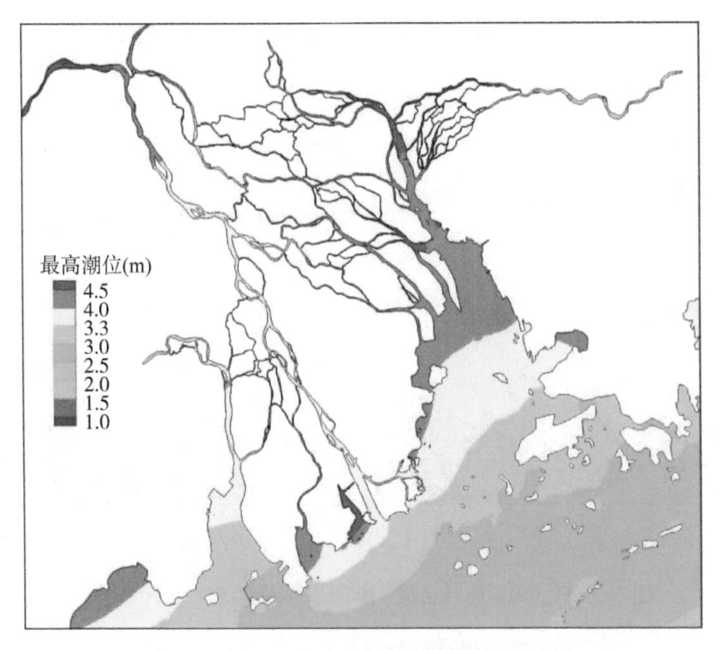

图 6.3-6　超标准风暴潮最高潮位分布

（1822 号超强台风“山竹”最大风暴潮增水遭遇天文潮高潮位）

表 6.3-6 超标准风暴潮最高潮位统计表

位置	站名	"山竹"实测值	"天鸽"实测值	超标准计算值	变化值	
					与"山竹"相比	与"天鸽"相比
口门区	大虎	3.15	3.11	4.44	1.29	1.33
	南沙	3.20	3.12	4.51	1.31	1.39
	万顷沙	3.23	2.86	4.32	1.09	1.46
	横门	3.22	2.87	4.49	1.27	1.62
	灯笼山	2.79	2.81	3.88	1.09	1.07
	黄金	3.13	2.57	4.19	1.06	1.62
	西炮台	2.46	2.13	3.78	1.32	1.65
	官冲	2.51	2.07	3.55	1.04	1.48
口外区	三灶	3.44	2.55	4.38	0.94	1.83
	大横琴	2.60	2.28	3.76	1.16	1.48
	内港	2.96	3.63	3.90	0.94	0.27
	大九洲	2.84	3.43	3.87	1.03	0.44
	内伶仃	2.64	2.34	3.76	1.12	1.42
	赤湾	2.46	2.49	3.74	1.28	1.25
	荷包岛	1.76	1.40	3.03	1.27	1.63
河网区	黄埔	3.10	2.73	4.57	1.47	1.84
	中大	3.23	2.74	4.41	1.18	1.67
	竹银	2.70	—	3.74	1.04	—
	马鞍	2.91	2.50	4.03	1.12	1.53
	小榄	2.72	2.51	3.85	1.13	1.34
	板沙尾	3.09	—	4.26	1.17	—
	三善滘	2.99	2.63	4.13	1.14	1.50
	澜石	3.12	2.69	4.04	0.92	1.35

6.3.4 风暴潮防御情势

风暴潮位受风暴潮增水以及天文潮位的综合影响，较低的风暴潮增水遭遇较高的天文潮位造成的影响，可能比较高的风暴潮增水遭遇较低的天文潮位影响更大。比如在黄茅海水域，0814 号强台风"黑格比"造成的潮位就高于 1822 号超强台风"山竹"，但 1822 号超强台风"山竹"遭遇天文潮高潮位，黄茅海水域潮位将远高于"黑格比"时间，因此，风暴潮极值增水与天文潮叠加存在一定的随机性,极值增水是反映风暴潮影响严重程度的关键因子。

为分析珠江河口风暴潮影响严重区域,不考虑天文潮的影响,采用数学模型计算各典型台风引起的风暴潮极值增水,用以表征风暴潮影响严重程度。表 6.3-7 列出了 0814 号"黑格比"、1713 号"天鸽"以及 1822 号"山竹"重要控制站点的风暴潮最大增水值。八大口门控制站除官冲和西炮台最大增水接近 3.0 m(2.71 m 和 2.76 m)外,其他站点均在 3.0 m 以上,其中大虎增水幅度最大,达 3.16 m。统计的口外区控制站风暴潮增水最高幅度均在 2.0 m 以上,其中三灶受风暴潮影响最严重,达 3.43 m;荷包岛受的影响相对较小,最大增水幅度为 2.08 m。

图 6.3-7 给出了珠江河口最大增水分布,从图中可以看出,1822 号"山竹"造成珠江河口东四口门、伶仃洋河口湾内伶仃以上区域、三灶湾、鸡啼门

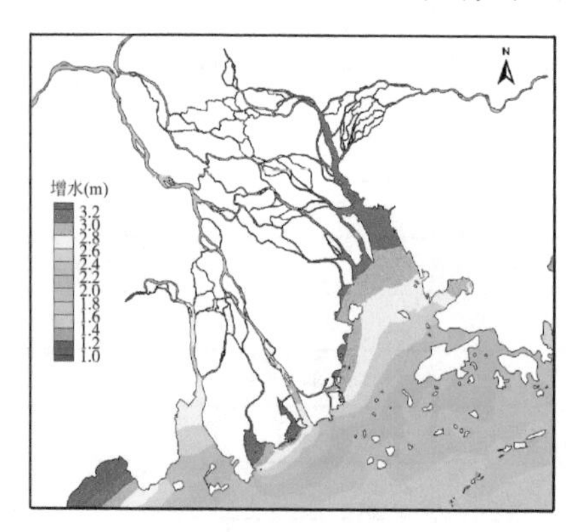

(a) 1822 号"山竹"最大增水分布

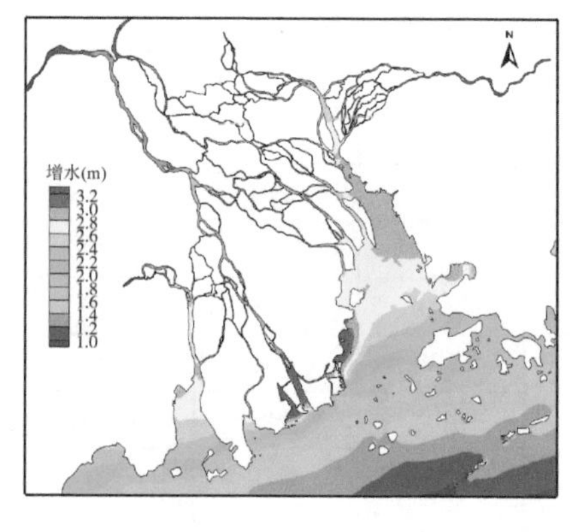

(b) 1713 号"天鸽"最大增水分布

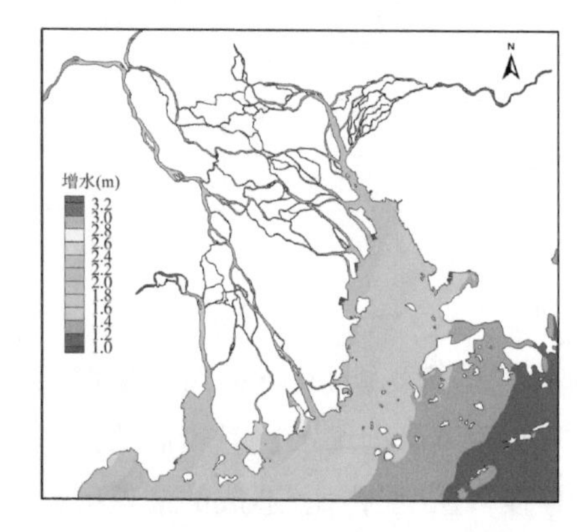

(c) 0814 号"黑格比"最大增水分布

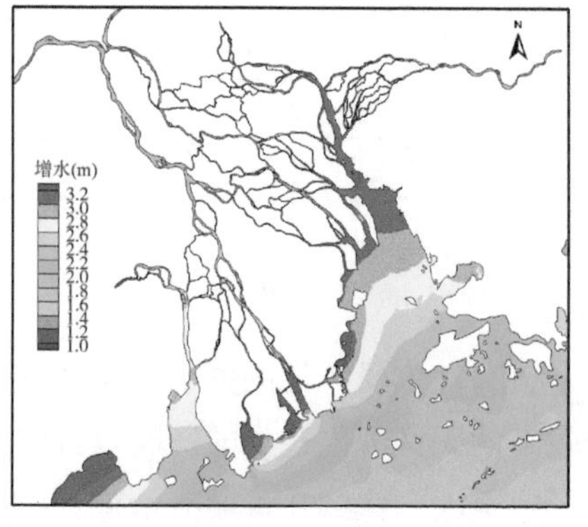

(d) 综合三场台风最大增水分布

图 6.3-7 珠江河口最大增水分布图

增水最为严重；1713 号"天鸽"造成伶仃洋西岸、湾仔水道、磨刀门水道、崖门水道及虎跳门水道增水最为严重；0814 号"黑格比"造成的增水幅度小于其他两场台风。综合上述分析结果，根据风暴潮增水幅度，将增水幅度大于 2.5 m 的区域定义为风暴潮影响严重区域，图 6.3-8 分增水 2.5～3.0 m、>3.0 m 两个量级，展示了珠江河口风暴潮影响严重区域分布。从中可以看出伶仃洋东岸西海堤、金星门水道、澳门半岛东部、氹仔岛、十字门水道、洪湾水道中下游段、磨刀门水道上段、崖门水道及黄茅海等区域风暴潮最大增水幅度介于 2.5～3.0 m；珠江河口东四口门出口段、狮子洋、伶仃洋西岸及交椅湾、磨刀门水道灯笼山以下、湾仔水道、三灶湾、鸡啼门水道及出口、虎跳门水道等区域风暴潮最大增水幅度大于 3.0 m，为风暴潮影响极其严重区域。

表 6.3-7　风暴潮最大增水统计值

位置	站点	最大增水值(m)			
		山竹	天鸽	黑格比	综合
口门区	大虎	3.16	2.94	1.97	3.16
	南沙	3.13	2.54	2.03	3.13
	万顷沙	2.95	2.37	2.01	2.95
	横门	3.11	2.41	2.05	3.11
	灯笼山	2.69	3.11	2.05	3.11
	黄金	3.12	2.56	2.36	3.12
	西炮台	2.72	2.76	1.85	2.76
	官冲	2.57	2.71	1.73	2.71
口外区	三灶	3.43	3.21	2.44	3.43
	大横琴	2.76	2.98	2.04	2.98
	内港	2.92	3.21	2.21	3.21
	大九洲	2.87	2.99	1.75	2.99
	内伶仃	2.63	2.57	1.59	2.63
	赤湾	2.63	2.63	1.54	2.63
	荷包岛	2.08	1.58	1.69	2.08
河网区	黄埔	3.17	2.41	1.81	3.17
	中大	2.56	2.06	1.61	2.56
	竹银	2.45	2.20	1.92	2.45
	马鞍	2.40	1.60	1.80	2.40

续表

位置	站点	最大增水值(m)			
		山竹	天鸽	黑格比	综合
河网区	小榄	2.14	1.46	1.64	2.14
	板沙尾	2.72	2.02	1.95	2.72
	三善滘	2.57	1.78	1.75	2.57
	澜石	2.17	1.44	1.58	2.17

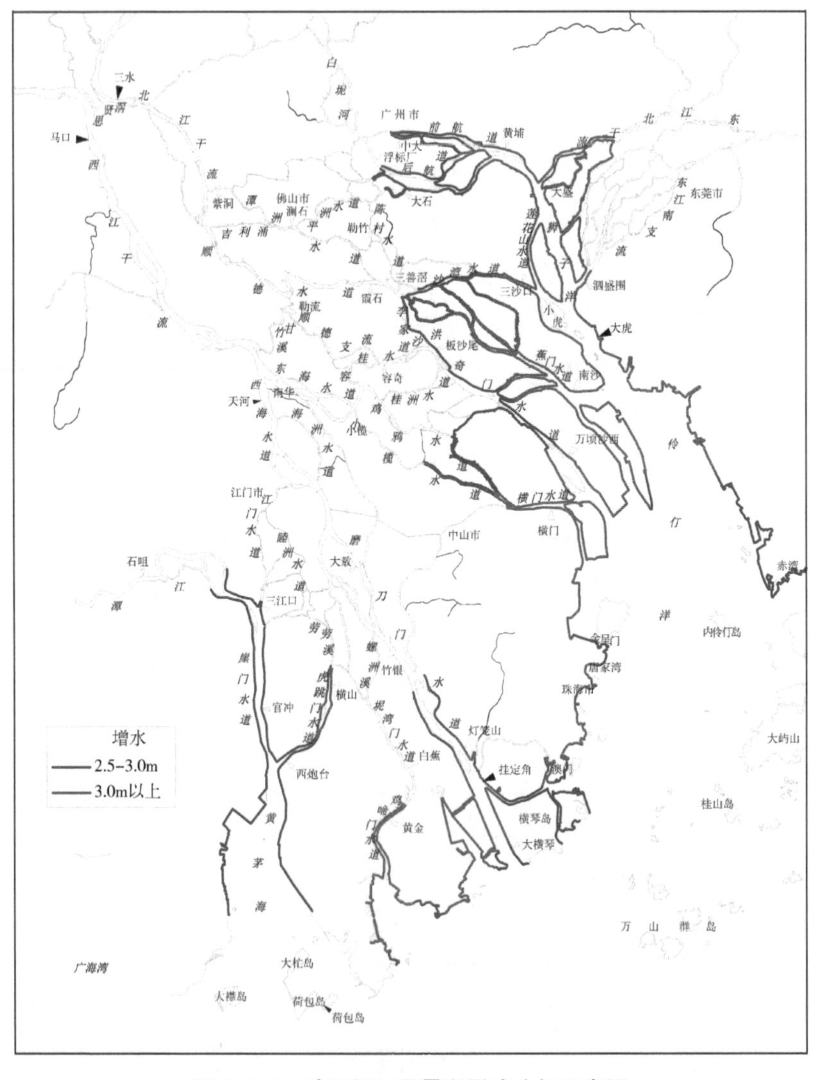

图 6.3-8 珠江河口风暴潮影响分级示意图

6.4 咸潮情势

6.4.1 咸潮影响因素

(1) 径流

径流量大小是影响咸潮上溯的直接因素，进入河口区的径流水量越大，咸潮上溯距离越小，咸潮影响越小。在下游潮差相同情况下，上游径流量越大，则咸潮上溯距离越短。

由于河口上游径流呈现季节性变化，河口盐度也相应地呈现季节性变化，因此洪季径流量大，珠江河口咸潮上溯的强度小，枯季径流量小，河口咸潮上溯的强度大。由于洪、枯季节入海径流量的巨大差异，导致河口盐度其分布、混合、扩散等运动的物理机制有所不同。以磨刀门为例，洪季，上游下泄径流量大，磨刀门水道尽被淡水控制，盐度向口外递增，口外等盐线相对比较密集，咸淡水高度成层。与洪水期不同的是，枯水期上游下泄的径流量小，新的淡水注入量少，主要是入海的河口冲淡水与涨潮流带进河口湾的高盐海水在潮流、底摩擦等因素的作用下的进一步混合及运动的过程。若上游没有一定的淡水径流注入，河口冲淡水在海水足够长时间的持续混合下，河口水体的盐度会持续增加，从平面分布来看，盐度较大的河口水体会陆续向河口上部甚至是向河道上游移动。以 2005 年为例，2005 年 4 月 15 日后，磨刀门水道各测站均未测到咸潮，咸潮消失。2005 年 9 月下旬，因受枯水及台风影响，咸潮大规模侵入磨刀门水道，2006 年 3 月 16 日后才完全退出，表现出明显季节性。

本次研究以磨刀门水道广昌泵站、平岗泵站为研究对象。根据实测资料，广昌泵站采用 2001—2004 年、2005—2006 年数据，平岗泵站采用 1998—2006 年逐日咸度超标历时数据。上游流量为马口＋三水来水量(即思贤滘净泄量)，潮差代表站为三灶站。

逐日咸度超标历时与马口加三水来水量(以下简称马＋三)存在一定关系。在 1998—2006 年所有枯水期中，以 2005—2006 年咸潮强度最大，超标历时最长，对供水安全的影响最大。因此，以 2005—2006 年枯水期数据作为定线的主要依据，同时兼顾其他年份。逐日超标历时-马＋三流量关系分析成果见图 6.4-1 至图 6.4-2。根据定线成果，可根据 1 个潮周期日均超标历时与马十三流量的关系式，计算出上游不同设计流量条件下，各测咸点 1 个潮周期的日均超标历时数据。

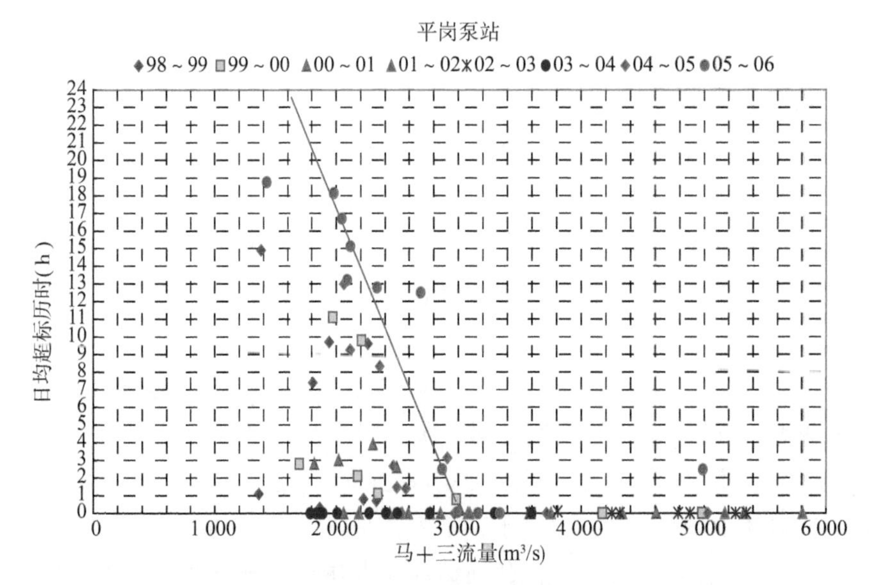

图 6.4-1　平岗泵站天文潮周期逐日超标历时-马十三流量关系图

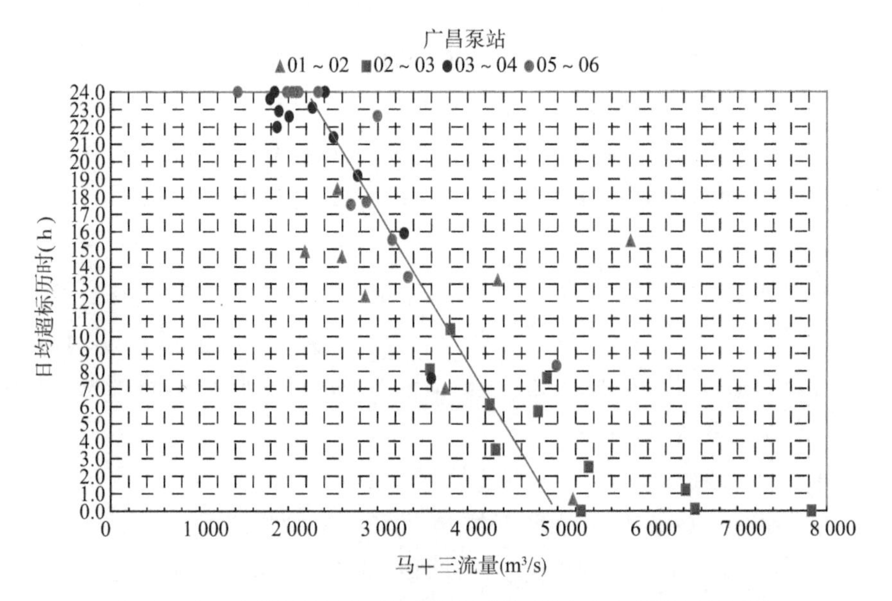

图 6.4-2　广昌泵站天文潮周期逐日超标历时-马十三流量关系图

（2）潮汐

潮流是盐淡水混合物的“动力源”，因而潮汐对咸潮上溯的作用是至关重要的。概括起来，潮汐的作用主要包括：潮流对盐水的对流输运、潮汐引起的紊动混合、潮汐与地形共同作用引起的“潮汐捕集”和“潮汐抽送”。

咸潮上溯主要表现为盐水随潮流的对流输运。河口盐度的日变化规律主要受潮波主导。总体上，伶仃河口湾的盐度随潮位的涨落而相应增大或减小，其变化趋势和周期与潮位的变化基本一致，但略有相位差。一般来说，氯化物的最大值出现在涨憩附近，最小值出现在落憩附近。

河口咸潮变化随着潮汐动力的变化而变化，在半个月为周期的天文潮期中，由小潮转大潮期间含氯度明显增大，由大潮转小潮含氯度明显减小，而其变化在相位上较天文潮提前 3 d 左右，见图 6.4-3。

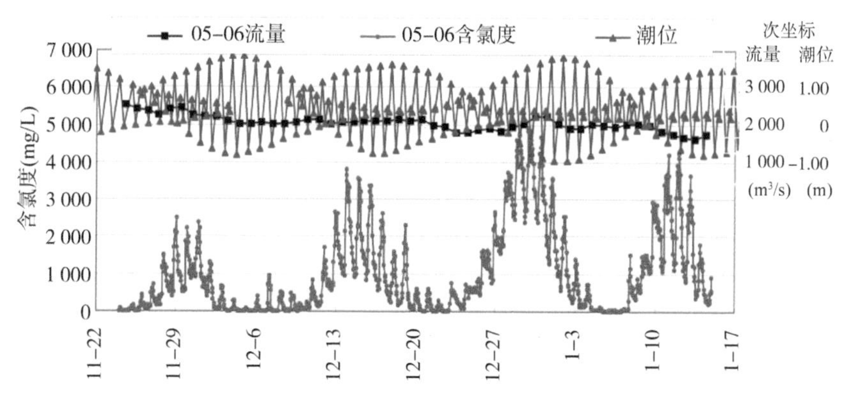

图 6.4-3　2005—2006 年平岗泵站含氯度-潮汐-上游径流对比图

珠江口各海区的盐度，还具有明显的半月周期变化，不论是洪水期还是枯水期，在上游径流量变化不大的情况下，潮汐的半月周期变化决定着盐度的半月周期变化，同一位置，大潮时盐度较高，小潮时盐度较低；在径流量变化大的情况下，盐度的月变化受径流控制，大径流造成大潮时盐度较低，小径流量造成小潮时的盐度高于大潮。

（3）河口地形

河口地形（包括河口河道几何形态、河道工程、水深条件、河道阻力等综合因素）也是决定不同口门咸潮上溯差异性的关键因素。磨刀门河口枯水期外海高盐水体在潮流的作用下能更快地与残留河口冲淡水混合，若上游径流很小，盐水能在更短时间内上溯。

近几十年的大规模河道采砂，造成西北江三角洲河床由总体缓慢淤积变为急剧、持续地下切，过水断面面积及河槽容积普遍增大，人类采砂活动对三角洲河道的作用强度远远超过河道的自然演变过程。将1985年河道地形与1999年河道地形对比分析看，西江干流平均下切0.8 m，河槽容积较1985年增加18%，下切速度较大的主要集中在中游平沙尾—灯笼山，约94 km；北江干流平均下切2.8 m，容积较1985年增加69%，下切速度较大的主要集中在上中游思贤滘—火烧头。将1999年河道地形与2006年河道地形对比看，西江干流平均下切2.0 m，容积较1985年增加29%，下切速度较大的为思贤滘—百顷头；北江干流平均下切1.5 m，容积较1985年增加36%，下切速度较大的为思贤滘—三槽口49 km长的河段。1999—2006年竹排沙以下河段冲淤变化较上段小，洪湾水道入口附近由微冲变微淤，拦门沙以上河道深槽变化很小。图6.4-4给出了不同水下地形条件(1985年与1999年)下平岗泵站含氯度变化过程对比图，从图中可以看出，由于河床下切增加了三角洲河网的纳潮容积，加重了磨刀门水道咸潮上溯程度。

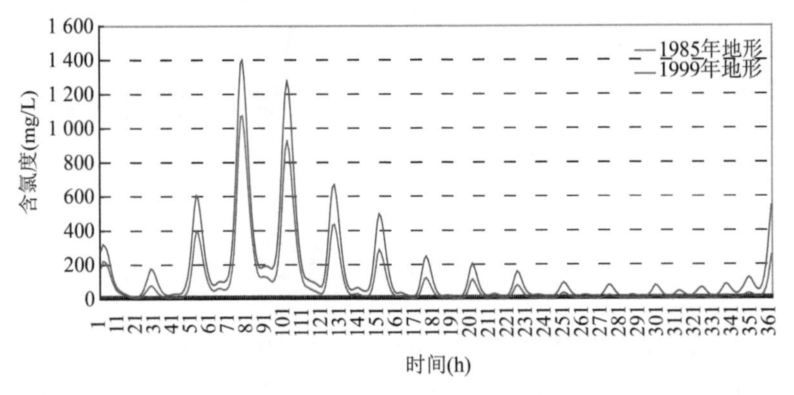

图6.4-4　不同年代地形条件下平岗泵站含氯度变化图

6.4.2　咸潮定量遥感

为准确反演珠江河口咸潮分布特征，应用现场观测含沙量数据构建定量遥感反演模型。现场观测共开展了2期卫星同步观测，分别在2010年1月19日和2011年12月12日进行。

第一期观测分5条船进行，重点观测伶仃洋、磨刀门河口水域，站点布设基本覆盖整个伶仃洋水域及磨刀门水道(见图 6.4-5);第二期观测分 4 条船进行,重点观测近口门区盐度及黄色物质(CDOM)变化,站点除布设在伶仃洋和磨刀门近口门水域外,还新增黄茅海近口门水域测点(见图 6.4-6)。两次观测共采集盐度数据 93 组,悬沙数据 90 组,黄色物质(CDOM)吸收系数 41 组,以及现场 17 组共 170 条潮水反射率光谱。

图 6.4-5　2010 年 1 月 19 日观测站点分布图

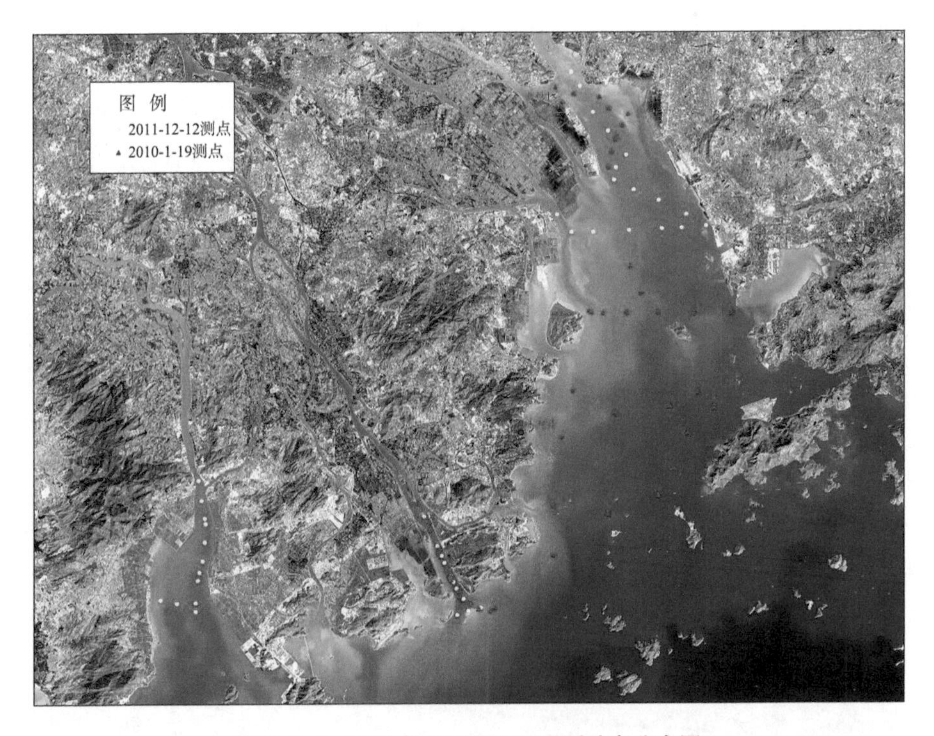

图 6.4-6 2011 年 12 月 12 日观测站点分布图

6.4.3 河口区表层盐度分布

表层盐度定量信息反演的结果见图 6.4-7 至 6.4-14。

图 6.4-7 至 6.4-14 为珠江河口区在大、小潮期不同涨落潮阶段的表层盐度分布图。对比大、小潮期涨落潮期的表层盐度分布图，发现不论是大潮期还是小潮期，珠江河口表层盐度分布在涨落潮期都表现出一样的分布特征。

初涨阶段(见图 6.4-7、图 6.4-8)，外海高含盐水体先从伶仃洋东槽上溯湾内，此时伶仃洋口门区 30p su 等值线沿东北向推移至大濠岛北侧。而西部口门受落潮流影响，以淡水径流作用为主，因而整个珠江口表层盐度分布表现为东南高，西北低。

涨急阶段(见图 6.4-9、6.4-10)，随着涨潮动力的进一步增强，高盐水体随涨潮流沿口门深槽向口门内推进。整个珠江河口区盐度值普遍高于落潮阶段，表层盐度分布呈南高北低，由口外向口内递减。其 22psu 等值线可达蕉门南槽出口东部水域。

初落阶段(见图 6.4-11、图 6.4-12),径流淡水随落潮水流进入河口区,以河道口门为中心,水体表层盐度由口门向外逐级降低,但由于滩、槽水流下泄速率不同,受此地形因素影响,河口区内,表层盐度等值线呈不规则分布。

落急阶段(见图 6.4-13、图 6.4-14),落潮水流动力进一步加强,河口区盐度值明显降低,整个珠江河口区盐度等值线由西北向东南后退,表现在:初落阶段,24psu 等值线前沿可达内伶仃岛附近;落急阶段,24psu 等值线则推移至横琴岛—大濠岛一线以南。

由上述分析可知,在不同的潮汐阶段,珠江河口盐度分布有不同的特点。涨潮阶段反映的是潮流动力占优,在潮流动力作用下,高盐水流较易进入伶仃洋水域,盐度等值线呈弧状向北凸出。落潮阶段径流动力占优,各口门附近为淡水所占据,盐度值较小,低盐水明显从口门往外海冲溢,并形成一个向外海延伸的低盐舌。同时,上述盐度在潮汐不同阶段的变化也反映了整个珠江口盐度日变化是随潮位的变化而变化的特征,涨潮时盐度增高,落潮时降低,盐度变化周期与潮位基本一致。由此可见,径、潮流相互动力优势差异是影响高盐水流入侵湾内的重要因素。

图 6.4-11、图 6.4-12 为大潮期初落阶段珠江河口区表层盐度分布图,但两幅影像所处的潮汐动力状况不同。图 6.4-11 为相对小潮,潮差为 189 cm,当日两次低、高潮间潮位差别不大;图 6.4-12 为大潮期,潮差为 249 cm,当日两次低、高潮间潮位差别大,成像时正处于低高潮—高低潮—高高潮阶段。

潮汐动力不同,使得珠江口盐度分布差异明显,同一潮汐阶段,潮差大则高盐水体向口门推进的力度加大。表现在:图 6.4-12 中,整个珠江河口区表层盐度值明显高于图 6.4-11,在伶仃洋河口区内,图 6.4-12 盐度值普遍高达 20 psu 以上,其 24 psu 盐度等值线前沿可达南沙附近;而图 6.5-11 中,伶仃洋河口区 24 psu 前沿只达大铲湾西面海域。磨刀门口门区,大潮期 20 psu 等值线可达交杯沙北侧。由此可见,枯季,潮流动力增强,致使径、潮流动力比值变小,是珠江河口区咸潮上溯的主要动力因素。

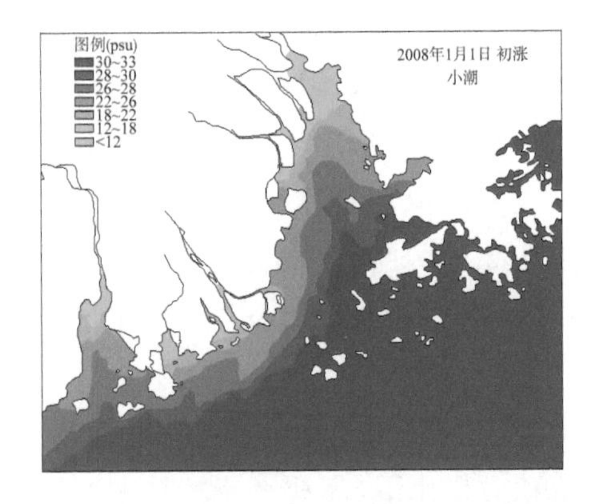

图 6.4-7　小潮期初涨阶段表层盐度分布图

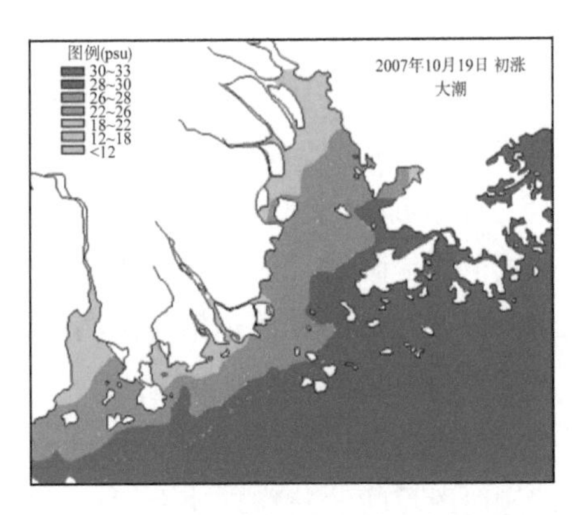

图 6.4-8　大潮期初涨阶段表层盐度分布图

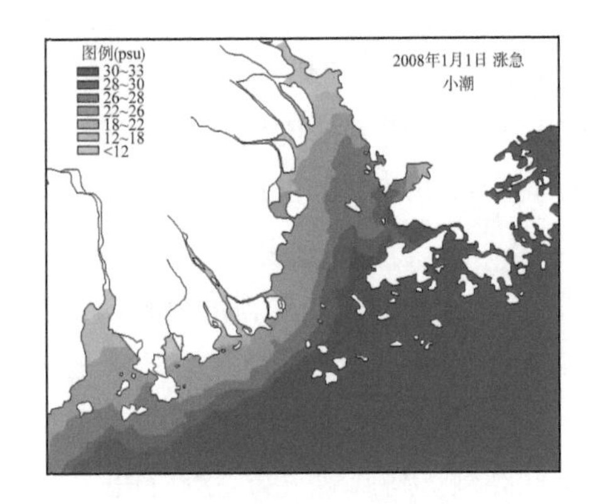

图 6.4-9　小潮期涨急阶段表层盐度分布图

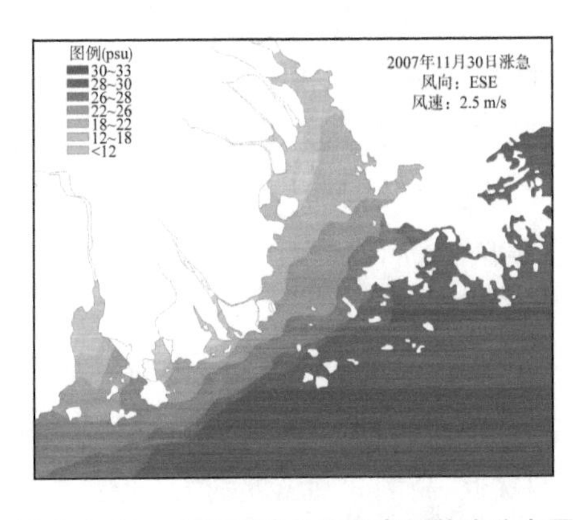

图 6.4-10　中潮期涨急阶段表层盐度分布图

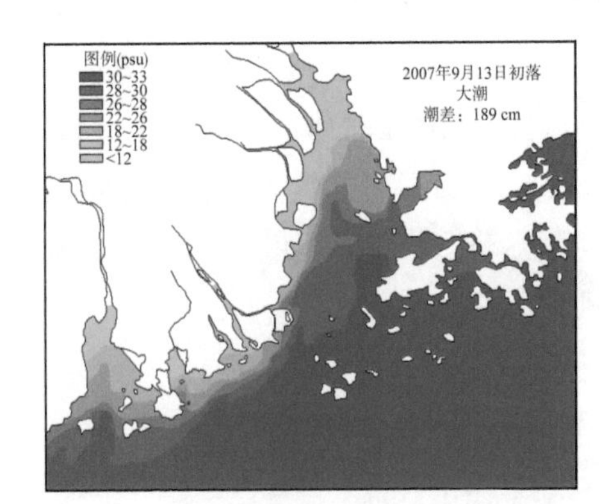

图 6.4-11　相对小潮(大潮潮差)初落阶段表层盐度分布图

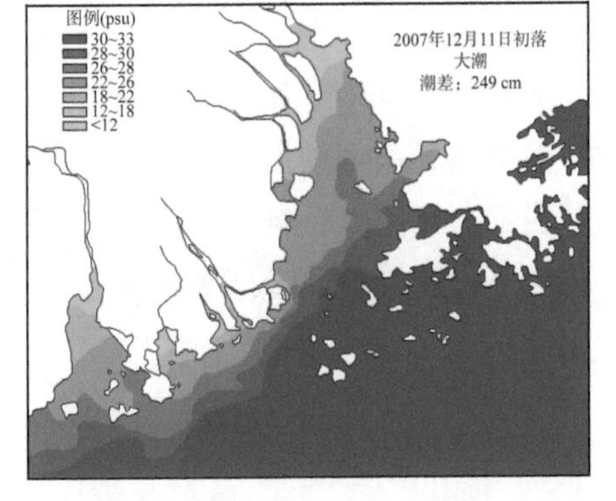

图 6.4-12　大潮期初落阶段表层盐度分布图

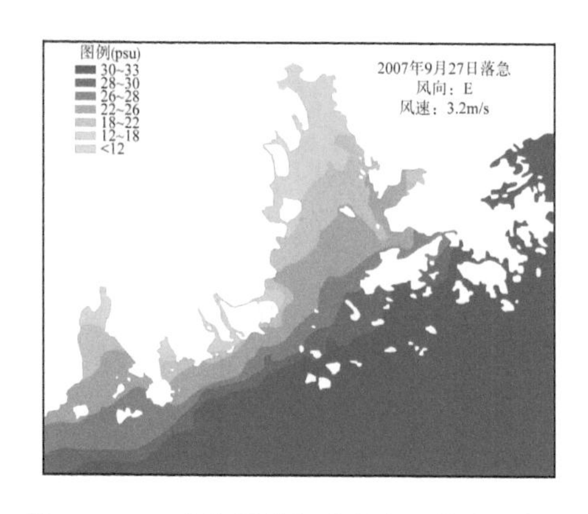

图 6.4-13 小潮期落急阶段表层盐度分布图

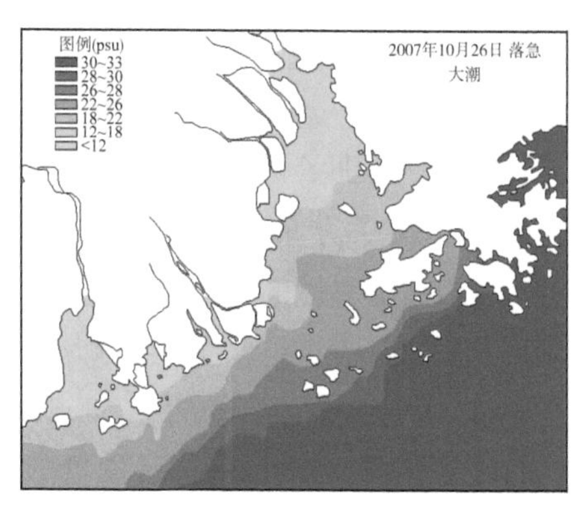

图 6.4-14 大潮期落急阶段表层盐度分布图

珠江河口高盐水体的输移扩散与水动力环境密切相关。珠江河口湾顶西部有虎门、蕉门、洪奇门、横门等径流进入伶仃洋，并向东南形成下泄流。而珠江口外的高盐水随着南部潮波向西传递，进入伶仃洋后与向东南冲溢的径流逐渐混合稀释，盐度向西北逐渐降低。另一方面，伶仃洋西浅东深，故潮波在东部深槽传播速度快，潮流强，如传至西部浅滩时，受地形摩擦而迅速变形，流速减慢，潮势减弱，形成上溯海水，盐度自东南向西北递减，从而形成这一方向的密度坡降。因此，伶仃洋海水盐度的分布无论是洪季或枯季，都呈现从西北往东南方向递增的趋势。洪季因大量径流入海，冲淡水明显从口门往外海冲溢，由于受科氏力的影响，冲淡水逐步向南偏西扩散，形成一个向外海延伸的低盐舌。枯水期径流量小，由冲淡水形成的低盐舌并不如洪季明显。

珠江河口区高盐水体的输移扩散与潮汐动力密切相关。同一潮周期内涨落潮状态对河口区表层盐度分布影响很大，涨潮时明显增高，落潮时明显降低，同一潮周期内盐度差值变化剧烈；同时，同一潮汐阶段下，潮差大则高盐水体向口门推进的力度加大。这些均反映了径、潮流量对比变化对近岸河口高盐水体上溯具有重要影响。当径流动力强于潮流动力时，冲淡水占据珠江河口湾，河口区盐度值偏低；当径流动力弱于潮流动力时，湾外高盐水体在潮流动力带动下往北上溯，珠江河口区内水体盐度值偏大，倘若上游径流来量一直较小，河口区冲淡水得不到补给，则会出现咸潮上溯现象，高盐水体往河口内上溯。这也说明了通过改变上游淡水径流量来调节近口河道含盐度、控制河口区咸潮上溯有效可行。

6.4.4 咸潮变化情势

珠江三角洲等地区由于大量的无序采砂带来了防洪、供水等一系列问题，已引起有关方面的重视。2005 年广东省颁布了《广东省河道采砂管理条例》，加强河道采砂的管理，未来珠江三角洲河道地形变化以航道整治和河口地区的清障等泄洪整治为主，考虑航道规划及河口整治等地形变化、海平面上升(2010 年按海平面上升 0.05 m、2020 年按海平面上升 0.20 m)，不考虑河口的延伸等有利因素，通过数学模型计算分析演变趋势(图 6.4-15、图 6.4-16)。在上游同样来水的情况下，2020 年咸潮影响范围上移 2～3 km，西江干流-磨刀门水道和小榄-横门水道上移 5 km 左右；各地含氯度有所上升，主要表现在高含氯度增加幅度大、而低含氯度增加幅度小；受咸潮影响的取水点平均超标历时增加 1～4 h，流量大的影响小，上游思贤滘来水流量为 2 320 m^3/s 时，磨刀门联石湾、平岗、全禄平均超标历时分别增加 3 h、3 h、1 h，小榄水道大丰水厂平均超标历时增加 4 h，鸡啼门黄杨、竹洲平均超标历时增加 3 h，沙湾水厂平均超标历时增加 1 h。

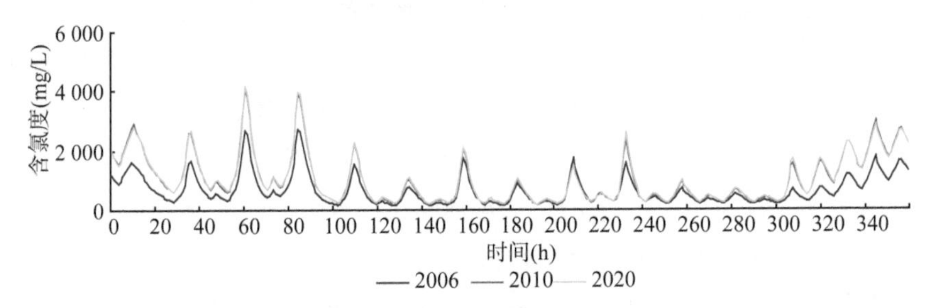

图 6.4-15 联石湾含氯度过程对比图

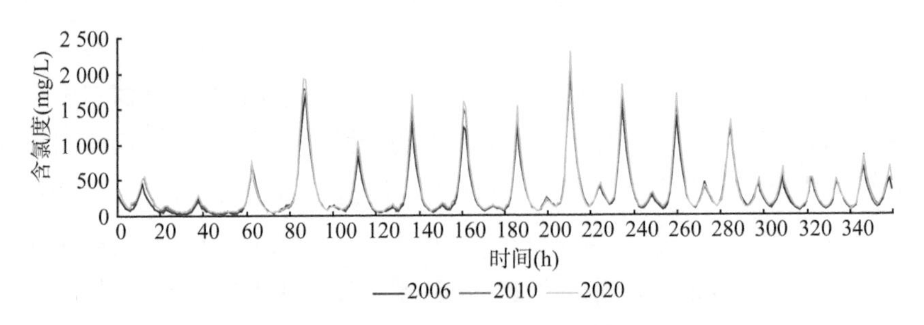

图 6.4-16 沙湾水厂含氯度过程对比图

通过流域水资源配置，2020 年，频率 98% 枯水年最枯 10 天流量可从 1 120 m^3/s 增加到 2 250 m^3/s、最枯月流量可从 1 390 m^3/s 增加到 2 250 m^3/s，可使珠江三角洲的咸潮影响范围下移 10～20 km。各取水口的含氯度和超标历时普遍下降。总体来说，通过流域水资源配置，珠江三角洲的咸潮影响将会得到明显改善。

咸界是含氯度为 250 mg/L 的咸潮上溯前锋与河口的距离，计算时磨刀门咸界起点位于大横琴咸情站，横门咸界起点位于小隐水闸。根据磨刀门沿程咸情站和水厂取水口氯度资料，计算和绘制了磨刀门、横门的咸界，见图 6.4-17、图 6.4-18，磨刀门每年最远上溯距离见表 6.4-1。由图表可得如下结论。

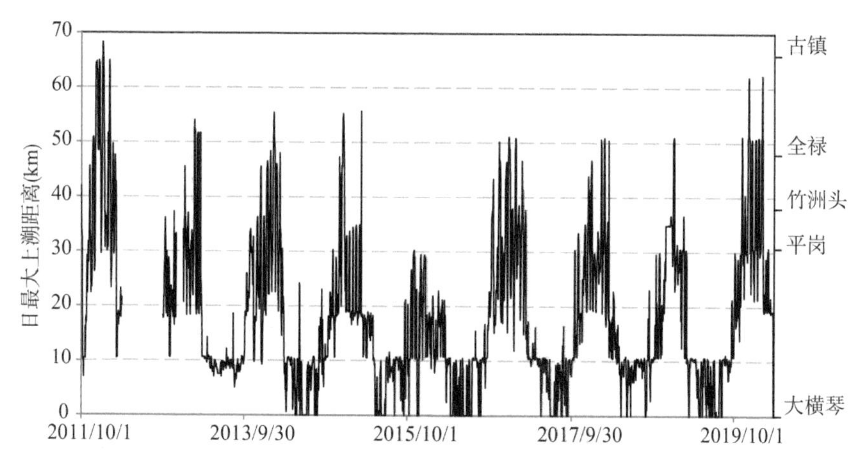

图 6.4-17　磨刀门咸界变化

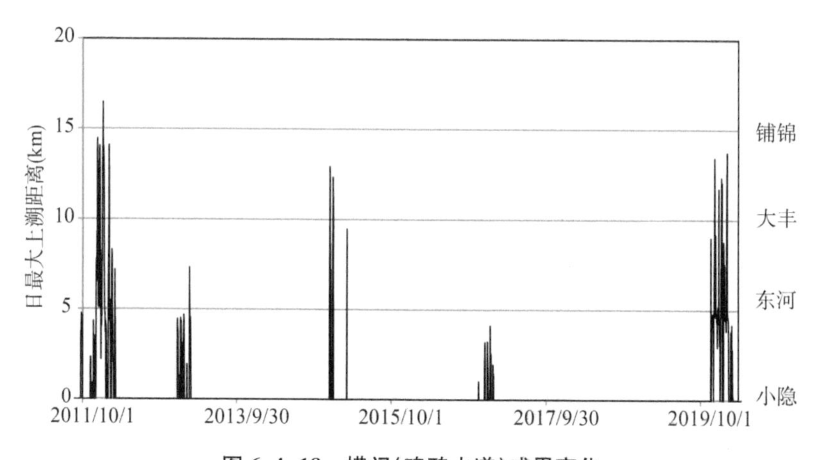

图 6.4-18　横门(鸡鸦水道)咸界变化

(1) 根据21世纪10年代每年枯季咸潮最远上溯距离统计，磨刀门枯季最远上溯距离年平均值为53 km，位于全禄水厂和稔益水厂之间；横门(鸡鸦水道)最远上溯距离年平均值为6.4 km。

磨刀门咸潮上溯距离自大横琴咸情站起算。根据磨刀门沿程的逐时含氯度计算结果，磨刀门2011年咸潮上溯最远，最远上溯距离为68 km，达到位于河口以上66 km的古镇水厂，使得古镇水厂取水含氯度超标历时超过2 h；其次为2019年，最远上溯距离为62 km，稔益水厂2019年12月8日、9日和2020年2月7日三次出现咸潮，分别超标5.9 h、6.4 h和4.9 h；2015年末咸潮上溯最近，最远上溯距离为30 km，不超过平岗泵站；其余年份咸潮最远上溯至全禄与稔益之间。

横门上溯距离自小隐起算，小隐与横门、洪奇门汇合段出口(深中通道)相距12.9 km。根据横门沿程的每日最大含氯度(大丰水厂取水口原水每日最大含氯度)计算结果，横门2011年咸潮上溯最远，最远上溯距离为16.5 km，超过铺锦；其次为2019年，最远上溯距离为13.9 km，超过大丰水厂取水口。

(2) 根据磨刀门咸潮每年枯季平均上溯距离统计，21世纪10年代平均值为21.1 km，超过灯笼山水位站。

根据磨刀门逐时咸潮上溯距离计算结果，磨刀门枯季平均上溯距离的年际变化与枯季最远上溯距离年际变化较为一致，最大出现在2011年，2011年10月至2012年3月平均上溯距离为29.6 km，其位置接近平岗泵站；最小为2015年，2015年10月至2016年3月平均上溯距离为11 km，其位置位于挂定角附近。横门因其沿程取水口缺乏详细的逐时数据，未计算平均上溯距离。

(3) 根据咸界与马口流量的分布图，2015年后马口流量5 000～8 000 m^3/s时咸潮上溯超过挂定角的现象增多。

2015年前马口流量超过5 000 m^3/s时，咸潮上溯很少超过挂定角，但2015年后超过挂定角的现象明显增多，但一般不超过平岗泵站，大部分位于联石湾水闸以下。

根据实测资料得到的咸界受到沿程测站分布和观测方法的影响，整体上反映了径流、潮汐和风等综合工况下咸界的变化状况，但相同径流、风速、风向等状况下的咸界变化需要采取经验公式或数学模型分析得出。

表 6.4-1 磨刀门咸界统计表

年份	最远			枯季平均	
	距离(km)	日期	当日马口日均流量(m^3/s)	距离(km)	马口流量(m^3/s)
2011—2012	68	2012/1/5	1 020	29.6	3 173
2012—2013	54	2013/2/21	2 740	20.4	3 290
2013—2014	55	2014/2/12	2 960	22.6	3 608
2014—2015	56	2015/3/9	4 240	18.4	3 849
2015—2016	30	2015/10/31	5 650	11.0	7 795
2016—2017	51	2016/12/24	2 370	23.2	3 540
2017—2018	51	2018/2/26	5 800	20.6	5 935
2018—2019	51	2019/1/3	3 200	19.5	6 796
2019—2020	62	2020/2/6	2 290	24.7	3 372
平均	53	1/21	3 363	21.1	4 596

东江三角洲南支流(从泗盛起算)、北干流(从大盛起算)历史最大咸界(250 mg/L)分别为河口以上约 28 km 和 16 km。与历史最远咸界相比，2021—2022 年枯水期东江南支流、北干流最大咸界分别上移约 11 km 和 9 km。历史最大咸界图和 2021—2022 年最大咸界图分别如图 6.4-19、图 6.4-20 所示。

利用 2009—2022 年第二水厂日最大含氯度、每月总超标时间及博罗月平均流量进行东江南支流咸潮年际变化分析，其中 2009—2021 年数据为每年 11 月 1 日—翌年 2 月 28 日，2021—2022 年数据为 2021 年 9 月 1 日—2022 年 1 月 31 日。

第二水厂位于东江南支流最下游，受咸潮上溯影响最大，因此将第二水厂超标时间作为衡量东江南支流咸潮上溯强弱的指标。如图 6.4-21 所示，2009—2022 年东江南支流含氯度仅 2009 年 11 月—12 月、2021 年 9 月—2022 年 1 月出现超标情况，超标时间段内博罗流量均低于 320 m^3/s。由此可见，当博罗流量大于 320 m^3/s 时，东江三角洲基本不会发生咸潮上溯现象。

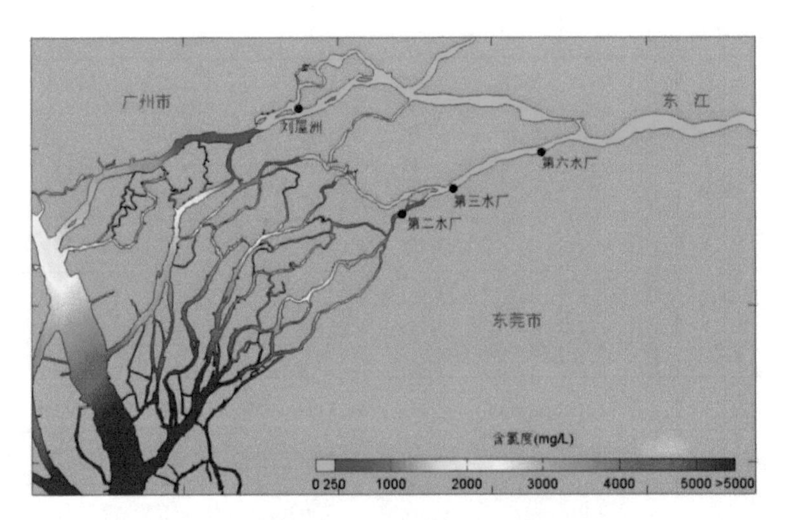

图 6.4-19　历史最大咸界图

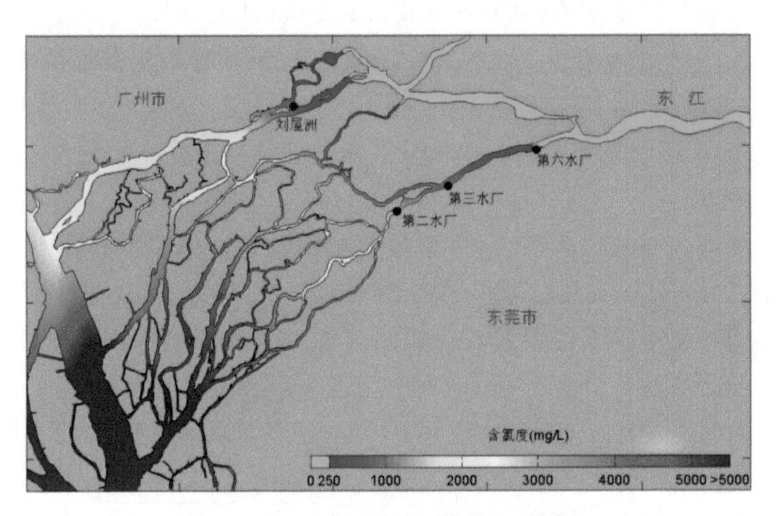

图 6.4-20　2021—2022 年最大咸界图

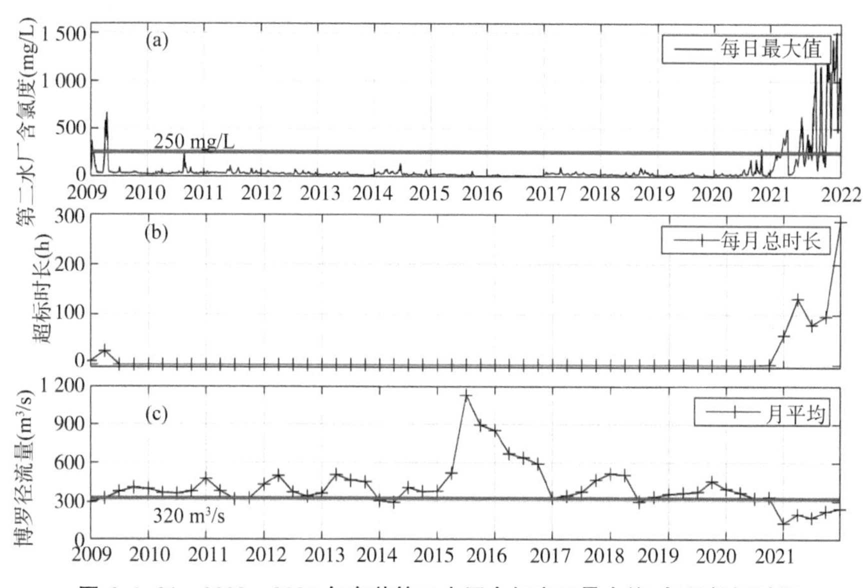

图 6.4-21　2009—2022 年东莞第二水厂含氯度日最大值、每月超标时间及博罗月平均径流量时间序列图

6.5　水安全风险分析

6.5.1　防洪安全风险

近几十年来，随着流域上中游中小河流治理加大与大江大河堤防达标加固建设完成，上中游洪泛区减小，洪水调蓄空间减小，如浔江段堤防由 5～10 年一遇加高到 20 年一遇，致使两岸原有面积达 1 000 km^2 的洪泛区蓄滞洪水功能逐步丧失。上游防洪工程建设使得洪水归槽现象增强，洪峰流量增大，大湾区思贤滘断面 50～300 年一遇全归槽设计洪峰流量比天然洪水增大 10%以上，防洪风险向下游转移。根据实测资料分析，1957—2000 年西江(高要)与北江(石角)年最大洪峰流量遭遇共有 9 场，概率为 21%，但 2001—2017 年两江遭遇的年份有 8 年，遭遇概率增加至 47.1%。20 世纪 90 年代以来，西江、北江与东江河床均呈现了不均匀下切，虽然一定程度上降低了三角洲河网区上游段水位，但由于主要汊口分流比改变，腹部水位仍然存在局部异常壅高现象，且河床不均匀下切，边滩侵蚀后退，深槽迫岸，堤防稳定性降低，险工险段增多，且大部分堤防等级未达到《堤防工程设计规范》(GB50286—2013)的要求，堤防失事风险加大。

21世纪以来，强热带气旋逐年增多，风暴潮呈多发、频发态势，且风暴潮位屡创新高，造成广州、深圳、珠海和澳门等多地出现海水漫顶和倒灌现象，已成为影响珠江河口水安全的严重问题。2008年“黑格比”强台风暴潮位超100年一遇，2017年“天鸽”超200年一遇，2018年“山竹”再次突破历史极值。口门区潮位控制站50、100、200年一遇设计潮位抬升大都在0.12～0.46 m、0.15～0.60 m、0.17～0.74 m之间，提高了1～2个频率级。预计未来30年，珠江口沿海海平面将上升50～180 mm(图6.5-1)。现状海堤普遍建设于20世纪和21世纪初，不但防潮标准普遍不高，有六成海堤防潮标准低于50年一遇，而且海堤平均达标率仅为70%。此外，现有海堤以注重防潮安全的传统海堤为主，一般为砌石或钢筋水泥堤，生态化改造任务重。

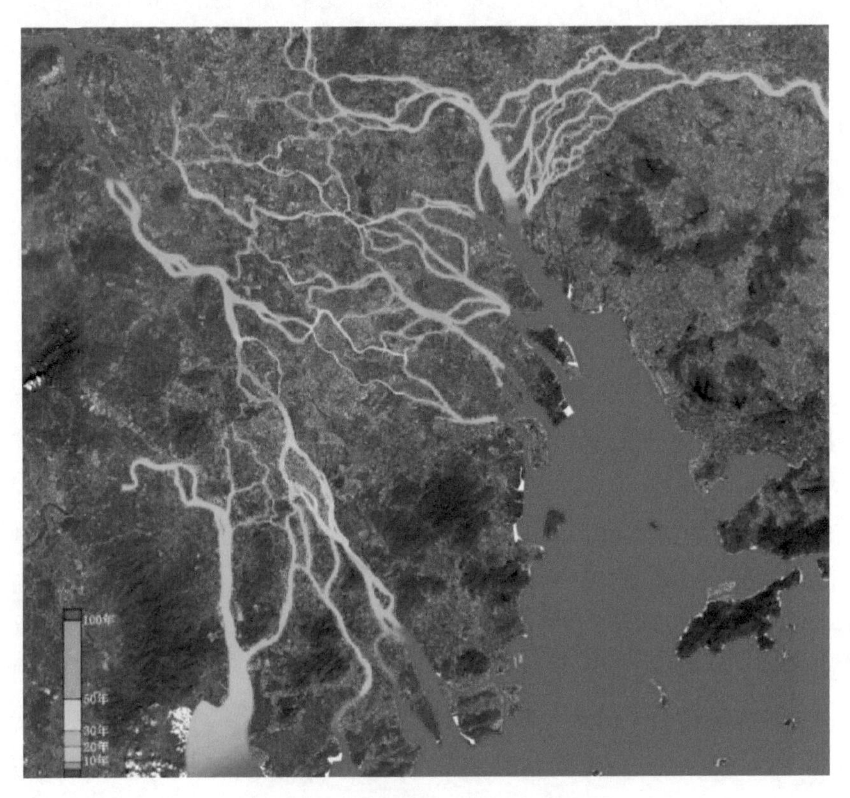

图6.5-1　预测未来洪水重现期云图

大规模河床下切让珠江三角洲河网区的洪水位有一定程度下降，但流域洪水依然是珠江河口地区的心腹大患。在河床演变和动力格局调整的基础上，应用数值模拟方法，预测了河道堤防下切调整、海平面变化情况下珠江河口防洪安全形势。模拟结果显示，北江三角洲腹部水位壅高问题依然持续，西江三角洲腹部水位壅高更加严重。河道的沿程过水断面差异，加上不均衡下切导致关键节点分流变化、河道水流加快，珠江三角洲腹部地区的北江干流下段、顺德水道下段、沙湾水道上段、西海水道中下段等洪水位显著高于上下游河段，称为异常壅高。20 世纪末，北江干流上段洪水位 10～20 年一遇，口门段 30 年一遇，但霞石—三善滘段接近 50 年一遇，而三多的上段接近 100 年一遇。西江干流上段洪水位 10～20 年一遇，口门段不足 5 年一遇，但北街上下游段达到 50～100 年一遇。

由于河道大规模下切，上游河段水位下降幅度较大，现状西江、北江上部 20 km 以内河段洪水位均不足 5 年一遇，但腹部水位壅高，其中北江霞石—三善滘段依然维持 30～50 年一遇，西江北街上下游段在 50～100 年一遇。而珠江三角洲腹部堤围，如南顺第二联围、顺德第一联围、容桂联围、五乡联围等现状防洪标准仅为 20～50 年。三角洲腹部水位壅高问题依然持续，超过堤防设计水位的堤段长 540 km。

6.5.2 供水安全风险

珠江河口地区供水以河道型水源为主，枯季供水安全受咸潮上溯影响大。受河床下切趋势难以短时扭转、气候变化引发极端干旱事件频发、海平面加速上升等不利因素影响，珠江河口咸潮仍将呈进一步加剧的发展态势，发生频率增加、影响范围扩大、时间延长、程度加剧，由此引发的供水安全风险将有增无减。首先，河网和口门区河床下切是近 20 年来珠江河口咸潮上溯整体加剧的主要原因，受上游来沙量锐减和人类活动影响，珠江河网和口门区河床下切的趋势难以扭转，仍将进一步加剧咸潮上溯；其次，上游来流偏枯是导致河口咸潮上溯的关键原因，受全球气候变化影响，极端干旱事件发生频率增加，会导致珠江河口严重咸潮的发生频率增加；再次，海相动力强度呈逐渐增强的发展态势，一方面是河口潮汐动力增强，另一方面海平面持续加速上升，会进一步扩大珠江河口咸潮的影响范围；按最不利情景考虑，综合评估了新形势下珠江河口咸潮上溯引发的供水安全风险，影响范围向上游扩大约 4.6～12.7 km，各水厂取水口取淡概率降低 2%～8%。根据《粤港澳大湾区水安全保障规划》，到 2035 年集中式饮用水水源地水质达标率将由现状的 96%提高到不低于 98%，河口咸潮上溯引起的供水安全风险将更加凸显。珠江河口咸潮影响范围对比图见图 6.5-2。

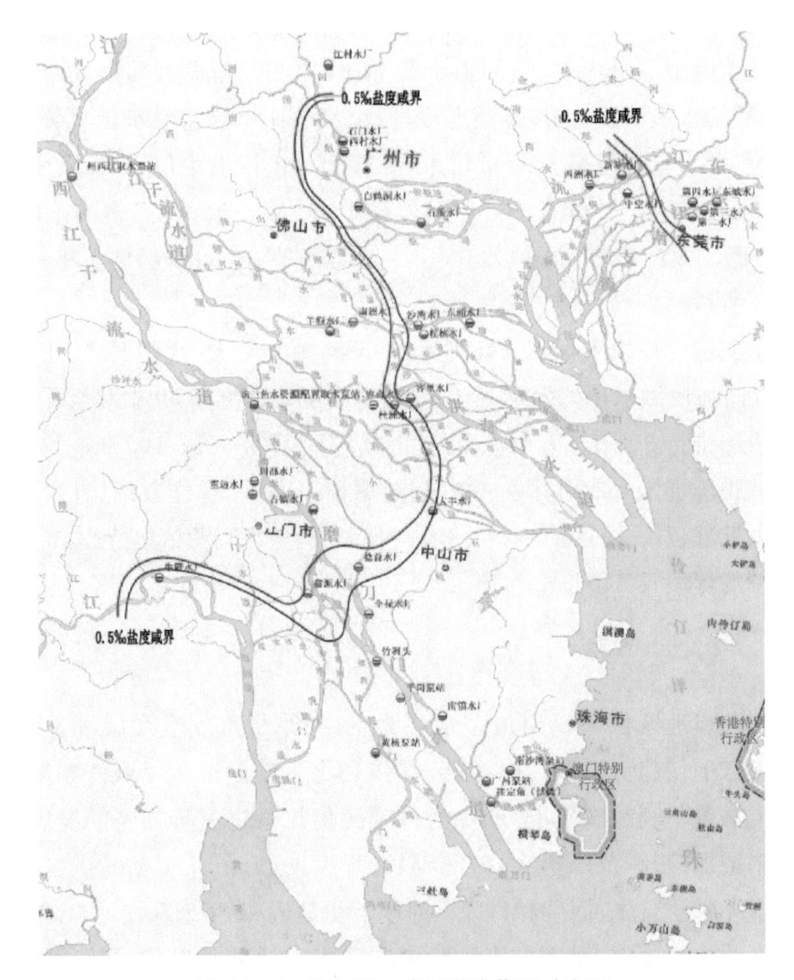

图 6.5-2　珠江河口咸潮影响范围对比图

另一方面，粤港澳大湾区蓄水工程不足，本地蓄水工程总兴利库容 38.1 亿 m^3，占年供水总量的比重不足 20%，本地水库调配能力不够，存在流域季节性干旱、咸潮上溯、突发水污染等风险。近年来珠江流域干旱频发，相继发生 2005 年流域干旱、2010 年西南大旱、2020 年流域干旱。粤港澳大湾区虽有大量的过境客水补充，但枯水期供水依然受咸潮上溯的长期影响，受河床下切、拦门沙萎缩、海平面上升等不利因素的综合影响，珠江河口咸潮发生频率增加、影响范围扩大、程度加剧，严重威胁供水安全。西江、北江、东江供水水源连通不够，城市间供水网络尚未形成，互联互通多水源供水体系不完备，水资源应急保障能力不足。

近年来，珠江口咸潮呈灾害化发展，珠江三角洲地区 90%以上供水水厂取水口或泵站，均不同程度受咸潮上溯影响。目前，大湾区供水受咸潮影响最为严重的区域是珠海、中山，受水量分配和行政区划影响，现有取水口继续上移的空间严重受限。此外，区域突发水污染事件时有发生，北江流域镉污染、紫金矿业污染汀江、云南曲靖铬渣非法倾倒污染南盘江、河池龙江镉污染等事故对饮水安全造成重大影响。

6.5.3 滩涂侵蚀风险

粤港澳大湾区城市发展、城际互联互通、航运发展对河口滩涂和岸线资源利用需求大。改革开放以来的 40 多年间，珠江河口滩涂面积由 2 505 km^2 减少至 1 660 km^2，减幅达 34%。近年来，在河口保护要求下，围垦速率大幅下降，但 2000—2019 年，滩涂面积仍减少 317 km^2，其中滩涂围垦 136 km^2，占比 43%，同时港口码头、桥梁等工程建设也占用了大量的滩涂和岸线资源。粤港澳大湾区建设是大珠江三角洲城市群向河口聚集并融合的建设过程，优化高速公路、铁路、城市轨道交通网络布局，打造便捷区域内交通圈。新一轮社会经济发展对河口岸线、滩涂等资源开发利用需求依然旺盛，人类活动的干扰将长期存在。

在河口浅滩动力条件和物质要素变化分析的基础上，通过对比珠江河口多年实测陆地/水下地形变化和河口风暴浪潮传播过程，结合沿岸浅滩土地利用现状和类型，总结提出了珠江河口沿岸侵蚀热点分布区域(图 6.5-3)。未来河口浅滩主要侵蚀区域主要分布于伶仃洋东、西近岸浅滩和磨刀门水域，侵蚀面积合计 47.2 km^2。伶仃洋上窄下宽的喇叭状平面形态，使得上段(内伶仃洋)水流集中，挟沙力增强，同时考虑近期上游来沙量锐减，河口潮汐动力增强等因素，伶仃洋尤其内伶仃洋淤积趋缓，局部滩面出现冲刷。西滩中上部(内伶仃部分)淤积整体减缓，冲刷区集中在高滩部分，低滩部分仍将保持淤积，龙穴岛东侧、万顷沙南受 SE 向浪作用，未来侵蚀风险加剧，深圳西部岸线受到 SW 向浪侵蚀作用，具有侵蚀风险。珠海情侣路附近水域由于没有沙源补给，在强台风过程中，极易造成沙滩侵蚀。磨刀门中心拦门沙区在大水年的时候，将整体向外推移，在枯季及小水年时表现为内、外坡冲刷，滩顶淤高，拦门沙形态逐渐扩展延伸。

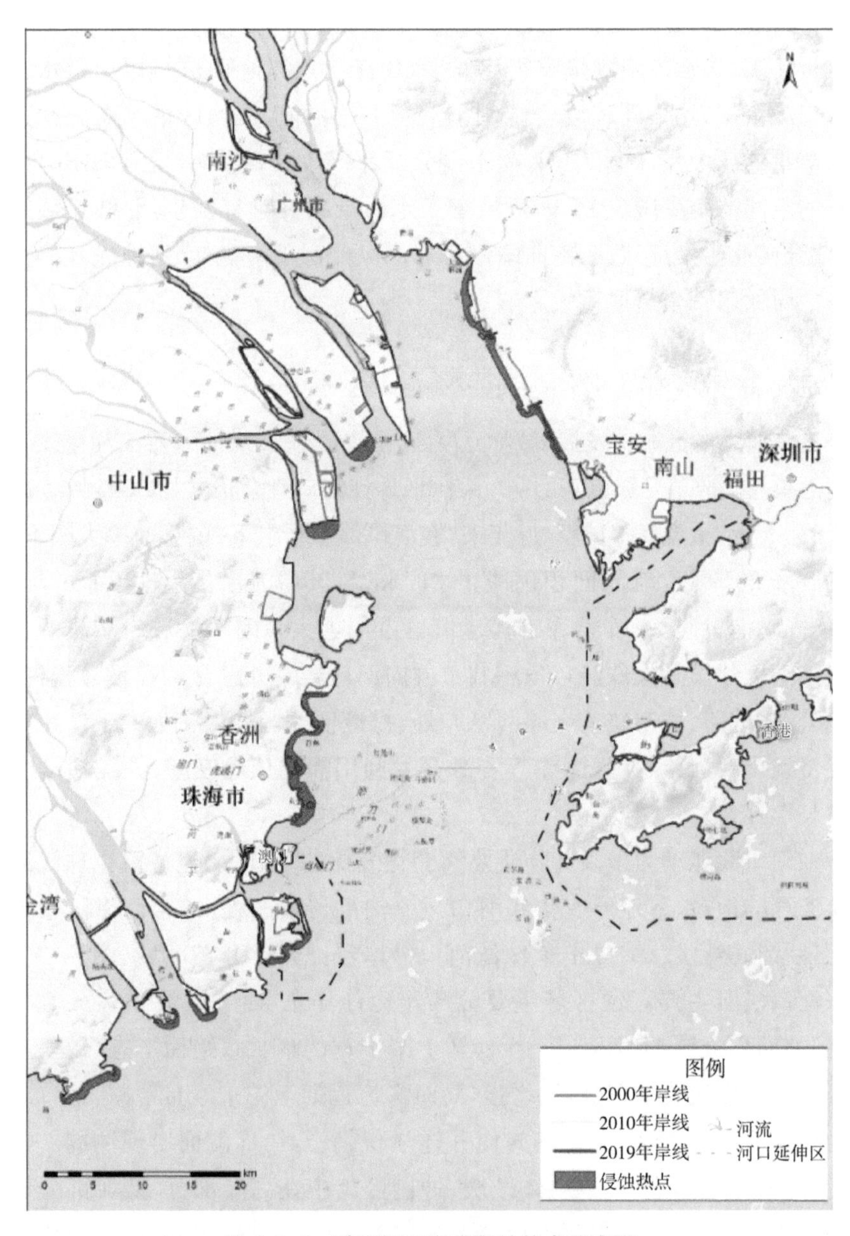

图 6.5-3　珠江河口沿岸侵蚀热点分布图

7

珠江河口治理重大问题研判与策略

强人类活动干扰极大地改变了河口河床形态，叠加流域来沙持续减少、海洋动力强劲发展，河口从缓慢淤积向局部侵蚀转变。过去“畅通尾闾、引导延伸”的淤积型河口治理策略与强干扰下海洋动力显著增强的侵蚀型河口现状不相适应。新时期，在面临上游来沙骤减、河网区干流河道大规模下切、河口滩涂资源减少、潮汐动力增强的形势下，河网-口门-河口湾河床边界将缓慢持续调整，河口整体动力与物质输运特性随之变化，河口水安全风险不确定性加剧。研判强扰动下河口演变和动力调整趋势，评估河床不均衡下切下的河口防洪安全、咸潮威胁下的供水安全以及滩涂侵蚀引发的水生态环境问题等水安全风险，抓住重点、统筹兼顾、协同治理是当前珠江河口整治规划与系统治理的重大难题。

本研究首先利用巨型河网突变河床径潮波数值模拟技术及波流交互作用下的浅滩冲淤物理模拟技术，研判强人类活动干扰下河势发展引起的河口腹部水位壅高、咸潮上溯、岸滩侵蚀等方面的水安全风险转移新局势并进行成因分析。其次，在总结过去珠江河口存在的水安全问题及相应治理策略基础上，研究并提出协调河网-口门-河口湾多层次、防洪-供水-生态环境多目标、水利-航运等多功能的新时期河口治理新策略。最后，围绕当前拦门沙萎缩、浅滩侵蚀、水域空间管控等几大突出问题，研发河口治理关键技术。

7.1 珠江河口治理重大问题研判

7.1.1 河势剧烈变化，河口侵蚀风险加大

(1) 河网河道大规模不均匀下切，河口区拦门沙萎缩，局部滩槽变化剧烈。21 世纪以来，河网主干河道河床延续下切态势，西江、北江、东江主干河道的平均下切幅度分别为 2.5 m、1.2 m、0.4 m。受人工采砂等活动的影响，磨刀门出口由 21 世纪初的东西两汊与中心拦门沙并存格局，演变为单一槽道、拦门沙萎缩现状。伶仃洋中滩上部严重下切，−7 m 以浅浅滩面积较 1999 年面积减少约 49%。

(2) 来沙锐减，海洋动力增强，河口滩涂自然发育速度减缓，河口滩涂侵蚀风险加大。近十年来流域输沙量已降至 2 000 万 t 以下，水体含沙量大幅度降低，河口进入“清水时代”。20 世纪 90 年代以前，来沙量的 80%淤积在河口

区,21 世纪以来仅有 22%,河口区滩涂自然发育速度减缓。1970—2000 年珠江河口岸线自然推进速率约为 21 m/a,21 世纪以来约为 10 m/a,2015 年后除极少区域岸线略有推进外,珠江河口岸线基本固化。与此同时,口外潮汐动力增强,岸线变化引起的海岸波浪折射、幅聚与反射特性变化,导致局部海湾输沙失衡、波浪侵蚀作用加强,海岸侵蚀风险加大。

7.1.2 大湾区滩涂岸线开发利用与河口大保护的矛盾突出

粤港澳大湾区城市发展、城际互联互通、航运发展对河口滩涂和岸线资源利用需求大。改革开放以来的 40 多年间,珠江河口滩涂面积由 2 505 km^2 减少至 1 660 km^2,减幅达 34%。近年来,在河口保护要求下,围垦速率大幅下降,但 2000—2019 年,滩涂面积仍减少 317 km^2,其中滩涂围垦 136 km^2,占比 43%,同时港口码头、桥梁等工程建设也占用了大量的滩涂和岸线资源。粤港澳大湾区建设是大珠三角城市群向河口聚集并融合的建设过程,优化高速公路、铁路、城市轨道交通网络布局,打造便捷区域内交通圈。新一轮社会经济发展对河口岸线、滩涂等资源开发利用需求依然旺盛,人类活动的干扰将长期存在。

按照生态文明建设要求,贯彻河口"共同抓好大保护、协同推进大治理",是实现河口地区高质量发展的重要前提。河口大保护的高要求下,统筹大湾区建设发展需求,是当前河口治理、保护和开发的主要问题。

7.1.3 三角洲河网与河口区治理不协同

珠江三角洲河网区与河口区水域是一个密不可分的、敏感的互动系统,河口演变与治理"牵一发而动全身",需从系统角度统筹考虑珠江三角洲河网区与河口区综合治理。《粤港澳大湾区发展规划纲要》也明确提出要加强珠江河口治理与保护、推进三角洲河湖系统治理。珠江三角洲河网区与河口区各自开展了相关的规划、设计和整治工程,但尚未开展统一的珠江三角洲河网区与河口区治理。

港澳管理水域分属珠江河口伶仃洋河口湾东西两侧,是珠江河口的重要组成部分。港澳管理水域的开发治理和协同保护在珠江河口泄洪纳潮和维持河势稳定中占据重要地位。近年来港澳相继提出大屿山东侧、北侧大规模填海、澳门南侧堆填区等可能影响伶仃洋河口湾稳定,但粤港澳三地尚未形成河口协同治理共识。

7.2　新时期珠江河口系统治理与保护策略

7.2.1　系统整体观的提出

（1）统筹兼顾河口自然属性和社会属性，多目标治理河口。在新时期珠江河口治理与保护中，要以习近平生态文明思想为指导，坚持人与自然和谐共生，树立珠江河口治理的系统整体观，建设“稳定、安全、美丽、生态”的新河口。

（2）统筹考虑流域和区域、河网-口门-河口湾，多层次治理河口。西江、北江来水通过思贤滘以及天河、南华等关键节点调配进入西北江三角洲片区，经河网水系互通后由八大口门汇入伶仃洋河口湾、黄茅海河口湾等水域。珠江河口三角洲河网-口门-河口湾是一个密不可分的、敏感互动的系统，具有“小扰易动”“牵一发而动全身”的特性。从流域维度看，珠江河口治理必须统筹流域和区域，统筹西江三角洲和北江三角洲，统筹河网区、口门和河口湾。

（3）统筹考虑水利、港口航运、交通等行业，从多功能出发维护河口。河口作为河流与海洋的交汇地带，在泄洪纳潮、保障供水、排涝灌溉、航运交通、生态服务等方面扮演着重要角色。珠江河口作为粤港澳大湾区经济社会高质量发展的核心区域，其治理必须统筹水利、港口航运、交通、生态环境等多方面功能。

7.2.2　系统治理与保护策略

（1）系统治理区位“牛鼻子”

珠江河口具有“三江汇流、河网密布、八口入海、两湾纳潮”的特点，其中汇流节点、河网、口门和河口湾是珠江河口重要组成部分。思贤滘是沟通西江与北江的一级关键节点，是珠江河口战略要地，其水沙分配变化对河网区河势稳定、水文情势与水生态环境有着重大影响，是河口综合治理的“牛鼻子”。

当前，受上下游不均衡下切和径潮动力交汇影响，洪水期河网区腹部水位异常壅高。在西江干流冲蚀、北江干流平衡的新发展趋势条件下，河网区腹部洪水壅高依然得不到缓解。河网通畅及合理分配对于畅泄洪水至关重要。西江、北江、东江水沙进入三角洲后经八大口门泄入河口湾，八大口门为珠江三角洲最后一级节点，口门之间互相关联、互动影响，牵一发而动全身，口门延伸和滩槽格局对于协同泄洪、防咸、航运等功能举足轻重。

珠江河口的两翼分别是东面的伶仃洋河口湾和西面的黄茅海河口湾，东西两翼河口湾通过潮汐与河口径流发生密切的水文作用和物质通量，对于珠江河口水安全、水资源、水环境、水生态以及经济社会发展至关重要。

新时期，以注重河口自身发展切实和客观需求，立足针对目前强扰动下河口径潮动力格局和河势演变新情况，围绕"多目标、多层次、多功能"治理需求，以"滘调、网通、口控、湾稳"的系统治理策略，构建"关键节点重控导、河网多线强畅通、两湾稳定保片区"的"点线片"总体布局。

(2) 治理与保护策略

①调节点分流。强人类活动干扰下，北江三角洲分流比显著增加，洪水期北江三角洲面临巨大防洪隐患、枯水期西江供水受到严重威胁，且该时空失调新情势在未来很长一段时间难以自然恢复到以前水平。因此，适度调控思贤滘洪枯季水沙分配，是进一步稳定河口河势，保障重点区域水安全，确保西北江三角洲防洪、供水、水生态环境效益最大化的关键。

通过调控思贤滘节点分流比，在思贤滘遭遇 100 年一遇归槽洪水时，限制向北江三角洲分流比不超过 23%，调控思贤滘压咸流量为 2 500 m^3/s 时，可确保北江分流比在 15%～16%，即三水流量达到 375～400 m^3/s 时，西江、北江片区取水保证率均可满足(图 7.2-1 和图 7.2-2)。同时，该措施有利于提高西北江三角洲应对上游突发性水污染事件的应急处置能力，减小水污染事件对供水安全的影响。

②通河网泄洪。通过节点控导，立足西北江三角洲整体防洪效益最大化，控制三水分配比至 23%，可确保广州佛山片区泄洪安全，但西江三角洲局部洪水壅高依然在 15～50 cm 之间，堤防工程体系难以满足中山、珠海等重要节点城市 100 年一遇防洪能力要求。因此，河网区防洪策略的根本思路在于"疏通河网、洪水西调"，顺应洪水西调的自然规律和西江干流冲蚀的发展趋势，疏通虎跳门水道、坭湾门水道和白龙河水道等河网支汊，充分发挥西部泄洪通道的承载能力，增加磨刀门水道向西分流，分散泄洪，将磨刀门水道泄洪能力从 50 年一遇提高到 100 年一遇。

③控口门延伸。八大口门及入湾其他河流根据山潮比可以分为河优型口门和潮优型河口。对于河优型口门，重点是"协调主支汊、线性扩宽"。合

理确定径流作用相对较强的磨刀门、横门、洪奇门和蕉门河优型口门延伸方向，以满足行洪要求，适应河流动力减弱和其携带的泥沙不断在河口沉积的特性，科学拟定河口扩宽的线性关系，维持口门畅通。同时，保持延伸水道多汊道格局，控导主支汊宽度和分流比，适度控导水沙向西南方向输移，减小对相邻口门水沙干扰。

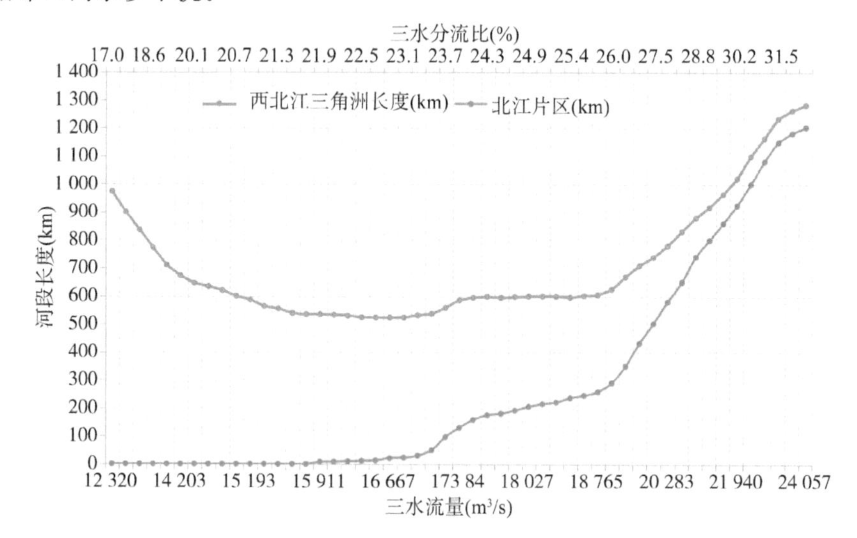

图 7. 2-1 西江、北江堤段超设计洪水长度与三水分流关系图

(思贤滘 100 年一遇归槽洪水)

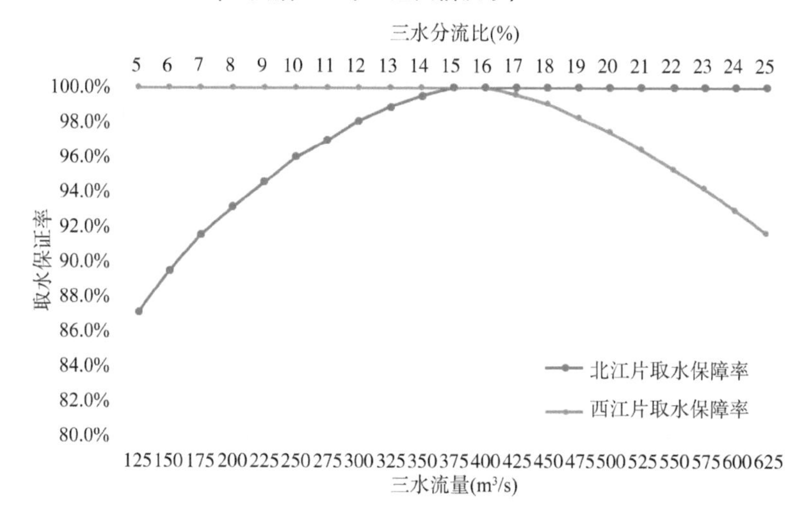

图 7. 2-2 西江、北江片区取水保证率与三水分流关系图

(思贤滘压咸流量 2 500 m³/s)

对于潮优型口门，重点是“维持喇叭口、指数扩宽”。潮优型河口湾呈喇叭状，水深自外向里变小，湾顶以上一段河段发育弯曲，且弯曲程度向上游逐渐减小。根据河口演变发展的自然规律，采用大喇叭状布置方案，合理确定虎门、崖门、茅洲河口等潮优型口门自口门到湾口指数型扩宽关系，控制两滩向深槽扩展，以利纳潮。河优型口门与潮优型河口控导布局图见图 7.2-3。

④稳河湾滩槽。河口湾的稳定是维护珠江河口乃至粤港澳大湾区水安全的重要保障，重点需“保护水沙通道、建设生态保护带”以稳定“三滩两槽”格局。

对于治导线以外水域，确定潮流与输沙通道，协调与周边滩槽发育的关系，维护通道的上下贯通和适度规模，维持河口湾稳定的动力环境，保障河口泄洪纳潮和泥沙输运功能发挥和高等级航道畅通。对于治导线以内水域岸线，从两个方面着力加强河口水生态空间保护。一方面是建设河口湾生态保护带，以现状岸线与河口治导线之间的水域为保护修复空间，维持海陆过渡带的健康形态与生态特征。另一方面是建设环河口湾生态岸线，维护自然岸线保有率，结合城市景观与水生态环境保护需求，研究人工岸线的生态化改造及修复策略，加快推进生态海堤工程建设。

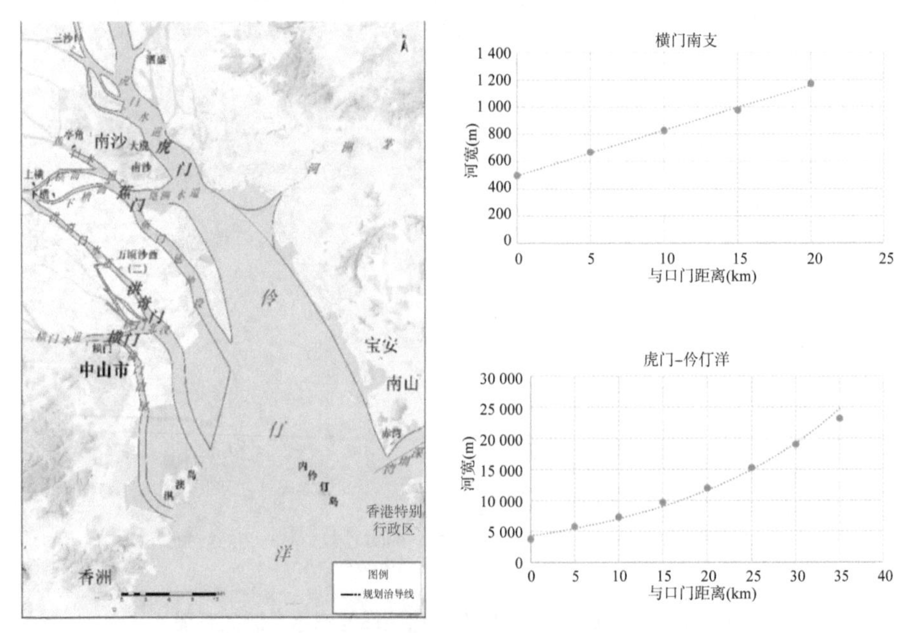

图 7.2-3　河优型口门与潮优型河口控导布局图

7.3 珠江河口总体布局

7.3.1 治理目标

构建“稳定、安全、美丽、生态”河口，治理好“盛水的盆”和“盆里的水”，为满足河口防洪保安全、优质水资源、宜居水环境、健康水生态的全面水安全保障提供基础。

综合考虑流域与区域、当前与长远，将珠江河口视为一个有机整体，按照“滘稳-网通-口畅-湾活”的总体布局开展系统治理，统筹解决好水灾害、水资源、水生态、水环境四个方面的水安全问题。

滘稳：提出思贤滘、天河-南华等关键节点合理分流比，对关键期分流比实时调控，并维护其稳定，平衡西北江三角洲防洪压力、枯季咸潮期供水压力和生态流量；通过思贤滘生态调控等工程措施和上游水库群调度等非工程措施，适度调控思贤滘分流比（调洪、调咸、调生态）。

网通：提升河涌、支流与主干河道的连通性，从整体上盘活三角洲河网水系，提升水体自净能力和水生态系统的连续性，增加洪泛和潮汐消纳空间。

口畅：遵循自然规律，河优型口门主要由径流动力塑造，维护其横向支汊发育，主支汊协调通畅，保障洪水宣泄；潮优型口门主要由潮汐或潮流动力塑造，保护其潮道通畅，维护纳潮量，维持水体交换能力。

湾活：维护河口湾滩槽格局整体稳定，保护重要潮道，维持其纳潮量和水体交换能力，达到活水提升环境容量目的；加强岸线、滩涂、重要生境保护和生态修复，构建纵向连续、横向到岸的健康生境体系，提升生态活力；通过生态海堤改造，提升防潮能力和水景观，建设活力河口海湾。

7.3.2 总体布局

以河网区干支流为水系连通网，以堤防岸线为防洪潮屏障，以滩涂湿地为生态过渡区，以水域重要通道为水沙输移和航运通道，构建“一网-一屏-一区-四通道”的珠江河口综合治理与保护总体布局（图 7.3-1）。

（1）一网：建设绿色生态活力水网。通过流域水沙调控、重点河段整治等措施保护干支流功能；通过思贤滘、天河-南华等生态控导工程实现关键节点

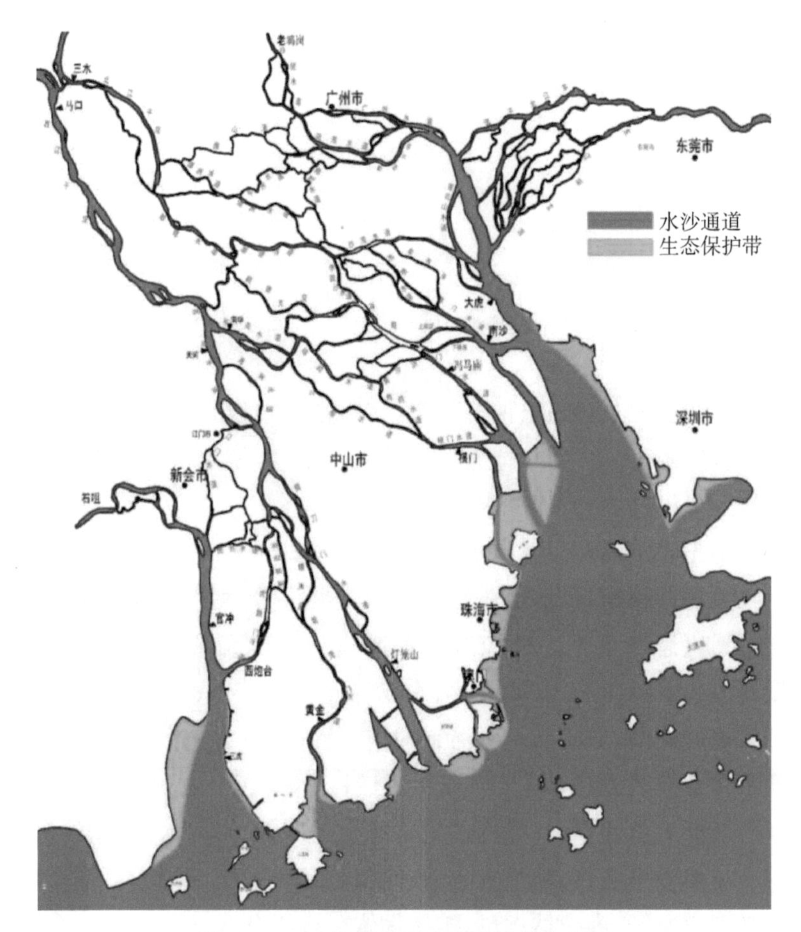

图 7.3-1　水沙通道及生态保护带布局图

的合理调控；通过闸泵群优化调度等措施增强连通性，提升内河涌功能，打造水系通畅、绿色生态的活力水网。

(2) 一屏：建设生态堤防岸线屏障。主要划定河口岸线功能区，实现岸线节约集约利用与保护，实施海堤扩建或达标升级、生态化改造与建设，完善以堤防工程为主的防洪潮屏障，实现防洪潮能力与生态功能双提升。

(3) 一区：保护与修复滩涂生态过渡区。主要划定河口堤防岸线至治导线之间滩涂功能区，营造滨海沙滩、红树林与盐沼湿地生态空间，加强河口滩涂湿地保护，维持河口水域重点水生生境稳定。

(4) 四通道：治理保护泄洪、涨潮、输沙和航运主通道。主要规划河口治导线，稳定喇叭形河口湾和河优型口门通道格局；加强口门泄洪整治，疏导局部不畅河段，维持泄洪通道通畅；划定伶仃洋和黄茅海河口湾涨潮、输沙通道，维护“三滩两槽”格局；划定航运通道，维护港口航道稳定。综合形成多功能多通道体系，保障珠江河口泄洪纳潮、河势稳定和航运发展。

7.4 珠江河口治理策略

7.4.1 推进流域梯级水库水沙调控与河道补沙

流域梯级水库排沙是下游河道泥沙来源，在深入研究流域梯级水库泥沙淤积情势、水库排沙调度运行方式、水沙输运过程与下游及三角洲河床冲淤关系的基础上，探索流域梯级水库的联合调度方案，塑造适宜的洪水过程，增加出库流量的含沙量，以水沙调控为载体，抑制河床下切和河口侵蚀，适度修复和恢复受损河床。

重点研究龙滩、岩滩等上游水库减淤和下游补沙方式。研判龙滩、岩滩等上游水库的淤积发展态势和实施排沙调度的可行性，研究水库泄洪、汛前降低水位运行的减淤效果，提出汛期排沙运用的排沙流量、坝前控制水位等指标，提出洪水排沙运用方式；提出利用水库上游洪水冲刷，降低库尾淤积的调度运用方式，探索水库联合调度减淤综合措施。利用大藤峡排沙底孔和低泄流孔，提出汛期降低水位的排沙调度方式，探索大藤峡排沙向下游河道补沙措施。

7.4.2 控导重要节点水沙

河网区重要节点决定了珠江三角洲水沙输移分配。发挥已有水闸节点水沙的综合调度功能，提出芦苞、西南、甘竹溪等三角洲主要分洪水闸常年调度运用方案，通过常态化调度运用满足新时期水环境水生态保护的需要。开展关键节点控导工程的前期研究，推进工程建设。研究确定主要调控节点的调控方式、水沙调控比例等关键技术指标，提出分流鱼嘴导、导流丁坝等控导工程措施，推进节点调控工程的建设，适度恢复主支汊河势稳定。

重点深化关键节点控导的前期论证，在保证航道、生态廊道畅通的前提下，推进思贤滘与天河-南华生态控导工程建设，合理分配西江、北江洪水，降低珠三角整体防洪风险，调控枯水期的分流，减少咸潮上溯对城市供水威胁。

7.4.3 加强河口区滩涂保育与修复

加强河口治导线和滩涂功能区管理，规划河口滩涂生态保护带，保护河口滩涂湿地；研究疏浚土再利用、滩面泥沙重塑等技术，提出红树林保育生态、人工促淤整治和人工补沙等工程措施，实现重要滩涂保育与修复。

重点开展磨刀门拦门沙和伶仃洋中滩修复。顺应磨刀门拦门沙未来延伸方向以及拦门沙发育演变趋势，结合口门泄洪、供水和航运等功能及任务，以治导线为管理措施控制磨刀门喇叭口形态，以磨刀门出口分流鱼嘴和拦门沙促淤工程为修复措施，恢复东西汊道和中心拦门沙的滩槽格局；按照自然保育为主，人工修复为辅的治理思路，提出生态促淤、清洁疏浚土的综合利用等生态修复措施，恢复中滩功能，保护伶仃洋“三滩两槽”滩槽格局。

7.4.4 推进河口协同治理和保护

打造大湾区河口治理保护共同体。确立方向一致、分类指导的粤港澳三地河口治理保护目标，统一规划泄洪纳潮安全、岸线滩涂功能、生态保护修复、重大涉水工程建设等，建立大湾区一体化框架下的河口治理统筹协调机制。包括协同推进深圳河、深圳湾、鸭涌河、湾仔水道及十字门水道防洪排涝水环境综合治理；协同保护伶仃洋东侧涉及香港管理水域的纳潮通道和西侧涉及澳门管理水域泄洪输沙通道，综合打造大湾区河口治理保护共同体。

推动河口整体规划与协同治理。加强河口基础数据观测与共享，建立河网区、河口湾、口外同步连续的观测体系，推进珠江河口治理联合研究。以大湾区河网-口门-河口湾为整体，确定综合治理规划总体思路与布局，制定规划方案，提出规划实施的意见。稳步推进三角洲河网与河口的系统治理，同步推进三角洲卡口清碍、口门区泄洪整治、挡潮闸防潮工程建设等治理工作，推进美丽水岸建设和岸带生态修复，共同打造幸福河口。

7.5 河口分区管理与保护技术

7.5.1 管理与保护技术思路

过去三十年，大量的跨河桥梁、港口码头、滩涂利用、航道整治等涉水工程的建设，对促进珠江河口地区社会经济的发展发挥了巨大作用，但也对河口及三角洲动力格局造成了不小的扰动。珠江河口区动力环境极为复杂、动力特性空间差异极大，不同区域涉水工程建设的负面效应反馈作用不同。为支持经济社会持续高质量发展、控制涉水工程建设影响，新时期需突破以往“区域均一化、指标单一化”的管控模式，根据河口水域动力差异，科学划定泄洪纳潮输沙敏感分区，优化涉水工程空间布局和总体方案。

7.5.2　敏感水域划分方法

为反映断面中不同位置的行洪纳潮能力，本研究引入单宽流量的概念，尝试提出基于单宽流量概念的工程阻水效应判断方法。本研究根据潮流数模计算结果得到计算范围内各点的流速 V(垂线平均)和水深 H，采用 q 值来评估该点区域的行洪、纳潮能力。对于单宽流量大值区，也是阻水主要控制区，工程需最大限度减低影响。以洪季单宽落潮平均流量 5 m^2/s、10 m^2/s 和枯季单宽涨潮平均流量 2 m^2/s、5 m^2/s 作为分界线，将泄洪纳潮影响敏感河段划分为弱敏感区、中敏感区、强敏感区(图 7.5-1 和图 7.5-2)。

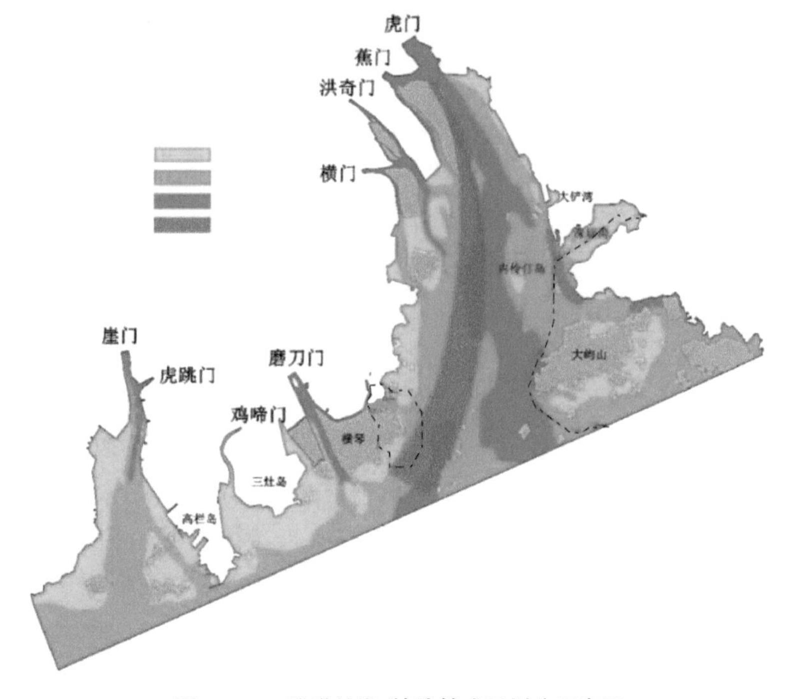

图 7.5-1　泄洪纳潮/输沙敏感区划分示意图

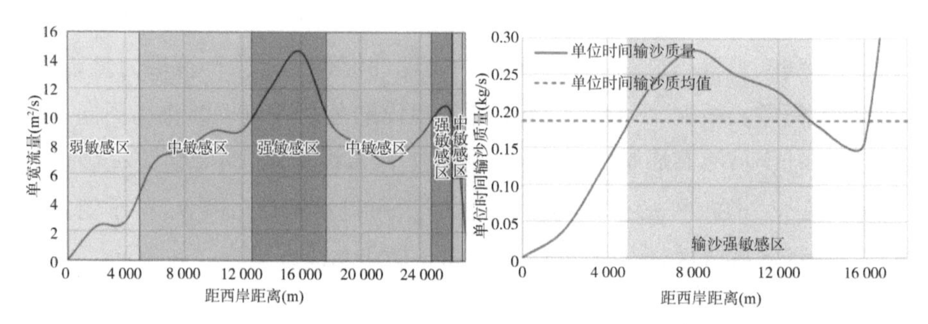

图 7.5-2　泄洪纳潮/输沙敏感区划分断面示意图

在此基础上，结合大尺度、长周期泥沙遥感反演成果，以单宽涨落潮流量均值叠加典型泥沙反演浓度场的单位时间输沙质量作为分界线，划分出河口输沙强敏感区。

7.5.3　“控密-减阻-优型”的管控指标体系构建

以维持河口必要控制防洪水位和涨落潮量、减小对河口泄洪输沙阻碍为目标，对河口涉水工程位置进行控制以减轻沿程“面”上逐渐增大的开发密度，以免造成叠加综合不利影响；对跨越河湾或河道的线型涉水工程方案进行控制，以降低断面“线”上路线方案因滩槽位置不同造成的泄洪纳潮影响；对既定“点”位的涉水工程阻水结构进行型式检验，调角度-控高度，以减轻单点工程对局部水域河势和流态造成不利影响。因此，对建设密度、阻水效应、结构型式等方面提出了基于“面-线-点”的管控指标，构建了一套适用于珠江河口“控密-减阻-优型”的综合技术指标体系。

(1) 工程密度管控指标

选取中、高敏感河段中的洪奇门水道为河优型典型河段、崖门水道为潮优型典型河段，采用数学模型对桥梁工程的洪水影响叠加效应进行精细模拟研究。为保证口门站壅水高度不超过允许高度，提出结合工程阻水比情况对各河段的工程建设密度予以控制。对属于敏感河道的洪奇门水道建议控制工程建设密度为 1 座/11.23 km，对于崖门水道建议控制工程建设密度为 1 座/2.46 km(表 7.5-1)。

表 7.5-1　桥梁间距与壅水关系(阻水比 2%)　　单位:m

桥梁数	洪奇门		崖门水道	
	间距	壅水	间距	壅水
1	11 231	0.004	9 840	0.002
2	7 487	0.009	6 560	0.004
3	5 616	0.013	4 920	0.005
4	4 492	0.018	3 936	0.007 5
5	3 744	0.022	3 280	0.009
6	3 209	0.026	2 811	0.011
7	2 808	0.031	2 460	0.013
8	2 496	0.035	2 187	0.015

(2) 工程阻水比管控指标

涉水工程阻水面积的增加将对河道水动力环境产生较大的影响,当工程的阻水面积比增大到一定程度,即可改变河道原有的水位流量关系,因此合理控制工程的阻水面积比尤为重要。根据模型研究成果,结合相关调研统计成果及以往研究成果、相关规划对该河段的定位、两岸现状及规划堤防情况、已建和规划工程实施后水位变化情况等,确定各敏感河段或水域的允许壅水高度为 1 cm。水位壅高与流速、阻水比关系见图 7.5-3 和 7.5-4。

根据珠江河口典型水文组合最大流速分布,弱敏感区最大流速区间为 0.4～1.0 m/s,中敏感区最大流速区间为 1.0～1.5 m/s,强敏感区最大流速区间为 1.5～2.0 m/s。因此,建议中、强敏感区阻水比分别不应超 5.0%、2.5%,弱敏感区阻水比参照相关规范执行。

(3) 工程型式管控指标

对于河口湾桥梁工程而言,水流流向沿河宽方向变化较大,滩槽流向差异较大,桥墩与水流夹角变幅较大。为此,桥墩轴线与水流夹角较大时有必要对不同墩型的阻水效应进行分析优化。对同一荷载下的三种典型桥墩进行了水位壅高物理模型试验。①当桥墩轴线与水流夹角小于 α_1 时,双圆墩引起的上游水位壅高最大,方墩次之,流线墩最小;②当桥墩轴线与水流夹角在 α_1～α_2,方墩引起的上游水位壅高最大,双圆墩次之,流线墩最小;③当桥墩轴线与水流夹角在 α_2～α_3 之间,方墩引起的上游水位壅高值最大,流线墩次之,双圆墩最小;④当桥墩轴线与水流夹角大于 α_3 时,流线墩引起的上游水位壅

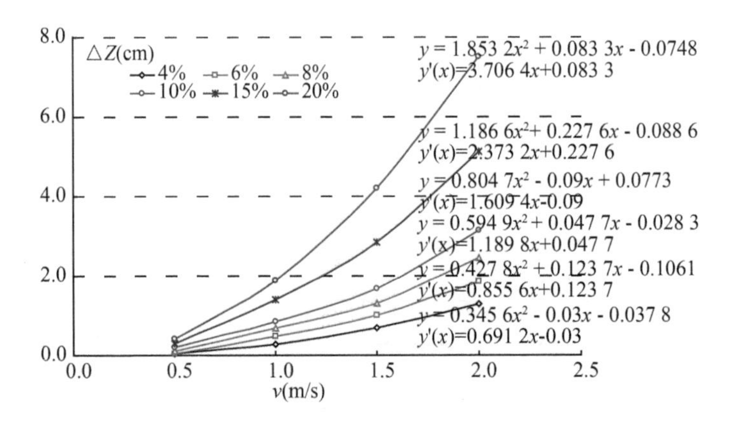

图 7.5-3　水位壅高与流速的关系

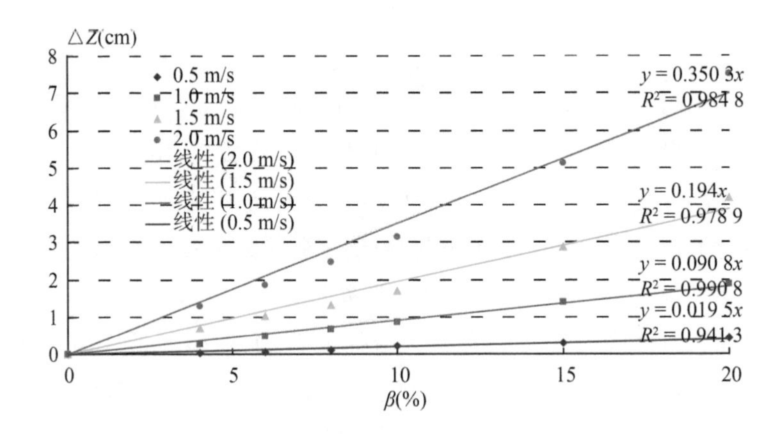

图 7.5-4　水位壅高与阻水比的关系

高值最大，方墩次之，双圆墩最小。不同的流速条件下 α_1、α_2 和 α_3 略有差异，根据珠江河口典型水文组合最大流速分布，各敏感水域 α_1、α_2 和$_{\alpha}$3 可由图 7.5-5 确定。

对于河口湾码头工程而言，其与上下游已建码头是否平齐差异显著。根据相关物理模型研究，在已有码头下游修建码头工程可使上游局部水位抬高。其中，上下游码头前沿线平齐时，上游局部水位壅高叠加系数在 0.9 左右；下游码头外凸 0.5B、B、1.5B 时，水位壅高叠加系数分别为 1.1、1.8、2.7 左右，码头阻水叠加影响随着下游码头外凸长度的增加越发明显。根据试验数据，工程外凸应控制在 0.5B 以内。

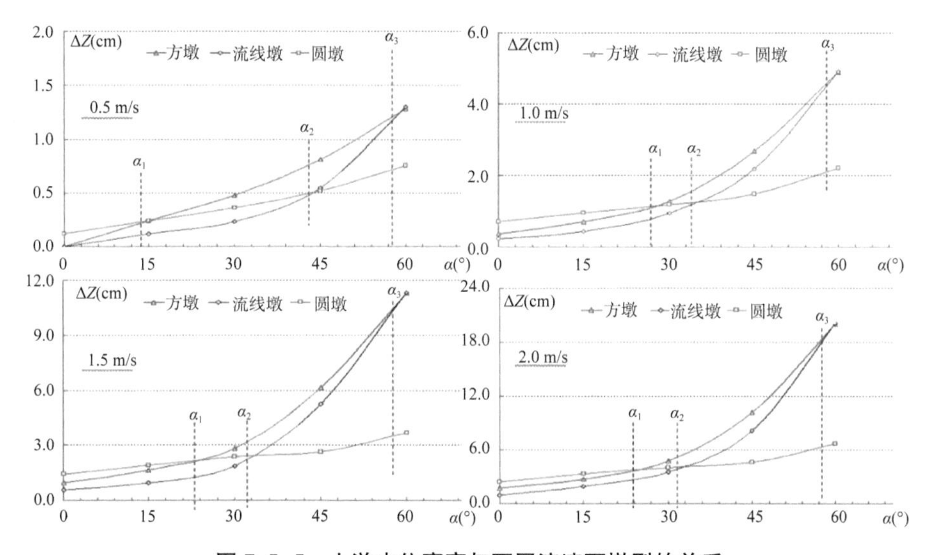

图 7.5-5 上游水位壅高与不同流速下墩型的关系

参考文献

[1] 萨莫伊诺夫. 河口演变过程的理论及其研究方法[M]. 谢金赞,等译. 北京:科学出版社,1958.

[2] DALRYMPLE R W, CHOI K. Morphologic and facies trends through the fluvial-marine transition in tide-dominated depositional systems:A schematic framework for environmental and sequence-stratigraphic interpretation[J]. Earth-Science Reviews, 2007, 81: 135-174.

[3] 李春初. 论河口体系及其自动调整作用——以华南河流为例[J]. 地理学报,1997, 52(4):353-360.

[4] 黄镇国,张伟强. 人为因素对珠江三角洲近 30 年地貌演变的影响[J]. 第四纪研究, 2004, 24(4):394-401.

[5] 田向平. 珠江河口伶仃洋最大混浊带研究[J]. 热带海洋,1986(1): 21-35.

[6] 贾良文,吴超羽,雷亚平,等. 珠江口磨刀门枯季层沉积物特征[J]. 海洋工程,2005, 23(1):62-68.

[7] 赵焕庭,欧兴进,宋朝景. 西江磨刀门河口动力地貌[C]. //中国科学院南海海洋研究所,南海海洋科学集刊(第 3 集). 北京:科学出版社,1982.

[8] 彭静, 何少苓,廖文根,等. 珠江三角洲大系统洪水模拟分析及防洪对策探讨[J]. 水利学报,2003(11): 78-84.

[9] 黄镇国,李平日,张仲英,等. 从珠江三角洲的发育过程看综合整治的几个问题[J]. 热带地理,1983(4):26-31.

[10] 李平日. 珠江三角洲六千年来的发展模式[J]. 泥沙研究,1982(3):33-42.

[11] 李春初,雷亚平,何为,等. 珠江河口演变规律及治理利用问题[J]. 泥沙研究,2002 (3):44-51.

[12] 吴超羽,何志刚,任杰,等. 珠江三角洲中部子平原形成演变机理研究:以大鳌平原为例[J]. 第四纪研究, 2007, 27(5): 814-827.

[13] 何洪钜. 珠江三角洲河口区的潮汐特征[A]. //珠江口海岸带和海涂资源综合调查

研究文集(二). 广州:广东科技出版社,1984.

[14] 宋定昌,阮孤松. 珠江八大口门潮汐潮量的初步分析[A]. //珠江口海岸带和海涂资源综合调查研究文集(四),1986.

[15] 张经汉,李少英. 珠江口近岸区的台风波浪和不同重现期波高[J]. 海洋工程,1984(1):16-24.

[16] ZHU L S, HONG G W. Numerical calculation for nonlinear waves in water of arbitrarily varying depth with Boussinesq Equations[J]. China Ocean Engineering. 2001(3):358-366.

[17] 潘锦嫦. 华南沿海深水区不同重现期设计波浪的估算方法[J]. 海洋工程,1996,16(1):59-66.

[18] 任智源,包芸. 台风作用下伶仃洋波浪场的模拟计算[J]. 水动力学研究进展,2013,28(3): 299-306.

[19] 珠江水利科学研究院. 澳门波浪观测分析报告[R]. 广州,2019.

[20] 盛松伟,张亚群,游亚戈,等. 大万山波浪能示范场波浪能资源测试分析[J]. 太阳能学报,2019(2):462-465.

[21] 中共中央、国务院. 粤港澳大湾区发展规划纲要[R/OL]. [2019-02-18]. https://www.gov.cn/zhengce/2019-02/18/content_5366593.htm#1.

[22] 水利部珠江水利委员会《珠江志》编辑委员会. 珠江志(第三卷),第十二篇珠江三角洲整治[M]. 广州:广东科技出版社, 1993.

[23] 珠江河口治理开发规划专家研讨会上的发言[J]. 人民珠江,1988(2),12-23.

[24] 水利部珠江水利委员会. 珠江河口综合治理规划[R]. 广州,2010.

[25] 陈小文. 议新情势下珠江河口的治理问题[J]. 广东水利水电,2018(4):1-8.

[26] 水利部珠江水利委员会. 珠江流域综合规划(2012—2030年)[R]. 广州,2013.

[27] 周志德. 潮汐河口的泥沙问题[J]. 水文,1984:64-65.

[28] 谢鉴衡. 对珠江河口治理的几点看法[J]. 人民珠江,1988(2),30.

[29] 周作付. 近年珠江三角洲网河区局部河段洪水位异常壅高主因分析[J]. 热带地理,21(4):319-322.

[30] 董德化. 珠江三角洲局部水位壅高及河口治理的几个问题[J]. 人民珠江,1999(5):15-17.

[31] 曾昭璇. 从地貌学看珠江三角洲的整治问题[J]. 华南师院学报自然科学版,1981(1):78-86.

[32] 李春初. 珠江河口演变规律及河口治理保护利用与整治问题[A]. //中国南方河口过程与演变规律. 北京:科学出版社,2004.

[33] 谭超. 珠江磨刀门河口排洪动力特征及拦门沙演变响应的初步研究[J]. 水利学报,

2013，44(9)：1023-1029.

[34] 黄镇国，张伟强. 珠江三角洲治水方针的实施和发展[J]. 地理与地理信息科学，2006(5)：45-49.

[35] 黄胜. 对珠江河口治理开发规划的几点意见[J]. 人民珠江，1988(2)：22-23.

[36] 李春初，田向平，雷亚平，等. 河口自身就是界面：综合认识河口的体会[C]. //认识地理过程　关注人类家园：中国地理学会 2003 年学术年会文集. 中国武汉，2003.

[37] 中国气象局. 中国气象灾害年鉴(2000)[M]. 北京：气象出版社，2001.

[38] 曾昭璇，黄少敏. 珠江三角洲历史地貌学研究[M]. 广州：广东高等教育出版社，1987.

[39] 珠江河口治理开发规划研讨会专家的主要意见[J]. 人民珠江，1988：7-10.

[40] 廖远祺，范锦春. 珠江三角洲整治规划问题的研究[J]. 人民珠江，1981(1)：1-18.

[41] 谢鉴衡. 珠江流域综合规划河口演变小组谢鉴衡同志的发言[J]. 人民珠江，1988：28-30.

[42] 赵焕庭，欧兴进，宋朝景. 西江磨刀门河口动力地貌[A]. //中国科学院南海海洋研究所，南海海洋科学集刊(第 3 集). 北京：科学出版社，1982.

[43] 高抒，MICHAEL C. 沉积物粒径趋势与海洋沉积动力学[J]. 中国科学基金，1998，12(4)：241-246.

[44] GAO S，MICHAEL C. Net sediment transport patterns inferred from grain-size trends，based upon definition of “transport vector” [J]. Sedimentary Geology，1992，81(1-2)：47-60.

[45] GAO S. A fortran program for grain-size trend analysis to define net sediment transport pathways [J]. Computers & Geosciences. 1996，22(4)：449-452.

[46] BRICAUD A，MOREL A，PRIEUR L. Absorption by dissolved organic matter of the sea (yellow substance) in the UV and visible domains [J]. Limnology & Oceanography，1981，26(1)：43-53.

[47] 陈楚群，潘志林，施平. 海水光谱模拟及其在黄色物质遥感反演中的应用[J]. 热带海洋学报，2003，22(5)：33-39.

[48] JERLOV N G. Optical oceanography[M]. Amsterdam：Elsevier，1968.

[49] MONAHAN E C，PYBUS M J. Colour，ultraviolet absorbance and salinity of the surface waters of the west coast of Ireland[J]. Nature，1978，274：782-784.

[50] 戴民汉. 海洋环境现场监测手段的开发与应用[J]. 厦门大学学报(自然科学版)，2001(3)：706-714.

[51] 中华人民共和国交通运输部. 港口与航道水文规范：JTS 145—2015[S]. 北京：人民交通出版社股份有限公司，2015.

[52] 赵龙保. 流动盐水中细颗粒粘性泥沙的沉降速度[C]. 全国泥沙基本理论研究学术讨论会论文集(第一卷),1992.

[53] 中国水利学会泥沙专业委员会. 泥沙手册[M]. 北京:中国环境科学出版社,1992.

[54] 李义天,胡海明. 床沙混合活动层计算方法探讨[J]. 泥沙研究,1994(1):64-71.

[55] 窦国仁. 潮汐水流中的悬沙运动及冲淤计算[J]. 水利学报,1963(4):13-23.

[56] 窦国仁,董风舞,DOU X B. 潮流和波浪的挟沙能力[J]. 科学通报,1995(5):443-446.

[57] 武汉水利电力学院. 河流泥沙工程学[M]. 北京:水利出版社,1980.

[58] 张瑞瑾,张瑞瑾论文集[M]. 北京:中国水利水电出版社,1996.

[59] 曹祖德. 水动力泥沙数值模拟[M]. 天津:天津大学出版社,1994.

[60] 王世俊,黄胜伟,王华,等. 珠江河网分形特征研究[J]. 热带地理,2007 (2):111-114+138.

[61] 曾昭璇. 珠江三角洲历史地貌学研究[M]. 广州:广东高等教育出版社, 1987.

[62] 珠江水利科学研究院. 珠江河口综合治理规划[R]. 广州,2010.

[63] 李春初. 中国南方河口过程与演变规律[M]. 北京:科学出版社, 2004.

[64] 吴超羽,任杰,包芸,等. 珠江河口"门"的地貌动力学初探[J]. 地理学报,2006,61(5):537-548.

[65] 梁娟,李春初. 人类活动影响下磨刀门河口的泥沙输运沉积[J]. 泥沙研究,2010(3):67-72.

[66] 胡达,李春初,王世俊. 磨刀门河口拦门沙演变规律的研究[J]. 泥沙研究,2005,(4):71-75.

[67] 吴加学,沈焕庭. 黄茅海河口湾泥沙输移研究——兼论 McLaren 模型在河口中应用的问题[J]. 泥沙研究,1999(3):25-31.